化学分析工程师实用技术丛书

光谱分析仪器
使用与维护

刘崇华　主编

黄宗平　副主编

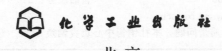

·北京·

本书全面、系统地介绍了目前市面上流行的各类光谱分析仪器使用与维护，每类仪器主要从仪器定性定量原理、仪器结构与组成、仪器安装与调试、仪器操作与使用、仪器维护与保养、仪器维修与故障排除等方面进行阐述，重点在于介绍仪器一线操作技术人员多年来的有关仪器操作和维护保养、故障排除等方面的经验，同时，对于仪器操作过程中一些注意事项也做了介绍。

　　本书适合于我国专业检测机构和企业检测等分析行业实验室从事化验、检验工作的中、高级操作人员等检测一线专业技术人员阅读，也可作为高等院校分析化学专业和专业培训机构作为教材使用。

图书在版编目（CIP）数据

　　光谱分析仪器使用与维护/刘崇华主编 .—北京：
化学工业出版社，2010.10（2021.5重印）
　　（化学分析工程师实用技术丛书）
　　ISBN 978-7-122-09323-3

　　Ⅰ.光… Ⅱ.刘… Ⅲ.光谱仪-基本知识
Ⅳ.O6

　　中国版本图书馆 CIP 数据核字（2010）第 158290 号

责任编辑：成荣霞	文字编辑：向　东
责任校对：顾淑云	装帧设计：王晓宇

出版发行：化学工业出版社（北京市东城区青年湖南街 13 号　邮政编码 100011）
印　　装：涿州市般润文化传播有限公司
720mm×1000mm　1/16　印张 17¾　字数 347 千字　　2021 年 5 月北京第 1 版第 8 次印刷

购书咨询：010-64518888　　　　　　　售后服务：010-64518899
网　　址：http://www.cip.com.cn
凡购买本书，如有缺损质量问题，本社销售中心负责调换。

定　　价：58.00 元

序 ■ ■ ■ □

　　分析化学是人们识别物质并获得物质组成和结构信息的科学，这对于生命科学、材料科学、环境科学和能源科学以及产品的质量控制和评价都是必不可少的。因此，分析化学被誉为科学技术的眼睛，是进行科学研究的基础，是人类认识物质和生命的重要手段，也是产品安全质量评价最重要的分析手段。随着社会和经济的迅速发展，各种新型材料不断出现，人体健康、产品安全以及环境污染等方面的问题日益受到社会各界的普遍关注。与此同时，国内外对食品和消费品等产品安全的要求越来越严格，以及检验检疫口岸快速通关的需要，分析化学正朝着"更准、更快、更灵敏、更低成本、更环保"的需求发展。

　　从分析方法来说，分析化学主要包括经典的化学分析和光谱分析、色谱分析、质谱分析以及各种联用技术等仪器分析。近年来，分析仪器的不断创新和发展极大程度推动了分析化学的发展，使得分析化学的应用领域更为广泛。在现有的国际标准、我国国家标准和行业标准中分析仪器的方法越来越多，越来越普及，这也是分析化学的发展趋势。因此，熟练掌握各类分析仪器使用与维护方法已成为每一位化验员必备的技能。虽然现代分析仪器操作和使用越来越自动化、智能化，仪器的安装、操作和维护更加简便和快捷，但这并不意味着可以忽视分析仪器的使用和维护。相反，由于分析仪器种类繁多，技术日益先进复杂，要使分析仪器的功能得到充分发挥，需要使用者具备扎实的基础知识、熟练的操作和维护技能。

　　为了帮助我国从事化学检测的技术人员更好地操作、使用和维护分析仪器，最大程度发挥分析仪器的功能，减少故障率，降低使用成本，化学工业出版社组织广东出入境检验检疫局、华东理工大学等单位共同编写这套《化学分析工程师实用技术丛书》。该"丛书"紧密结合社会发展的需求，突出实用性，着重经验、技能和技巧的传授，内容精练，可操作性强。在介绍各类分析仪器使用与维护时，重点选择了一些使用广泛、型号新颖且具有代表性的分析仪器加以阐述。该"丛书"共分四册，包括《化验员必备知识与技能》、《色谱分析仪器使用与维护》、《光谱分析仪器使用与维护》和《电化学分析仪器使用与维护》。

　　参与编写人员都是长期从事仪器分析的一线技术骨干和专家，他们希望凭借该"丛书"的出版与广大读者分享他们的经验和成果。希望该"丛书"的出版有助于一线的化学检测人员和高等院校分析化学专业的学生更多地了解分析仪器基本原理和应用，掌握分析仪器的操作和维护技能，以适应社会发展的需要。

郑建国

（国家质检总局化矿金属材料专业委员会主任委员　研究员）

2010 年 8 月

前 言 ■■■□

随着国际社会对食品等消费产品安全、环境监测、生命科学及人体健康等的日益重视，各行各业进一步加强了产品的质量管理，加大了保护环境力度，以保证人们的身体健康。与此同时，分析仪器在我国工业生产的质量控制和国家质量管理中发挥着日益重要的作用。其中，光谱仪器作为当前世界上产量最大、应用最多的分析仪器（几乎所有的综合性检测实验室都配备了光谱分析仪器），在地质、冶金、矿山、机械、环境、医药、卫生、质检等各领域中正发挥着主力军的作用。

一台好的仪器必须配备好的操作人员，否则难以发挥其作用，甚至得出错误的测试结果。随着我国经济的快速发展，越来越多的实验室配备了先进的检测设备，据统计，我国仪器的60％都是进口仪器。然而，相当部分实验室没有重视对仪器的操作和维护保养。

虽然现代分析仪器操作和使用也越来越自动化、智能化，相当多的仪器安装、基本操作和维护都更加简便和快捷，但这并不意味着可以忽视分析仪器的使用和维护。相反，要想使分析仪器真正充分发挥其应有的作用，在很大程度上更需要使用者具备扎实的基础知识、熟练的基本技能和良好的分析素质，而这些都必须通过不断地操作仪器，在实践中积累经验来实现。

为了帮助我国专业检测机构和企业检测等分析行业实验室从事化验、检验工作的中高级操作人员和专业技术人员了解目前光谱仪器发展的最新动态，更好地操作和使用仪器，发挥仪器的功能，减少仪器的故障率，降低仪器的使用成本，由广东出入境检验检疫局、厦门出入境检验检疫局及中山大学、华南师范大学等有关单位光谱分析仪器检测技术专家对目前市面上流行的各型号新仪器有关技术发展、仪器特点、操作和使用、维护保养等进行了仔细的总结，并编写本书。

有关各类光谱分析仪器的分析原理的教材有很多，特别是目前大学仪器分析课程都有各类光谱分析方法的介绍，有的甚至对光学分析也有专门的教材，但这些书籍均重点以介绍各类分析方法的定性定量原理为主，而针对分析仪器的内容较少，特别是关于仪器安装、调试、技术指标、操作与应用、维护与保养、故障与排除等内容则更少。同时，由于光谱分析仪器技术发展迅速，技术更新快，传统的教材有关仪器介绍的内容也一般较旧，难以跟上仪器技术发展的步伐，一直以来业界缺乏一本以讲解目前市面上流行的光谱分析仪器操作或维护为主要内容的书籍。本书旨在提供一本全面系统介绍目前市面上流行的光谱分析仪器操作与维护的书籍，编写时以光谱分析仪器类别为线索。每类仪器首先从简要介绍各个主要光谱分析仪器的基础知识，包括仪器技术发展历史、特点和定性定量原理；然后着重介绍了目前光谱分析仪器的结构和组成，对仪器硬件做介绍；最后重点介绍光谱分析仪器的安装与调试，仪器主要性能指标及测试方法，仪器一般开机和关机步骤，仪器软件操作方法，仪器工作参数选择和优化方法。同时为使广大光谱仪器操作人员和仪器设备管理人员加深对仪器的理解，在每一章的后面还专门列出了每类仪器的维护保养方法和经验，同时，给出了日常使用过程中仪器常见故障及其相应的排除方法。编写重点放在如何安装仪器、调试仪器、方法开发、仪器维护等实用技术方面，注意从"实用"出发，着重经验、技能和技巧的传授，内容精炼，可操作性强。另外书中所选仪器型号均为目前市面上流行的、比较新颖的仪器。

本书共分 11 章，其中第 1 章、第 2 章、第 6 章、第 7 章由刘崇华编写；第 3 章由董清木编写；第 4 章由殷霞编写；第 5 章由陈建编写；第 8 章由蔡鹭欣编写；第 9 章由黄宗平编写；第 10 章由蔡海明、刘崇华编写；第 11 章由刘江晖、游维松编写。全书由刘崇华统稿。

本书适用于各专业检测机构和企业检测等分析行业实验室从事化验、检验工作的中高级操作人员和专业技术人员。对从事有关光谱仪器的操作技术人员和光谱仪器管理人员掌握和了解光谱分析仪器操作和使用要求，指导光谱分析仪器安装、调试、软件硬件操作、仪器的应用、维护与保养以及常见故障排除等工作具有重要意义，是光谱分析仪器实验室一本必备的技术资料和工具书。同时本书也适合于高等院校分析化学专业和专业培训机构作为教材使用。

在编写过程中，引用了一些公开发表的文献，在此向文献的作者们表示感谢。同时要感谢化学工业出版社责任编辑为本书付出的辛勤劳动，感谢广东出入境检验检疫局、厦门出入境检验检疫局、珀金埃尔默仪器（上海）有限公司、赛默飞世尔科技公司等仪器生产商相关部门和人员给予的大力支持！

由于编者水平有限，加之时间非常仓促，难免存在不足和遗漏，恳请广大读者在使用过程中多提宝贵意见，以便日后进行修订。

编　者

2010 年 6 月 20 日于广州

目 录 ■■■□

第1章 绪 论

1.1 光谱分析导论

1.1.1 光谱分析的历史及进展

人们对光谱的研究可追溯到较久远的历史。早在 1666 年，牛顿通过玻璃棱镜将太阳光分解成从红到紫的各种颜色的光谱，并由此发现白光是由各种颜色光组成的复合光，这是最早对光谱的研究。

1802 年，W. H. Wollaston 观察到了光谱线，其后在 1814 年，J. Fraunhofer 发现了太阳光谱中的暗线。1859 年，G. Kirchhoff 与 R. Bunson 将光谱应用于分析研究，他们证明光谱学可以用作定性化学分析的新方法，并利用这种方法发现了几种当时未知的元素，证明了太阳里也存在着多种已知的元素。

随后，光谱分析随着光谱学研究的逐步深入而不断发展，从研究最简单的氢原子光谱一直到今天的量子力学理论，无不对光谱分析理论的完善和实践的进步有十分重要的意义。也正是在这过程中，各种新的光谱现象被发现，不同的光谱分析方法也相继建立，并出现相应的商品化光谱分析仪器。这些发现都为光谱分析发展甚至是产生一种新的光谱分析方法起了十分重要作用。如 1928 年，印度物理学家拉曼发现：当单色光通过静止透明介质时，产生一些散射光。在散射光中，含有一些与原光波波长不同的光，即拉曼效应，拉曼效应的发现造就了一种新的光谱分析方法的产生，并由此出现了拉曼光谱仪。

目前，光谱分析已成为现代分析化学手段最多、应用最广泛、功能最强大的分析方法之一。光谱分析从原理上得到长期研究，理论上已经趋于完善，近年来的仪器发展很难有重大的技术突破，主要发展在于进一步提高仪器测定的稳定性和分析性能，提高分析速度和灵敏度以及自动化程度，拓宽其应用范围，作为商品仪器还要适应现代检测的需要，不断向实用化、小型化、普及化等方面发展。

1.1.2 电磁辐射及其基本性质

(1) 光谱与电磁辐射 复合光（如太阳光）经过色散系统（如棱镜、光栅）分光后，将分成红、橙、黄、绿、蓝、靛、紫的按波长由大到小依次排列的彩色图案，这就是早期光谱的概念。这种由红色到紫色的光谱，相应于波长由 $770 \sim 390nm$ 的区域，是人眼所能感觉的光谱，称为可见光。随着人们对光谱的进一步研究发现，红光之外为波长更长的还有红外光，紫光之外则为波长更短的还有紫外光，虽然这些光都不能为肉眼所觉察，但能用仪器记录，这样光谱的概念就由可见光扩展到一波长区间更宽的"光",随着人们对光更深入的研究发现,光是一种电磁辐射,具有电磁辐射的性质,因此,有时甚至直接用电磁辐射的概念来描述更广义范围的"光谱"。将各种电磁辐射按照波长或频率的大小顺序排列所成的图或表称为电磁波谱,电磁波谱波长范围及其跃迁类型见表1-1。

表 1-1　电磁波谱波长范围及其跃迁类型

辐射类型	波长范围	跃迁类型
γ射线	$10^{-4} \sim 10^{-3}$nm	核能级
X射线	$10^{-3} \sim 10$nm	内层电子
紫外区	$10 \sim 200$nm	价电子
近紫外区	$200 \sim 380$nm	价电子
可见区	$380 \sim 780$nm	价电子
近红外区	$0.78 \sim 2.5 \mu$m	分子的转动和振动
中红外区	$2.5 \sim 50 \mu$m	分子的转动和振动
远红外区	$50 \sim 1000 \mu$m	分子的转动和振动
微波	$0.75 \sim 3.75$mm	分子的转动
电子自旋共振	3cm	磁场中电子的自旋
核磁共振	$0.6 \sim 10$m	磁场中核的自旋

(2) 电磁辐射的波动性　随着光谱学深入研究的发现,光的本质是一种电磁辐射,一种以极大的速度(在真空中为 2.99792×10^{10} cm·s^{-1})通过空间,而不需要以任何物质作为传播媒介的能量形式。电磁辐射有共同的性质,既具有波动性又具有粒子性。

光的波动性表现在光是一种电磁波,可以用周期 T、频率 ν、波数 $\bar{\nu}$(或 σ)等波参数来描述。光的波动性具体表现在具有反射、折射、散射、干涉、衍射和偏振等现象。

① 反射和折射　光从一种介质(介质 A)入射到另外一种介质(介质 B)的界面,其中一部分光在介质 A 中改变其传播方向,另一部分光在介质 B 中改变其传播方向,前者称为反射光,后者称为折射光,两者能量(光强度)分配取决于介质的种类和入射光的角度,一般反射光强度随入射角的增大而增加。

② 干涉和衍射　频率、振幅相同,周相相等或相差恒定的两光波产生的相关波互相叠加产生明暗相间条纹的现象称为干涉现象。当两列波相互加强时可得到明亮的条纹;当两列波互相抵消时则得到暗条纹。若两光波光程差为 δ,波长为 λ,则当光程差等于波长 λ 的整数倍时,两波将互相加强到最大程度。光波绕过障碍物而弯曲地向它后面传播的现象,称为波的衍射现象。

(3) 电磁辐射的粒子性　光的粒子性表现在光的光电效应、康普顿效应、拉曼效应等,黑体辐射也说明光具有粒子性。1889 年,法国科学家赫兹发现光电效应,即当光照射金属时有电子逸出(光电子)。1905 年,爱因斯坦提出光量子学说,将光的波动性与光粒子性很好地统一起来,光可以看作具有一定能量的粒子流,光子

的能量 E 与辐射频率 ν 具有如下关系：

$$E = h\nu = hc/\lambda$$

式中，h 为普朗克常数，等于 $6.626 \times 10^{-34} J \cdot s$；$E$ 为光子能量；c 为光速；λ 为波长；ν 为频率。该式表明，光子能量与它的频率成正比，或与波长成反比，而与光的强度无关。

光的粒子性还表现在散射性质上。

（4）发射与吸收

① 发射 光的发射一般是由于处于不稳定的粒子（包括分子、原子、离子）回到更稳定的低能态或基态，通常会以光子的形式释放多余的能量，即发光，也叫辐射的发射。辐射的发射有多种方式，包括电子或其它粒子轰击、高温或电弧、光照某些物质、某些化学反应等都可能产生光的发射。产生的发射光有线光谱、带光谱和连续光谱几种。

② 吸收 与发射过程相反，一定频率的光通过物质，如该光的能量与物质跃迁至某一高能态所需要能量一致，可发生光的吸收，即物质吸收光的能量激发至某一不稳定的高能态。一般气态物质原子对光的吸收称为原子吸收，而物质分子对光的吸收称为分子吸收，一般前者近似线光谱，后者近似连续光谱。

1.1.3 光谱分析的特点

① 操作简便，分析速度较快。不少光谱分析无须对样品进行处理可直接分析，如 XRF 可直接分析固体、液体样品。原子发射光谱可同时对多种元素分析，省去复杂的分离操作等。

② 不需纯标准样品即可实现定性分析。原子发射光谱、红外光谱等只需利用已知谱图，即可进行定性分析。这是光谱分析一个十分突出的优点。

③ 选择性好，可测定化学性质相近的元素和化合物。随着光谱分析仪器分辨率的提高，光谱干扰将进一步减少，使得光谱分析成为分析这些化合物的更强大的工具。

④ 灵敏度高，可利用光谱法进行痕量分析。目前，大多数分析方法对常见元素或化合物的相对灵敏度可达到百万分之一，绝对灵敏度可达 $10^{-8}g$。

⑤ 局限性：光谱定量分析建立在相对比较的基础上，必须有一套标准样品作为基准来定量，而且定量结果容易受基体的影响，即要求标准样品的组成和结构状态应与被分析的样品基本一致，给实际应用带来一定的困难。

1.2 光谱分析原理

1.2.1 光谱分析的定性原理

通过光谱的研究，人们可以得到原子、分子等的能级结构、电子的组态、分子的几何形状、化学键的性质、反应动力学等多方面物质结构的信息。与此同时，光谱学方法应用在获取物质组成方面的信息，为化学分析提供了多种重要的定性与定量的分析方法。光谱分析一般可依据物质与光的相互作用产生的光谱的特征来定性，不同光谱特征有很大差异。原子光谱由于属于线光谱，每种原子都有其独特的光谱，犹如人们的"指纹"一样各不相同。它们按一定规律形成若干光谱线系，原子光谱线系的性质与原子结构是紧密相联的，是研究原子结构的重要依据。每一种元素都有它特有的标识谱线，把某种物质所生成的明线光谱和已知元素的标识谱线进行比较就可以知道这些物质是由哪些元素组成的。因此，可直接依据其特征谱线波长来定性，如原子发射光谱即可依据某元素的特征波长判断是否为该元素，对于原子吸收光谱由于通常是单元素分析，且光源即为待测元素灯，因此，一般不采用原子吸收光谱来定性。而分子光谱属于连续光谱，一般根据其光谱的形状以及某些特征峰来定性，但由于分子光谱的形状除了与物质的分子本身结构有关，还受其它多个因素的影响，某些分子光谱，如紫外可见吸收光谱特征性不明显，单独用于定性往往有一定的困难。

1.2.2　光谱分析的定量原理

用光谱不仅能定性分析物质的化学成分，而且能确定元素含量的多少。光谱分析定量原理一般是依据光的强度与待测分析物质含量有确定的函数关系。由于某种特定光谱光是由某特定物质产生的，一般该物质含量越大，相应的光谱光的强度也越大，在目前大多数光谱仪器中，通常是控制仪器在一定的条件下，通过建立特定光谱光的强度与待测分析物质浓度的线性关系，即通常所说的建立仪器校准工作曲线，随后测定未知样品对应的光谱光的强度，根据工作曲线计算出样品中待测分析物质浓度。而不同仪器，上述光谱光的强度与待测分析物质浓度的线性关系不同，具体每一类型仪器定量的原理参见有关仪器章节更详细的介绍。

对于原子发射光谱而言，各种元素某一特征谱线（特定波长下的谱线）的强度和在光源中进行激发时所形成的蒸气云中该元素的原子浓度间存在的固定关系，是光谱定量分析的基础。被分析元素在样品中的浓度越大，则辐射谱线的强度也越大，由谱线强度大小即可判断元素浓度高低。

类似地，吸收光谱一般都是基于符合朗伯-比耳定律来定量分析。即将光源辐射出的待测元素的特征光谱通过样品的蒸气中待测元素基态原子所吸收或溶液中待测物质分子吸收，由发射光谱被减弱的程度，进而求得样品中待测元素/物质的含量。

1.3　光谱分析方法及其分类

1.3.1　光谱法与非光谱法

凡是基于检测能量作用于待测物质后产生的辐射信号或所引起的变化的分析方

法均可称为光学光谱分析法，常简称光分析法。根据测量的信号是否与能级的跃迁有关，光学分析法可分为光谱法和非光谱法两大类。

非光谱法测量的信号不包含能级的跃迁，它是通过测量电磁辐射某些基本性质，如折射、散射、干涉、衍射和偏振等变化的分析方法。非光谱法不涉及物质内部能量的跃迁，不测定光谱，电磁辐射只改变了传播方向、速度或某些物理性质。属于这类分析方法的有折射法、偏振法、光散射法（比浊法）、干涉法、衍射法、旋光法和圆二色性法等。

光谱分析方法是基于物质与辐射能作用时，测量由物质内部发生量子化的能级之间的跃迁而产生的发射、吸收或散射辐射的波长和强度，以此来鉴别物质及确定它的化学组成和相对含量的方法。该方法是基于测量辐射的波长及强度。这些光谱是由于物质的原子或分子的特定能级的跃迁所产生的，根据其特征光谱的波长可进行定性分析；而光谱的强度与物质的含量有关，可进行定量分析。本书主要介绍光谱法。

1.3.2 光谱的种类

按波长区域不同，光谱可分为红外光谱、可见光谱和紫外光谱等；按产生的本质产生光谱的基本微粒不同，光谱可分为原子光谱、分子光谱；按光谱表观形态不同，光谱可分为线光谱、带光谱和连续光谱；按产生的方式不同，光谱可分为发射光谱、吸收光谱和散射光谱。以下重点从产生方式不同介绍不同的光谱。

（1）发射光谱 物体发光直接产生的光谱叫做发射光谱。发射光谱可以区分为三种不同类别的光谱：线状光谱、带状光谱和连续光谱。线状光谱主要产生于原子，带状光谱主要产生于分子，连续光谱则主要产生于炽热的固体或气体放电。

（2）吸收光谱 当一束具有连续波长的光通过一种物质时，某些波长的光被物质吸收后光束中的某些成分便会有所减弱，就得到该物质的吸收光谱。几乎所有物质都有其独特的吸收光谱。原子的吸收光谱所给出的有关能级结构的信息同发射光谱所给出的是互为补充的。在吸收光谱中，有些吸收是连续的，称为一般吸收光谱；有的显示出一个或多个吸收带，称为选择吸收光谱。所有这些光谱都是由于分子的电子态的变化而产生的。选择吸收光谱在有机化学中有广泛的应用，包括对化合物的鉴定、分子结构的确定、定性和定量化学分析等。

（3）散射光谱 当光照射到物质上时，除了可能发生部分光被吸收外，还发生散射。光束通过不均匀媒质时，部分光束将偏离原来方向而分散传播的现象称为散射。散射有丁铎尔散射和分子散射两种：当被照射颗粒直径大于或等于入射光波长时，发生丁铎尔散射，其散射光波长与入射光波长一致，较少用于分析；反之，当被照射颗粒直径小于入射光波长时，发生分子散射。根据光与分子相互作用时是否有能量交换，分子散射分为两种，一种没有能量交换，即发生弹性碰撞，这种散射称为瑞利散射；另一种有能量交换，这种散射称为拉曼散射，拉曼散射光波长与入射光波长不一致。后一现象统称为拉曼效应，这种现象于 1928 年由印度科学家拉曼所发现，因此这种产生新波长的光的散射被称为拉曼散射，所产生的光谱被称为拉曼光谱或拉曼散射光谱。

从广义的光谱概念来说，质谱法以及与表面分析有关的各种谱法都可属于光谱分析的范畴。

1.3.3 光谱分析方法的分类

(1) 发射光谱法、吸收光谱法和散射光谱法 依据物质与辐射相互作用的性质，光谱分析法一般分为发射光谱法、吸收光谱法和散射光谱法三种类型。

发射光谱法是测量原子或分子的特征发射光谱，研究物质的结构和测定其化学组成的分析方法。发射光谱法主要包括：原子发射光谱法、分子磷光光谱法、化学发光法等。由于荧光光谱法测量的也是原子或分子的特征发射光谱，因此，所有的荧光光谱，包括原子荧光光谱、分子荧光光谱和 X 射线荧光光谱等均属于发射光谱法。

吸收光谱法是通过测量物质对辐射吸收的波长和强度进行分析的方法。吸收光谱法包括原子吸收光谱法、紫外-可见分光光度法、红外光谱法、电子自旋共振波谱法、核磁共振波谱法等。

散射光谱法用于物质分析的主要为拉曼光谱法。

(2) 原子光谱法和分子光谱法 依据物质与辐射相互作用之时发生能级跃迁的粒子种类不同，光谱分析法可分为原子光谱法和分子光谱法、原子光谱法是由原子外层或内层电子能级的变化产生的，由于原子的电子能级是量子化的，因此，原子光谱一般为线光谱。属于这类分析方法的有原子发射光谱法、原子吸收光谱法、原子荧光光谱法以及 X 射线荧光光谱法。

分子光谱法是由分子中电子能级、振动和转动能级的变化产生的，由于许多振动能级叠加在分子中基态电子能级上形成，而在振动能级上叠加了许多转动能级，而电子能级、振动和转动能级差越来越小，因此，分子中各种能量差的跃迁都有可能产生，分子光谱表现为一基本连续的带光谱。属于这类分析方法的有紫外-可见分光光度法、红外光谱法、分子荧光光谱法和分子磷光光谱法等。

光谱分析方法用上述两种分类方法可用图 1-1 简单表示。

1.3.4 原子光谱法的种类

根据原子的激发方式和光的检测方式不同，原子光谱法可分为原子发射光谱法（AES）、原子吸收光谱法（AAS）和原子荧光光谱法（AFS）。

(1) 原子发射光谱法 用火焰、电弧、等离子炬等作为激发源，使气态原子或离子的外层电子激发过程获得能量，变为激发态原子 M^*，当从激发态过渡到低能态或基态时产生特征发射光谱即为原子发射光谱。利用原子发射光谱来定性定量分析的方法称为原子发射光谱法。基于原子发射光谱法原理来进行分析的仪器叫原子发射光谱仪。

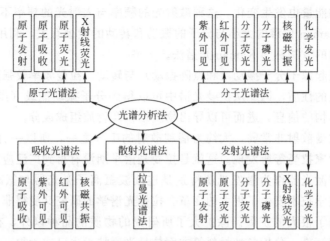

图 1-1　光谱分析的分类

$$M^* \longrightarrow M + h\nu$$

（2）**原子吸收光谱法**　当气态原子所吸收的光源提供的电磁辐射能与该物质的原子的两个能级间跃迁所需的能量满足 $\Delta E = h\nu$ 的关系时，原子将产生吸收光谱。利用原子吸收光谱来定量分析的方法称为原子吸收光谱法。基于原子吸收光谱法原理来进行分析的仪器叫原子吸收光谱仪，也叫原子吸收分光光度计。

$$M + h\nu \longrightarrow M^*$$

（3）**原子荧光光谱法**　气态自由原子吸收光源的特征辐射后，原子的外层电子跃迁到较高能级，然后又跃迁返回基态或较低能级，同时发射出与原激发辐射波长相同或不同的辐射即为原子荧光（光谱）。利用原子荧光光谱来定量分析的方法称为原子荧光光谱法。基于原子荧光光谱法原理来进行分析的仪器叫原子荧光光谱仪。原子荧光属光致发光，也是二次发光。通常在与激发光源成一定角度（通常为90°）的方向测量荧光的强度来进行定量分析。

1.3.5　发射光谱法和吸收光谱法的种类

　　根据发射光谱所在的光谱区和激发方法不同，发射光谱法分为：γ 射线光谱法、X 射线荧光分析法、原子荧光分析法、分子荧光分析法、分子磷光分析法、化学发光分析法。

　　根据吸收光谱所在的光谱区不同，吸收光谱法可分为 Mössbauer（莫斯鲍尔）谱法、紫外-可见分光光度法、原子吸收光谱法、红外光谱法、核磁共振波谱法。利用吸收光谱可进行有机化合物结构鉴定，以及分子的动态效应、氢键的形成、互变异构反应等化学研究。

1.3.6　Raman 散射光谱

　　前面已经介绍，这种有能量交换并产生新频率的散射称为 Raman 散射（拉曼散射）。这种散射是光子与物质分子发生能量交换引起，即不仅光子的运动方向发生变化，它的能量也发生变化。这种散射光的频率与入射光的频率不同，称为 Raman 位移。Raman 位移的大小与分子的振动和转动的能级有关，利用 Raman 位移研究物质结构的方法称为 Raman 光谱法。

拉曼效应起源于分子振动（和点阵振动）与转动，拉曼频率及强度、偏振等标志着散射物质的性质，因此从拉曼光谱中可以得到分子振动能级（点阵振动能级）与转动能级结构的信息，进而可以导出物质结构及物质组成成分。

但由于拉曼散射非常弱，大约为瑞利散射的千分之一，所以一直到 1928 年才被印度物理学家拉曼等所发现。这就是拉曼光谱早期没有得到广泛应用的原因，然而，自从利用激光器作为激发光源特别是连续波氩离子激光器与氪离子激光器以后，拉曼光谱学技术发生了很大的变革，拉曼光谱学的研究又变得非常活跃了，其研究范围也有了很大的扩展。除扩大了所研究的物质的品种以外，在研究燃烧过程、探测环境污染、分析各种材料等方面拉曼光谱技术也已成为很有用的工具。

1.4 光谱分析仪器

1.4.1 光谱分析仪器的结构和组成

不同的光谱分析仪器结构差异很大，但不管光谱分析仪器结构的复杂程度如何，光谱分析仪器一般包括五个基本单元：光源、单色器、样品容器、检测器和数据处理系统。各单元从光谱分析原理上，特别是在光谱仪器中起的作用有很大的相近，但采用的具体装置有很大的不同，此外，从光谱分析仪器光路的设计和在仪器整个装置的安装方向也有较大不同，图 1-2 显示了发射光谱仪结构、吸收光谱仪结构和荧光光谱仪结构示意图。

各类仪器装置主要特点：发射光谱仪一般光源与样品容器并为一个整体，样品在样品容器中由光源提供足够能量而发光，发射光经单色器分光后检测；吸收光谱仪则由光源发射的光直接（如光源为连续光，则可能需要经过分光）后通过样品容器，被样品原子或分子吸收，再射入单色器中进行分光后，被检测器接收，即可测得其吸收信号；荧光光谱仪结构与吸收光谱仪基本一致，所不同的是，光源发出的光，经过第一单色器（激发光单色器）后，得到所需的激发光，不是在一条直线上通过样品容器，而是将荧光的测量放在与激发光成一定角度（一般选直角）的方向进行，第二单色器为荧光单色器，主要是消除溶液中可能共存的其它光线（入射光和散射光）的干扰，以获得所需的荧光，荧光作用于检测器上，得到相应的电信号。

以下对光谱仪主要的部件进行简介。

（1）光源　光谱分析中，光源是提供足够的能量使试样蒸发、原子化、激发，产生光谱。光源必须具有足够的输出功率和稳定性。由于光源辐射功率的波动与电源功率的变化成指数关系，因此往往需用稳压电源以保证稳定或者用参比光束的方

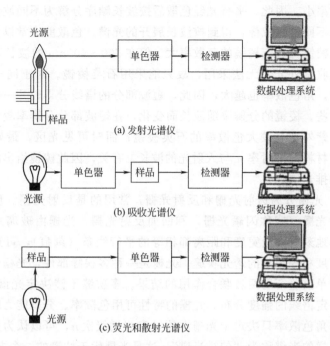

图 1-2 发射光谱仪、吸收光谱仪和荧光光谱仪结构示意图

法来减少光源输出对测定所产生的影响。光源为连续光源和线光源等。一般连续光源主要用于分子吸收光谱法；线光源用于荧光、原子吸收和 Raman 光谱法。常见的光源及其应用见表 1-2。

表 1-2 光谱分析常见的光源及其应用

光源名称	光源种类	辐射波长范围	应用仪器
氢灯或氘灯	紫外连续光源	160~375nm	紫外分光光度计
钨丝灯	可见连续光源	320~2500nm	可见分光光度计
能斯特灯、硅碳棒	红外连续光源	350~20000nm	红外光谱仪
金属汞蒸气灯	金属蒸气线光源	254~734nm	紫外可见分光光度计、冷原子吸收汞分析仪
空心阴极灯	元素线光源	提供元素的特征光谱	原子吸收光谱仪
激光	强度高，方向性和单色性好，线光源	不同激光器产生激光波长范围不同	Raman 光谱仪、荧光光谱仪、发射光谱仪、Fourier 变换红外光谱仪等

(2) 单色器 单色器的主要作用是将复合光分解成单色光或有一定宽度的谱带。单色器由入射狭缝和出射狭缝、准直镜以及色散元件，如棱镜或光栅等组成。

① 棱镜 棱镜的作用是把复合光分解为单色光。当包含有不同波长的复合光通过棱镜时，不同波长的光就会因折射率不同而分开。这种作用称为棱镜的色散作用。由于不同波长的光在同一介质中具有不同的折射率，波长短的光折射率大，波

长长的光折射率小。因此，平行光经色散后按波长顺序分解为不同波长的光，经聚焦后在焦面的不同位置成像，得到按波长展开的光谱。色散能力常以色散率和分辨率表示。玻璃棱镜比石英棱镜的色散率大。但在 200～400nm 的波长范围内，由于玻璃强烈地吸收紫外光，无法采用，故只能采用石英棱镜。对于同一种材料的棱镜，波长越短，角色散率也越大，因此，短波部分的谱线分得较开一些，长波部分的谱线靠得紧些。棱镜的分辨率随波长而变化，在短波部分分辨率较大。对紫外光区，常使用对紫外光有较大色散率的石英棱镜；而对可见光区，最好的是玻璃棱镜。由于介质材料的折射率 n 与入射光的波长 λ 有关，因此棱镜给出的光谱与波长有关，是非匀排光谱。

② 光栅　光栅分为透射光栅和反射光栅，常用的是反射光栅。反射光栅又可分为平面反射光栅（或称闪耀光栅）和凹面反射光栅。光栅由玻璃片或金属片制成，其上准确地刻有大量宽度和距离都相等的平行线条（刻痕），可近似地将它看成一系列等宽度和等距离的透光狭缝。光栅是一种多狭缝部件，光栅光谱的产生是多狭缝干涉和单狭缝衍射两者联合作用的结果。多狭缝干涉决定光谱出现的位置，单狭缝衍射决定谱线的强度分布。光栅的特性可用色散率、分辨能力和闪耀特性来表征。光栅的角色散率只决定于光栅常数 d 和光谱级次 n，可以认为是常数，不随波长而变，这样的光谱称为"匀排光谱"。这是光栅优于棱镜的一个方面。

③ 闪耀光栅　由于非闪耀光栅其能量分布与单缝衍射相似，大部分能量集中在没有被色散的"零级光谱"中，小部分能量分散在其它各级光谱。零级光谱不起分光作用，不能用于光谱分析。而色散越来越大的一级、二级光谱，强度却越来越小。为了降低零级光谱的强度，将辐射能集中于所要求的波长范围，近代的光栅采用定向闪耀的办法。即将光栅刻痕刻成一定的形状，使每一刻痕的小反射面与光栅平面成一定的角度，使衍射光强主最大从原来与不分光的零级主最大重合的方向，转移至由刻痕形状决定的反射方向。结果使反射光方向光谱变强，这种现象称为闪耀，这种光栅称为闪耀光栅。

④ 狭缝　狭缝是由两片经过精密加工，且具有锐利边缘的金属片组成，其两边必须保持互相平行，并且处于同一平面上。狭缝宽度对分析有重要意义。单色器的分辨能力表示能分开最小波长间隔的能力。波长间隔大小决定于分辨率、狭缝宽度和光学材料性质等，它用有效带宽 S 表示

$$S = DW$$

式中，D 为线色散率倒数；W 为狭缝宽度。当仪器的色散率固定时，S 将随 W 而变化。对于原子发射光谱，在定性分析时一般用较窄的狭缝，这样可提高分辨率，使邻近的谱线清晰分开。在定量分析时则采用较宽的狭缝，以得到较大的谱线强度。对于原子吸收光谱分析，由于吸收线的数目比发射线少得多，谱线重叠的概率小，因此常采用较宽的狭缝，以得到较大的光强。当然，如果背景发射太强，则要适当减小狭缝宽度。一般原则，在不引起吸光度减少的情况下，采用尽可能大

的狭缝宽度。

（3）样品容器　不同的光谱仪中，样品容器的结构差异较大，在反射光谱仪中甚至没有专门的样品容器，在吸收光谱中，样品容器也称为吸收池。吸收池一般由光透明的材料制成。在紫外光区，采用石英材料；可见光区，则用硅酸盐玻璃；红外光区，则可根据不同的波长范围选用不同材料的晶体制成吸收池的窗口。

（4）检测器　检测器是将一种类型的信号转变成另一种类型的信号的器件，如在分光光度计中的光电管，是将光能转变成电能的元件。

检测器可分为两类，一类对光子有响应的光检测器，另一类为对热产生响应的热检测器。光检测器有硒光电池、光电管、光电倍增管、半导体等。热检测器是吸收辐射并根据吸收引起的热效应来测量入射辐射的强度，包括真空热电偶、热释电检测器等。

（5）数据处理系统　数据处理系统主要有计算机、数据通信部件和仪器控制及数据处理软件组成。通常由检测器将光信号转换成电信号后，还须经过一定的信号处理器处理，如对电信号进行放大、衰减、积分、微分、相加、差减等；也可通过整流使其变为直流信号，或将其转变成交流信号。处理的目的是将检测器检测到的信号转变成一种可以被人读出的信号，如可用检流计、微安计数字显示器、计算机显示和记录结果。目前，光谱仪器大多数是通过专门的操作软件在计算机中进行数据处理，可进行仪器操作、定性定量分析、记录保存等。

1.4.2　仪器的主要性能指标

从表1-2中，可以看到仪器分析包括的方法十分庞大。这无疑为解决分析问题提供了多种途径，但是也为选择一种合适的分析方法带来一定的困难。为此，在着手进行分析前不仅要了解试样的基本情况及对分析的要求，更重要的是要了解选用分析方法的基本性能指标，如精密度、灵敏度、检出限、线性范围等。

（1）精密度　仪器的精密度是仪器对同一样品平行测定多次所测得的数据间相互一致性的程度。它是表征仪器测定随机误差大小的一个量。按照国际纯粹与应用化学联合会（简称IUPAC）的有关规定，精密度通常用相对标准偏差（即RSD）来量度。即使同一仪器，对不同检测项目、浓度水平等，精密度不同。

（2）灵敏度　仪器的灵敏度是指仪器区别具有微小差异浓度分析物能力的度量。IUPAC的规定，灵敏度的定量定义是校正灵敏度，它是指在测定浓度范围中校正曲线的斜率。在分析化学中使用的许多校正曲线都是线性的，一般是通过测量一系列标准溶液来求得。在有些光谱仪器分析中，有该仪器习惯使用的灵敏度的概念，如在原子吸收光谱法中，常用"特征浓度"即所谓1%净吸收灵敏度来表示。在原子发射光谱法中也常采用相对灵敏度来表示不同元素的分析灵敏度，它是指能检出某元素在试样中的最小浓度。

（3）检出限　在误差分布遵从正态分布的条件下，由统计的观点出发，可以对检出限作如下的定义：检出限是指能以适当的置信概率被检出的组分的最小量或最小浓度。它是由最小检测信号值导出的。

检出限与灵敏度是密切相关的两个量，灵敏度越高，检出限值越低。但两者的含义是不同的。灵敏度指的是分析信号随组分含量变化的大小，因此，它同检测器的放大倍数有直接的依赖关系，而检出限是指分析方法可能检出的最低量或最低浓度，是与测定噪声直接相联系的，而且具有明确的统计意义。从检出限的定义可以知道，提高测定精密度、降低噪声，可以改善检出限。

（4）校正曲线的线性范围　线性范围是指从定量测定的最低浓度扩展到校正曲线保持线性浓度的范围。不同仪器线性范围差异较大，如在原子吸收光谱法一般仅1~2两个数量级，而电感耦合等离子体原子发射光谱法可达5~6个数量级。

（5）分辨率　分辨率是指光谱分析仪器对两相邻谱线分辨的能力。仪器分辨率越高，表明该仪器能很好地将两相邻谱线分离而没有重叠。仪器分辨率主要取决于仪器的分光系统和检测器等。

（6）选择性　仪器的选择性是指该仪器不受试样基体中所含其它类物质干扰的程度。然而，任何仪器均可能存在其它物质的干扰，一般需要通过特定的方法来克服或校正仪器的干扰。

1.4.3　仪器的定量分析校正

在光谱仪器定量分析中，一般在分析样品前都需要采用标准物质对仪器进行校正，即建立仪器响应信号与被分析物质浓度的关系。根据仪器校正操作方式的不同，常用的校正方法有三种：工作曲线法、标准加入法和内标法。具体在进行定量分析时，选择哪一种校正方法，应考虑仪器方法特点、待测试样基质中存在的干扰程度等因素，才能得到准确可靠的数据。

（1）工作曲线法　工作曲线法又称为外标法。它是首先用一系列已知浓度的标准试样校正仪器，即依次测量各标准试样的仪器响应值，以各标准试样得到的响应与其中分析物浓度建立一定的关系曲线。然后在相同的条件下，测定待测试样的响应值，根据标准试样响应值与浓度关系计算待测试样的浓度。通常情况下，工作曲线在线性范围内，分析物在仪器上的响应与其浓度有线性关系。对于非线性工作曲线需要大量的校正数据，以准确地确定仪器的响应和浓度之间的关系。工作曲线法通常采用最小二乘法进行处理，直接计算试样的浓度。该方法适用范围广，是仪器分析中最基本的定量方法。为了提高测定的准确度，绘制工作曲线的条件应与测定试样的条件尽量保持一致，否则不宜用此法。

为了减小试样中基体效应带来的影响，不仅标准试样的浓度应在工作曲线浓度范围内，而且在基体组成上应尽量与试样相似。必要时，所有标准试样应添加与待测样品一致的基体，即基体匹配工作曲线法。

（2）标准加入法　标准加入法又称增量法。该方法是将已知量的标准试样加入到一定量的待测试样中即制备加标试样，通过测定不同加标量的加标试样的仪器响应值（或其函数）后，进行定量分析待测试样含量的方法。

标准加入法如只进行一次加标，根据未加标标准试样与加标试样的仪器响应值，可用一定的关系式进行计算获得待测试样含量。也可通过多个不同添加量加标（其它完全一样），以加标试样的仪器响应值对标准试样添加量绘制工作曲线。根据曲线外推在横坐标上的截距绝对值为待测试样含量。

在大多数方式的标准加入法中，每次添加标准试液后，试样的基体几乎都是相同的，仅仅是分析物的浓度不同，或者因添加过量的分析试剂，使试剂的浓度不同。标准加入法可很好地减小或消除基体效应的影响，但操作较为烦琐，必须为每个样品进行多个加标测试。通常用于基体效应明显而由于基体成分复杂，难以采用基体匹配进行干扰校正的样品，如当测定土壤、植物等试样时，配制与试样相似的基体物是极其困难的。值得注意的是，标准加入法要求仪器的响应必须是分析物浓度的一个线性函数。

（3）内标法 内标法是在试样和各含量不同的一系列标准试样中，分别加入固定量的待测物质以外的纯物质，即内标物。同时测得加入内标的标准试样中分析物和内标物对应的响应，以分析物和内标物的响应比对分析物浓度作图，即可得到相应的内标法校正曲线。最后用测得的试样与内标物的响应比在校正曲线上获得对应于试样的浓度。内标法实际上是外标法的一种改进。

对于仪器精密度相对较差或影响响应参数较多的仪器，采用内标法可减少仪器波动对结果的影响，从而获得更精确的分析结果。使用内标法时，应正确选择内标物及浓度。一般内标物在物理和化学性质上要类似于分析物，内标物信号既不能干扰分析物，又不能被试样中其它组分干扰，并且易于测量。内标物的浓度与分析物的浓度应控制在同一数量级上。

1.4.4 光谱分析仪器的种类

基于光谱分析方法原理而设计的仪器即为光谱分析仪器。参考光谱分析方法的分类，光谱分析仪器也可按同样的方法进行分类。表1-3为常用光谱分析仪器及其应用。

表1-3 常用光谱分析仪器及其应用

仪器名称	缩写	光谱所在波长区	主要用途
原子发射光谱仪	AES	紫外-可见	元素分析
原子荧光光谱仪	AFS	紫外-可见	元素分析
X射线荧光光谱仪	XRF	X射线	元素分析
分子荧光光度计	MFS	紫外-可见	痕量有机化合物等分析
原子吸收光谱仪	AAS	紫外-可见	元素分析
紫外-可见分光光度计	UV-VIS	紫外-可见	无机、有机化合物鉴定和定量测定
红外光谱仪	IR	红外	有机化合物结构分析
X射线吸收光谱仪	XRA	X射线	晶体结构测定
拉曼光谱仪	RS	红外或紫外-可见	物质的鉴定、分子结构研究
电感耦合等离子体质谱仪	ICP-MS	—	元素分析、同位素分析

注：电感耦合等离子体质谱仪不属于光谱分析仪器，但由于其操作、使用、维护和保养等均与光谱分析仪器类似，因此，本书单独一章加以介绍。

参 考 文 献

[1] 武汉大学化学系编. 仪器分析. 北京：高等教育出版社，2001.

[2] 潘秀荣，贺锡蘅等编. 计量测试技术手册：第 13 卷化学. 北京：中国计量出版社，1997.

[3] 柯以侃，董慧茹等编. 分析化学手册：第三分册. 第 2 版. 北京：化学工业出版社，1998.

[4] 郑爱玲，徐秋英编. 化学基础与分析检验. 北京：中国计量出版社，2003.

[5] 仪器信息网，http://www.instrument.com.cn/.

[6] 金钦汉. 分析仪器发展趋势展望. 中国工程科学，2010，3（1）：85.

[7] 许金生. 仪器分析. 南京：南京大学出版社，2009.

第2章　紫外可见分光光度计

2.1　概述

2.1.1　发展历史

　　紫外可见吸收光度计是基于紫外可见吸收分光光度法（紫外可见吸收光谱法）而进行分析的一种常用的分析仪器。在比较早的年代，人们在实践中已总结发现不同颜色的物质具有不同的物理和化学性质，而根据物质的这些颜色特性可对它进行分析和判别，如根据物质的颜色深浅程度来估计某种有色物质的含量，这实际上是紫外可见吸收分光光度法的雏形。1852 年，Beer 提出了分光光度法的基本定律，即著名的朗伯-比耳定律，从而奠定了分光光度法的理论基础。1854 年，Duboscq 和 Nessler 将此理论应用于定量分析化学领域，并且设计了第一台比色计。1918 年，美国国家标准局制成了第一台紫外可见分光光度计。此后，紫外可见分光光度计经不断改进，出现自动记录、自动打印、数字显示、计算机控制等各种类型的仪器，使该仪器的灵敏度和准确度也不断提高，其应用范围也不断扩大。目前，分光光度计在电子、计算机等相关学科发展的基础上，仪器得到飞速发展，功能更加齐全，在工业、农业、食品、卫生、科学研究的各个领域被广泛采用，成为生产和科研的有力检测手段。一些比较先进的紫外可见分光光度计具有波长范围宽、波长分辨率高、可实现全自动控制等优点。

2.1.2　特点

　　① 仪器设备简单。相对其它光谱仪器，紫外可见分光光度计具有结构简单，仪器制造和运行成本较低等优点。

　　② 应用广泛。紫外可见分光光度计既可用于无机金属离子又可用于有机化合物的分析；既可用于有机化合物的定性定量分析，又可用于帮助有机化合物结构解析；在化学研究中，还可用于如平衡常数的测定等。

　　③ 由于紫外可见吸收光谱特征性不强，提供的结构信息不如红外吸收光谱等丰富，且受介质影响较大，故单独用紫外可见分光光度计对未知化合物定性比较困难，定量分析也容易存在光谱干扰或其它干扰。

　　④ 随着人们对分析仪器灵敏度的要求日益增高，紫外可见分光光度计也越来越难以满足要求，已逐渐被其它分析仪器所代替，但由于紫外可见分光光度计操作费用较低，某些显色反应有灵敏度高、选择性好等优点，使其仍发挥着重要的作用。

2.2 工作原理

2.2.1 紫外可见吸收光谱的产生

紫外可见吸收光度计是基于紫外可见吸收光谱而进行分析的，因此，有必要首先了解紫外可见吸收光谱的产生。

紫外可见吸收光谱是由分子的外层价电子跃迁产生的，属分子吸收光谱，也称电子光谱。它与原子光谱的窄吸收带不同。由于每种电子能级的跃迁会伴随若干振动和转动能级的跃迁，使分子光谱呈现比原子光谱复杂得多的宽带吸收。

物质对光的吸收是物质与辐射能相互作用的一种形式。射入物质的光子能量与物质的基态和激发态能量差相等时才会被吸收。由于吸光物质的分子（或离子）只有有限数量的、量子化的能级，物质对光的吸收在波长上具有选择性。能被某种物质吸收的波长，称之为该物质的特征吸收波长。在日常生活中看到各种溶液呈现不同的颜色，就是它们对可见光的波长选择性吸收的结果。

如果逐渐改变射入物质的波长并同时记录下该物质对每种波长光的吸收程度或透射程度，以波长为横坐标，以吸光度（即指吸收程度）或透射率（指透射程度）为纵坐标描出连续的吸光度-波长（或透射率-波长）曲线，就是该物质在实验波长范围内的吸收光谱图（吸收曲线）。

物质分子由于对紫外-可见区的光有选择性吸收而使分子内电子跃迁产生波长位于紫外-可见区的吸收光谱。在紫外和可见光区范围内，有机化合物的吸收带主要由 $\sigma \rightarrow \sigma^*$、$\pi \rightarrow \pi^*$、$n \rightarrow \sigma^*$、$n \rightarrow \pi^*$ 及电荷迁移产生。无机化合物的吸收带主要由电荷迁移和配位场跃迁产生。

基态有机化合物的价电子包括成键 σ 电子、成键 π 电子和非键电子（以 n 表示）。分子的空轨道包括反键 σ^* 轨道和反键 π^* 轨道，因此，可能产生的跃迁有 $\sigma \rightarrow \sigma^*$、$\pi \rightarrow \pi^*$、$n \rightarrow \sigma^*$、$n \rightarrow \pi^*$ 等。

由于电子跃迁的类型不同，实现跃迁需要的能量不同，因而吸收的波长范围也不相同。除电子跃迁外，电荷迁移跃迁也可产生紫外可见吸收光谱。电荷迁移吸收光谱是指用电磁辐射照射化合物时，电子从给予体向与接受体相联系的轨道上跃迁，而产生相应的吸收光谱。例如，某些取代芳烃可产生分子内电荷迁移跃迁吸收带。电荷迁移吸收带的谱带较宽，但一般吸收强度较大。

产生无机化合物电子光谱的电子跃迁形式，一般分为两大类：电荷迁移跃迁和配位场跃迁。电荷迁移吸收光谱谱带最大的特点是摩尔吸收系数较大。许多"显色反应"是应用这类谱带进行定量分析，以提高检测灵敏度。配位场跃迁光谱一般位于可见光区，吸收谱带的摩尔吸收系数小，一般不用于定量分析。

2.2.2 定性原理

由于不同的物质对不同波长光有不同的吸收度，其吸收曲线形状和最大吸收波

长 λ_{max} 不同；但同一种物质即使浓度不同，其吸收曲线形状仍相似、λ_{max} 不变。因此，根据光谱图上吸收光谱的形状等特征就可以进行定性分析，吸收曲线是物质定性的基础。

但由于溶剂对电子光谱有较大的影响，且影响较为复杂。改变溶剂的极性，会引起吸收带形状的变化。例如，当溶剂的极性由非极性改变到极性时，大多数化合物的紫外可见吸收光谱精细结构消失，吸收带变得更为平滑。改变溶剂的极性，还会使吸收带的最大吸收波长 λ_{max} 发生变化。因此，在采用紫外可见吸收光谱进行定性分析时，应注意考虑溶剂等条件。此外，由于相当数量化合物的紫外可见吸收光谱本身的特征性不明显，紫外可见分光光度计一般不单独用于对未知化合物定性，而作为一种辅助的定性手段。

2.2.3　定量原理

Bouguer 和 Lambert 先后于 1729 年和 1760 年阐明了光的吸收程度 A 与吸收层厚度 b 成正比：$A \propto b$；1852 年 Beer 提出了光的吸收程度 A 与吸收物浓度 c 成正比：$A \propto c$；二者的结合称为朗伯-比耳定律，其数学表达式为：

$$A = -\lg T = \lg(I_0 / I_t) = \varepsilon b c$$

式中　A——吸光度，表示溶液对光的吸收程度；

　　　b——液层厚度（光程长度），cm；

　　　c——溶液的物质的量浓度，mol/L；

　　　ε——摩尔吸光系数，L/(mol·cm)；

　　　T——透光率，%；

　　　I_0——入射光的强度；

　　　I_t——入射光通过溶液光的强度。

ε 表示物质在一定波长和溶剂条件下的特征常数；与入射光波长、溶液的性质有关，与浓度无关，可作为定性鉴定的参数。ε 表示物质对某一特定波长光的吸收能力，愈大表示吸收能力愈强，测定的灵敏度就愈大，在最大吸收波长 λ_{max} 处的摩尔吸光系数，常以 ε_{max} 表示，ε_{max} 表明了该吸收物质最大限度的吸光能力，因此，为了提高测定的灵敏度，必须选择 ε 大的有色化合物、选择具有 ε_{max} 的波长的光作入射光。

朗伯-比耳定律是吸光光度法定量测定的理论基础，应用于各种光度法的吸收测量。严格地说，该定律只适用于稀溶液和只适用于单色光。在一定的高浓度和采用过宽入射波长时，可能导致吸光度和浓度间的线性关系偏离朗伯-比耳定律。

2.3　结构及组成

2.3.1　仪器的组成

只有了解分光光度计基本结构，才能更好地使用分光光度计。分光光度计的仪器组成比较简单，主要部件包括由光源、单色器、吸收池、检测器以及数据处理及记录系统等组成，见图 2-1。

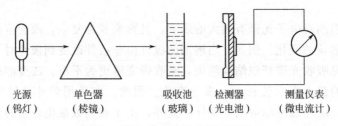

光源	单色器	吸收池	检测器	测量仪表
（钨灯）	（棱镜）	（玻璃）	（光电池）	（微电流计）

图 2-1　分光光度计的结构示意图

(1) 光源　分光光度计中光源为仪器提供连续辐射，理想的光源应在整个紫外可见光谱区可以发射连续光谱，具有足够的辐射强度、较好的稳定性、较长的使用寿命。

由于不同的光源波长范围不同，因此，在分光光度计中在可见光区和紫外光区需要使用不同的光源。目前仪器常用的光源有两种：钨丝灯、氢灯或氙灯。在可见光区、近紫外光区和近红外光区常用钨丝灯作为光源，波长范围约为 320～2500nm。由于钨灯的能量输出大约随工作电压的四次方而变化，为了使光源稳定，必须严格控制电压。此外，为防止在高温下工作时，钨蒸气不断在冷的灯泡内壁沉积，在钨灯泡中引入了少量的碘蒸气，即碘钨灯，碘钨灯相对普通钨灯使用寿命长些。

在紫外光区多使用氢灯或氙灯作为光源，波长范围约为 185～400nm。应该指出，由于受石英吸收窗的限制，通常紫外光区波长的有效范围为 200～350nm。氙灯与氢灯的特性相似，但氙灯的紫外光发射强度比氢灯强 2～3 倍，寿命较长，成本较高。

(2) 单色器　单色器是分光光度计的核心部分，分光光度计仪器的主要光学特性和工作特性基本上由单色器决定。它的作用是将光源发出的连续光谱色散成各种波长的单色光，从出射狭缝中导出，照于样品上。分光光度计中的单色器是一个完整的色散系统，除了色散元件——棱镜或光栅外，还有入射和出射狭缝以及一组反射镜。根据工作光谱范围、色散率、分辨率等性能指标的要求，可分别选用棱镜或光栅分光的单色器，也可采用滤光片分光的单色器等。

滤光片是最简单、最廉价的色散元件，但单色性不好，使测定精度大大受到限制。现一般用来消除单色器的杂散光。棱镜和光栅是目前广泛使用的色散元件。棱镜可以作为从紫外到中红外区的合适的色散元件，其主要缺点是色散波长的非线性分布；而光栅是可以用于紫外、可见、近红外范围。光栅的主要缺点是有次级光谱干扰分析，且杂散光的影响比棱镜更大，故常配滤光片以去除杂散光。

(3) 吸收池　吸收池（比色皿）是盛放样品溶液的容器，具有两个相互平行、透光、厚度精确的平面。主要有石英池和玻璃池两种。可见光区用玻璃池，紫外光区须采用石英池。

吸收池可能有多种规格，典型的厚度是 1cm。此外，每套吸收池的质料、厚度应完全相同，以免产生误差。吸收池上的指纹、油污或壁上的沉积物都会显著地影响其透光性，因此在使用前务必彻底清洗。

（4）检测器　检测器是一种光电转换设备，将透过吸收池的光信号变成可测的电信号显示出来。常用的有光电池、光电管或光电倍增管。光电倍增管是利用二次电子发射来放大光电流，放大倍数可高达 10^8 倍，是目前应用最广泛但价格较高的检测器。较先进的仪器有采用二极管阵列作为检测器。二极管阵列检测器不使用出射狭缝，在其位置上放一系列二极管的线性阵列，则分光后不同波长的单色光同时被检测。二极管阵列检测器的特点是响应速度快，但灵敏度不如光电倍增管，因后者具有很高的放大倍数。

（5）数据处理及记录系统　数据处理及记录系统包括放大器、A/D 转换单元、微型计算机等，主要用于进行数据处理和仪器自动控制。

检测器产生的光电流以某种方式转变成模拟信号，并线性地进行适度放大，被放大了的模拟信号，反馈入 A/D 转换单元，转换成数字量，最终通过微型计算机进行适当的数据处理，并通过终端装置显示或打印出被测样品的谱图。

2.3.2　仪器的类型

紫外可见分光光度计的种类较多，按工作波长区间可分为：紫外分光光度计、可见分光光度计、紫外可见分光光度计；按操作方式可分为手动按键控制和计算机控制两种；按其光学系统可分为单波长与双波长分光光度计、单光束与双光束分光光度计。以下简单介绍单光束、双光束与双波长分光光度计。

（1）单光束分光光度计　单光束仪器中，分光后的单色光直接透过吸收池，交互测定待测样品吸收池和参比吸收池。这种仪器结构简单，但测量结果受电源的波动影响较大，容易给定量结果带来较大的误差，因此要求光源和检测系统有很高的稳定度。此外，这种仪器特别适用于只在一个波长处作吸收测量的定量分析。

（2）双光束分光光度计　在双光束仪器中，从光源发出的光经分光后再经扇形旋转镜分成两束，交替通过参比池和样品池，测得的是透过样品溶液和参比溶液的光信号强度之比。双光束仪器克服了单光束仪器由于光源不稳引起的误差，并且可以方便地对全波段进行扫描。图 2-2 为双光束分光光度计的结构图。目前，许多现代分光光度计一般是双光束的，它可以连续地绘出吸收（或透射）光谱曲线。

（3）双波长分光光度计　如果由同一光源发出的光被分成两束，分别经过两个单色器，从而可以同时得到两个不同波长（λ_1 和 λ_2）的单色光。它们交替地照射同一样品吸收池，一般测量同一溶液两波长处吸光度之差 ΔA，$\Delta A = A_{\lambda 1} - A_{\lambda 2}$。

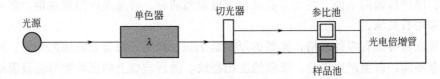

图 2-2　双光束分光光度计的结构

当两个波长保持 1～2nm 间隔，并同时扫描时，得到的信号即为单波长吸收光谱的一阶导数光谱，即吸光度对波长的变化曲线。由于双波长分光光度计两个波长的光通过同一吸收池，无需参比池，这样可以消除因吸收池的参数不同、位置不同、污垢及制备参比溶液等带来的误差，使测定的准确度显著提高。另外，双波长分光光度计是用同一光源得到的两束单色光，故可以减小因光源电压变化产生的影响，得到高灵敏和低噪声的信号。

2.3.3　典型型号仪器介绍

岛津 UV-1800 紫外可见分光光度计，见图 2-3。

图 2-3　UV-1800 紫外可见分光光度计

UV-1800 紫外分光光度计外观小巧新颖，流线外形设计。应用 Czerny-Turner 分光镜，分辨率为 1nm，可用作单机仪器，也可计算机控制，内置 USB I/F 支持 USB 闪存驱动，加强了与计算机的配合。其主要特点如下。

① 高分辨率　1nm。UV-1800 使用带有 Czerny-Turner 装置的分光镜，得到紧凑、明亮的光学系统。相对 UV-1700 而言，杂散光、波长重复性与基线稳定性也有所提高，更好地满足用户需求。

② 占地空间小　W450mm×D490mm，比旧型号 UV-1700 体积更小，占地空间减少了约 15%。

③ 数据可用 U 盘保存、计算机处理　单机 UV-1800，标配 UV Probe 计算机处理软件。用 UV-1800 测定的数据可保存于 USB 存储器，数据可由计算机与软件 UV Probe 处理与打印。UV-1800 有 USB 标准接口，可由多数商品化计算机控制，可使用符合 PCL 的 USB 接口的多种打印机。

UV-1800 紫外分光光度计的主要技术指标见表 2-1。

表 2-1 UV-1800 紫外分光光度计的主要技术指标

指　　标	参　　数
测定波长范围	190～1100nm
光谱带宽(分辨率)	1nm
波长准确度	±0.1nm(656.1nm,氘灯),±0.3nm(全范围)
波长重现性	±0.1nm
杂散光	0.02%以下(220nm,NaI) 0.02%以下(340nm,NaNO$_2$) 1%以下(198nm,KCl)
测光类型	双光束方式
噪声水平	$A=0.00005$ 以内(700nm)
检测器	硅晶体光电二极管
尺寸	450mm×490mm×270mm($W×D×H$)

2.4　安装调试和校准

2.4.1　安装的基本要求

　　紫外可见分光光度计仪器安装相对比较简单,但作为光谱仪器的一员,其安装对实验室环境、包括对电源等有一定的要求。

　　(1)实验室环境要求　环境要求主要包括环境温湿度、环境洁净状况、光及磁场干扰等。具体要求如下。

　　① 环境温湿度　仪器应安放在干燥的房间内,使用温度为5～35℃,相对湿度不超过85%,最好应控制在45%～65%,无冷凝。如有条件,应配备去湿机(空调)、湿度计等,在相对湿度较大的地区应在仪器周围放一些干燥剂。

　　② 无强光干扰及磁场干扰　室内照明不宜太强,且避免直射日光的照射。仪器应尽量远离高强度的磁场、电场及发生高频波的电器设备,防电磁干扰。

　　③ 防止腐蚀性气体　避免在有硫化氢、二氧化硫以及各种酸雾等腐蚀性气体的场所使用,以免侵蚀仪器的部件。

　　(2)电源要求　一般使用50Hz、220V±10% AC,线电压漂移必须在10%正常电压范围内,一般情况下不必使用交流稳压器。假若实验室供电电网不能充分保证,或经常停电,应在电源输入处设置一个15A的延时开关,以保护仪器。供给仪器的电源推荐使用交流稳压电源,以加强仪器的抗干扰性能,并必须装有良好的接地线。一般要设仪器专用地线,阻值小于5Ω。安装前准备多孔插座,以方便联机使用。

　　(3)仪器实验台　仪器一般是台式,应配置专用的实验台,实验台应满足尺寸、承重、防振及稳固等要求。使用时放置在坚固平稳的工作台上,且避免强烈的振动或持续的振动。仪器旁不要设置水池等用水装置，以防意外。仪器不要直接安置在空调下方，以防滴水。

2.4.2 主要技术指标

仪器技术指标是衡量仪器质量好坏的主要依据，也是保证分析数据准确的基础。一台仪器安装调试是否合格或进行验收等都需要进行一定的技术指标测试才能作出判断。仪器的安装一般由仪器公司的专业安装工程师来进行，作为实验室仪器使用人员，除了准备好安装条件以外，很重要的一项工作即安装好后对仪器进行调试，全面测试仪器的性能指标。可见分光光度计主要性能指标较为繁多，一般包括以下几项：波长范围、波长准确度、波长重复性、光谱带宽、杂散光、分辨率、光度准确度与透射比误差、光度重复性与透射比重复性、噪声、基线平直性等。

(1) 波长范围　波长范围是指仪器上、下限波长之间的工作范围，是与光源、单色器及检测器的光谱响应特性有关。有的仪器在波长范围两端缺乏足够的能量，难以正常工作，表现为"100%T"（透光率）或"0A"（吸光度）设定困难，基线两端不平直等。

(2) 波长准确度　波长准确度是指仪器测定时标称的波长值与仪器出射的光线实际波长值（波长的参考值或理论值）之间的符合程度，一般用多次波长测量值平均值与参考值之差（即波长误差）来衡量。波长准确度的大小其实质反映的是波长的系统误差，一般是由仪器装置在制造中的缺陷或仪器没有调整到最佳状态而造成的，它对测量的准确度有很大影响，特别是在对不同仪器的测试结果进行比较时，波长准确度显得更为重要。

(3) 波长重复性　波长重复性是仪器在相同测试条件下、一个较短的时间内，对同一吸收或发射谱线进行连续多次波长测量，测量结果的一致性。也称波长精密度，即多次波长测试数据的符合程度。波长重复性一般用多次波长测试数据的离散性，即取波长准确度多次测试结果中最大值与最小值之差来衡量。

波长准确度与波长重复性有密切关系。波长准确度反映的是仪器系统误差，波长重复性反映的是仪器随机误差。主要是由环境条件变化、波长传动机构的不精密性、机械振动或读数误差等原因造成的。

(4) 光谱带宽　光谱带宽指从经过单色器后从出射狭缝出来的单色光的谱线轮廓曲线中峰高一半高度处的谱带宽度。光谱带宽可以表征仪器的光谱分辨率。光谱带宽越小越好，仪器一般可通过调窄狭缝，使光谱带宽变小，但是同时光源能量弱，可能影响仪器对信号的检测，降低仪器的灵敏度。光源辉线或一些较尖锐的吸收光谱都可用于光谱带宽的检查。

(5) 杂散光　杂散光是指到达检测器的任何被测波长以外的其它波长的光。一般用在某规定的波长下测定在理论上该波长下完全不吸收的某种标准物质的透射比来衡量。如紫外区可用 NaI 溶液测定波长为 220nm 处的杂散光，在可见区可用各种有色玻璃截止滤光片。杂散光是光谱测量中误差的主要来源。杂散光越小越好。

（6）分辨率　分辨率是指仪器对于紧密相邻的峰可分辨的最小波长间隔，是衡量分光光度计性能的重要指标之一。单色器输出的单色光的光谱纯度、强度以及检测器的光谱灵敏度等是影响仪器分辨率的主要因素。新版的检定规程已取消分辨率要求，一般可用最小光谱带宽来衡量。

（7）光度准确度与透射比误差　光度准确度是吸光度测量的准确程度，一般用透射比标准物质实测吸光度值与其标准值之差（吸光度误差）衡量。因为吸光度误差在整个量程范围内的示值是非线性的，因此用吸光度表示光度准确度时，必须指定其吸光度范围。光度准确度也可用透射比表示，即透射比准确度，一般用透射比误差（实测透射比值与其标准值之差）来衡量。透射比误差是一个反映仪器综合性能的指标，与波长准确度、杂散光、仪器稳定性等众多因素有关。

（8）光度重复性与透射比重复性　光度重复性是在相同的仪器上、相同条件下，如仪器波长、光谱带宽不变，在短时间对同一样品进行多次重复测定吸光度，所测得值的一致性。光度重复性是影响分析结果可靠性的最主要因素，是关键性技术指标，一般用多次重复测量吸光度的最大值与最小值之差来衡量。如按同样方式测定透射比，即为透射比重复性。

（9）噪声　噪声是信号随时间而无规则的变化。噪声测量的方法是在仪器预热稳定后，在一定波长和一定光谱带宽下，分别扫描透射比 100％ 或 0 透射比几分钟（一般取 2min），量取获得图谱中最大值至最小值之间的值作为绝对噪声水平。如扫描较长时间，一般 30min，可获得漂移。但在实际测定中，常用信噪比来描述仪器的性能，如在 100％ 线扫描时，噪声是 1％，则信噪比为 100∶1。这个指标也是越小越好。

（10）基线平直性　基线平直性是吸收池中不放任何东西时扫描基线（100％T 线或 0A 线），基线倾斜弯曲的程度，它是仪器的重要性能指标之一。一般用扫描图谱中起点吸光度与偏离起点吸光度（取最大偏离点）之差来衡量。

2.4.3　主要技术指标测试方法

（1）波长准确度与波长重复性的测试　波长准确度与波长重复性的测试一般都是对波长标准物质进行波长多次测量。根据采用的标准物质不同，有多种测量方法，常用的波长标准物质包括：①氘灯（或氢灯）；②汞灯；③标准玻璃滤光片；④某些样品溶液。

采用①和②标准物质测试方法均属于辐射光源法，即采用具有特征发射谱线的元素灯产生的特征谱线来对仪器的波长进行检查，如汞灯、氘灯、钠灯。由于它们发射的是线状光谱，谱线的特征性强、准确度高，因此作为检查波长准确度的首选标准。氘灯或氢灯在紫外区具有连续光谱，可作为仪器紫外区的光源，而在可见区它们还有两条分离的、强度比较高的特征谱线，如氘灯为 486.0nm 和 656.1nm。这些谱线均可用于检测仪器的波长准确度与波长重复性。随着仪器的自动化及微机化，氘灯特征峰常用作仪器初始化波长自动定位的基准。

也可采用干涉滤光片或氧化钬及镨钕玻璃滤光片等标准滤光片来检查，前者检测时，应注意将干涉滤光片按指定方向垂直置于光路中测定，后者在可见区和紫外区均有吸收峰，用来检测仪器波长准确度相当方便，但必须注意使用条件必须与标定这些吸收峰波长时的条件相一致，否则将引起较大误差。如果选定不同扫描速度和带宽，会使正常出现的吸收峰消失或错位。

一些稀土元素氧化物的溶液都具有明显的吸收峰，因此可以用来检测仪器的波长准确度。氧化钬溶液常用于紫外可见分光光度计准确度的测定。由氧化钬和高氯酸组成的溶液，在检测范围内比氧化钬滤光片有更多的吸收峰。采用氧化钬溶液检测仪器波长准确度，也应该注意选择合适的检测条件，尤其是带宽。因为氧化钬溶液特征峰很尖锐，仪器带宽对测定值影响很大。

(2) 透射比误差与重复性的测试　根据采用的标准物质不同，测试透射比误差与重复性的方法主要有两类，即标准溶液法和标准滤光片法。常用的透射比标准物质溶液为重铬酸钾的高氯酸酸性溶液，使用透射比标准物质溶液时也必须按规定的条件配制和使用，这样才能保证吸光度标准值。由于目前能得到的透射比标准滤光片大多是可见光范围，一般用于可见光区，而重铬酸钾标准溶液法主要用于紫外光区。如对可见光区，一般采用透射比标称值分别为 10%、20%、30% 的 3 片光谱中性滤光片，分别在 440nm、546nm、635nm 测定，具体的操作为：以空气作参比，一次性将滤光片置于吸收池框架中，在上述每个固定波长下测定透射比标准物质的透射比 3 次，记下每片 3 次测量的透射比值，计算出仪器的透射比准确度及重复性。3 次测定的平均值与标准值之差即为透射比准确度；3 次测定的最大值与最小值之差即为透射比重复性。

(3) 光谱带宽的测试　一般通过测定氘灯或汞灯等特征谱线的半峰宽获得。具有氘灯的仪器，可直接测定 656.1nm 特征谱线；对于没有氘灯的仪器，可选择汞灯 546.1nm 或 253.7nm 特征谱线。选用汞灯时，应先将汞灯装入仪器光源室，使其光线入射到光源单色器入射狭缝。并把波长调到相应特征谱线，如仪器具有波长扫描功能，直接扫描获得特征谱线的图谱，其半峰宽即为光谱带宽。否则，应先测出汞灯谱线中心波长 λ 所对应的最大透射比，然后在中心波长两侧采取从较短波长向较长波长方向移动的方法，记下波长两侧透射比示值下降 50% 时所对应的波长值 λ_1 和 λ_2，计算出 λ_2 和 λ_1 绝对值之差即为仪器光谱带宽。对可变狭缝仪器可在最小狭缝处测量。

2.4.4　仪器校准方法

(1) 计量校准依据　参考 JJG 178—2007《紫外、可见、近红外分光光度计检定规程》。

(2) 主要性能指标的要求　参照检定规程和仪器的说明书，在校准周期内对分光光度计进行有关关键指标的检查，以确保仪器性能正常。目前 JJG 178 检定规程对紫外、可见分光光度计在不同波长范围段的技术指标有不同要求，即紫外波长段

A 段和可见波长段 B 段，按性能指标的由高至低将仪器分为Ⅰ，Ⅱ，Ⅲ，Ⅳ共 4 个级别。表 2-2 为Ⅰ级分光光度计的主要性能指标的要求（其它级仪器的性能指标要求见相关的检定规程）。

表 2-2 Ⅰ级分光光度计的主要性能指标要求

指 标 项 目	性能指标要求	
	紫外段：A 段 190～340nm	可见段：B 段 340～900nm
波长准确度	±0.3nm	±0.5nm
波长重复性	≤0.2nm	≤0.5nm
最小光谱带宽误差	≤20%	≤20%
透射比准确度	±0.3%T	±0.3%T
透射比重复性	≤0.1%T	≤0.1%T
漂移（30min）	≤0.1%T	≤0.1%T

（3）校准方法 紫外、可见分光光度计的校准主要是通过对一些有数值型的技术指标测试来进行。如波长准确度、波长重复性、光谱带宽、杂散光、分辨率、透射比误差、透射比重复性、噪声、基线平直性等，由于技术指标测试方法已有介绍，本部分主要介绍波长准确度和波长重复性、透射比准确度和透射比重复性两个项目校准的具体仪器条件或校准步骤。

① 波长准确度和波长重复性 若仪器能够放置低压汞灯的，按照检定规程用低压汞灯进行全波长测试，否则可用仪器固有的氘灯测试，取单束光能量方式，扫描速度 15nm/min，响应快，最小带宽 0.1nm，量程 0～100%，对 486.02nm 和 656.10nm 两个单峰进行单方向重复扫描 3 次，测量出谱图上的 2 条谱线波长，波长测量的平均值与波长的标准值之差就是波长准确度，测量波长的最大值与最小值之差就是波长重复性。

② 透射比准确度和透射比重复性 取带宽 2nm，用 1 套标准石英吸收池分别装空白溶液和质量分数为 0.006000% 的重铬酸钾标准溶液，在 235nm，257nm，313nm，350nm 四个波长处连续 3 次测量透射比，与检定规程中附带的标准值进行比较，测量平均值与标准值之差就是透射比准确度，测量值的最大值与最小值之差就是透射比重复性。

（4）注意事项

① 校准前，应使仪器开机预热足够时间稳定后进行，一般至少 30min 后进行。

② 采用标准物质时必须注意应在标准值的复现条件（即标准物质规定的使用条件）下进行校准，否则会产生错误的校准结果。例如，使用 GBW（E）130066 分光光度计标准溶液进行校准时，必须满足两个条件：a. 被校准仪器的光谱带宽应该是 2nm，若仪器光谱带宽不能调节并大于 2nm，则标准溶液给出的值不适用，

应该采用修正值；b. 校准时所采用的两只石英比色皿应该是内径（10 ± 0.2)mm，并且在 235nm、257nm、313nm、350nm 处，具有很好的配对性，这样才能复现标准值。

③ 使用标准溶液来校准时，还必须特别注意校准测量时的实验室温度，因为这些标准物质在不同温度下有不同的透射比标准值。

④ 标准用的标准物质必须在说明书规定条件下保存，例如干涉滤光片应该保存在干燥洁净的环境中，以免表面被污染、受潮开胶或霉变等。所有标准物质均应在证书上注明的有效期内使用。

⑤ 选用的中性滤光片标准值的不确定度一定要符合传递标准。校准时，要注意标准滤光片的方向性。

2.5 操作和使用

2.5.1 硬件的基本操作

分光光度计的使用比较简单，以下以岛津 UV-1800 型分光光度计为例加以简单说明，该仪器可以使用主机上按键操作，也可使用计算机软件进行操作。

（1）开机 检查仪器的各个调节钮的位置是否在正确的位置上，检查确定样品室与池架上没有放置任何物品，打开仪器电源（将开关打向"Ⅰ"侧），开始执行各种自检及初始化。仪器通过后，使之预热 30min，随后即可通过使用主机上按键进行测试操作。

如使用计算机软件进行操作时，需开启打印机、显示器及计算机主机电源，并在 UV-1800 主机的模式菜单中，按主机面板上按键 F4 功能键进入 PC 控制。运行 UV Probe 2.31 工作软件，点击【Connect】键，连接 UV-1800 和计算机。

（2）设置测量方式 UV-1800 型分光光度计有多种测量功能，包括动力学测定方式、光度测定（定量）方式和光谱测定等。测量前应首先选择测量方式，对于常规的定量分析，应选取光度测定（定量）方式。使用 UV-1800 主机上按键时，按键上有数字键 0~9 或者功能键 F1~F4，可以根据测试需要选择屏幕上不同的模式与设置。选择模式或设置时，在按下数字或功能键之后，不用按 ENTER 键；当输入数值，比如波长设置或者显示模式等，必须按 ENTER 键设置该值。如使用软件菜单操作，具体的测量方式选择操作方法如下。

① 点击【Kinetics】键进入动力学测定方式：一般测定吸收值随时间的变化，通常用于酶反应随时间的变化。

② 点击【Photometric】键进入光度测定（定量）方式：可进行多波长、单波长、峰高定量。校准曲线可使用多点、单点、K 因子等方法。

③ 点击【Spectrum】键进入光谱测定方式：可进行紫外-可见光-近红外区的光谱测定。

（3）其它参数的设定　点击菜单栏上的【M】键，点击【Measurement】标签，根据提示在对话框中选择波长测定范围、扫描速度、采样间隔等参数；点击【Instrument Parameters】标签，选择测定种类（吸收值、透射能量、反射率）及通带（狭缝）等条件。

（4）吸光度的测量　先点击【Baseline】进行基线校正，点击【Auto Zero】键进行仪器调零，打开样品室盖，将盛有溶液的比色皿分别插入比色皿槽中，将参比样品推（拉）入光路中，再盖上样品室盖。点击【Start】键即开始测定。完成后，取一个文件名并保存。

点击菜单栏上的【Report】键，根据需要选择报告格式。点击菜单栏上的【Print Preview】键预览，点击菜单栏上的【Print】键，打印输出报告。

（5）关机　在 UV Probe 界面上点击【Disconnect】键，并退出操作软件。关闭 UV-1800 主机的电源开关（将开关打向"O"侧）。关闭计算机主机、打印机、显示器及总电源。取出样品池，并将样品池清洗并擦干，置于其专用的盒子。

（6）比色皿的使用方法　比色皿的使用不当，不仅会大大降低分光光度计测量结果的准确性，给测量结果带来较大的误差，而且可能会损伤比色皿，缩短其使用寿命。

① 拿比色皿时，手指只能捏住比色皿的毛玻璃面，不要接触比色皿的透光面，以免沾污。

② 装盛样品时先向比色皿倒入少量的待测样品进行润洗，再加入其待测样品。以池体的 3/4 为度，透光面要用擦镜纸由上而下擦拭干净，应无溶剂残留。当待测样品浓度梯度较多，建议按浓度由低到高的原则，依次向比色皿加入待测样品。

③ 吸收池放入样品室时应注意方向相同。样品溶液放入仪器测量前应注意消除比色皿壁的气泡，并用镜头纸或柔软的棉布擦拭水珠。吸收池使用后，用擦镜纸或软棉织物擦去水分。

④ 测量挥发性或腐蚀性样品时，吸收池应加盖。

⑤ 吸收池使用完毕，应立即洗净并用蒸馏水冲洗清洁，并用干净、柔软的绸布将水迹擦净，以防止表面光洁度破坏影响吸收池的透光率。若吸收池透光内壁沾污，可用柔软绸布，滴上酒精液后，轻轻摩擦，再用蒸馏水冲洗清洁擦净，晾干防尘保存。

⑥ 尽量使用同一比色皿进行标准溶液与样品溶液的测定，以克服不同比色皿本身吸光差异造成的误差；同厚度多个比色皿同时使用时，在进行测试前均应进行校正和检查比色皿是否配套。具体方法为：分别向被测的比色皿里注入同样的溶液，把仪器置于某一波长处，如石英比色皿装蒸馏水在 220nm 处，将某一比色皿的透光率比值调至 100%，测量其它各比色皿的透射比值，记录其示值之差及通光方向，如透射比之差在 ±0.5% 的范围内则可以配套使用，若超出此范围应考虑其

对测试结果的影响。同样地，可检查石英比色皿的700nm处或玻璃比色皿（只供340nm 以上波长处）。

2.5.2 软件的基本操作

不同的仪器软硬件操作方法有所不同，但其原理和主要步骤基本相同，都包括开机预热、参数设置、工作曲线绘制、样品测定等步骤。在此以日本岛津公司 UV mini1240 紫外可见分光光度计为例加以说明。

（1）操作面板功能介绍　图2-4 为岛津 UV mini1240 紫外可见分光光度计的操作面板。操作面板位于显示屏正下方，主要由 4 个功能键、10 个数字键、4 个光标移动键及其它按键组成，各按键功能见表2-3。

表 2-3　岛津 UV mini1240 紫外可见分光光度计的操作面板按键功能

序号	按键名称	按键标识	按键功能
1	功能键	F1~F4	选择或执行该按键上方屏幕显示菜单
2	数字键	0~9 和 .	输入数字包括小数点
3	光标移动键	△ ▽	上下左右移动光标进行参数选择
4	返回键	RETURN	返回上一菜单或操作界面
5	屏幕亮度控制键	LCD CONT	与上下键结合操作调节显示屏幕亮度
6	打印键	PRINT	打印结果或参数
7	删除键	CE	删除数字或字母
8	波长选择键	GOTO WL	设定吸光度测量波长
9	回车键	ENTER	确认选择或输入
10	调零键	AUTO ZERO	自动调零
11	开始/停止键	START/STOP	开始或停止测试或扫描

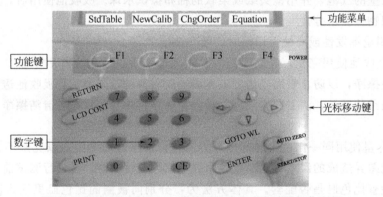

图 2-4　岛津 UV mini1240 紫外可见分光光度计的操作面板

（2）开机预热　按仪器操作规程开启仪器，对未连接电脑的 UV mini1240 紫外可见分光光度计，其开机比较简单，只需要打开仪器主开关（仪器背面），同时仪器操作面板右上角电源指示灯（POEWER）亮，并进入初始化，等仪器对 LSI 等自检完成（10 个 OK 全部出现），并有提示音响后进入模式菜单（Mode Menu）。仪器一般需预热 0.5h。

（3）方法参数的设置与保存　仪器自检完成后显示模式菜单（Mode Menu），按数字键"3"，进入定量菜单（Quantitation），按标准方法设定有关方法参数，具体包括：①设置测量波长等参数，按数字 1 进入设置，再按数字 1 选择单波长测量方式，然后输入测量波长，再按 Enter 键返回定量菜单；②设置校准工作曲线参数，按数字 2 进入设置，按数字 3 选择多点校正（Multi-point calib），再输入校正点数（No. of std＝?），一般至少需 5 个点以上，方程次数（order＝?），一般采用一次线性方程，输入数字 1，截距是否设为零（1＝No，2＝Yes），一般不设为零；③设置样品吸光度平行测定次数，按数字 3 进入设置，再输入测量次数，一般 1～3 次；④设置单位（工作曲线横坐标溶液浓度的单位），按数字 4 进入设置，一般输入数字 9 设为 $\mu g/mL$；⑤结果打印，按数字 5 可切换打印。

各方法参数设置完后，再按"F4"键（SavParam），屏幕显示数据文件清单后，按"F2"键（Save），输入未使用的数字序号，再输入该方法参数文件名称字符，最后按"F1"键（End），存盘结束。

（4）工作曲线的绘制　仪器稳定并设好相关方法参数后，即可开始吸光度测量。首先对仪器调零，按"AUTO ZERO"键，听到响声，即仪器自动调零。再把空白试剂加入比色皿中，放进比色槽，盖上箱盖，按"AUTO ZERO"键，听到响声，即空白试剂自动调零。

按"F2"，进入新的校准（或直接按"START"键），按顺序输入校正溶液浓度，每次输入完成后应用"ENTER"确认，输入完毕，选用数字键"1"，直接输入校正溶液吸光度；选用数字键"2"，按输入浓度顺序依次放入对应的校正溶液，按"START"测量各校正溶液吸光度。按"RETURN"键，退回定量菜单，按"F1"可显示工作曲线，图 2-5 为实际测得的某一工作曲线。该曲线以甲醛浓度为横坐标，吸光度为纵坐标绘图，按最小二乘法拟合直线。按"F4"显示方程式和工作曲线的有关参数，该数据应在绘制甲醛工作曲线记录表上记录，一般使用有效

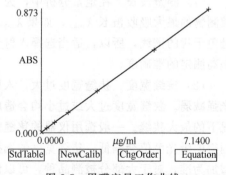

图 2-5　甲醛定量工作曲线

期为 1 个月，日常样品测定时，应保证每批样品测定时必须进行一个质量控制样品的测定。测定溶液吸光度时，一定要用溶液润洗比色皿内壁几次，以免改变溶液的浓度。另外，在测定一系列溶液的吸光度时，通常都按由稀到浓的顺序测定，以减小测量误差。

(5) 样品测定

① 调用方法参数　仪器开机预热后，可开始测试。如需重新校正仪器（绘制新工作曲线），则按前述步骤操作，如采用已保存在仪器中的工作曲线，则应先调出相应的工作曲线，具体操作方法如下：在模式菜单屏幕按"F1"键（Params），进入方法参数文件列表窗口（Param file list），显示数据文件清单，按"F2"键，输入工作曲线名称对应的数字序号。

② 测定空白试剂和空白试样的吸光度　按"AUTO ZERO"键，听到响声，即仪器自动调零。向比色皿中加入蒸馏水，放进比色槽，盖上箱盖，按"AUTO ZERO"键，听到响声，即蒸馏水自动调零（用水作对照）；再向比色皿中加入空白试剂，放进比色槽，盖上箱盖，按"START"键测定空白试剂的吸光度（A_b）；按同样操作测定空白试样的吸光度（A_d），立即记录其吸光度。测定空白试剂或试样空白吸光度可反映试剂及样品对测试结果的影响程度，必要时还须对试样的吸光度进行校正，以保证测试的准确性。

③ 样品测试　把空白试剂加入比色皿中，放进比色槽，盖上箱盖，按"AUTO ZERO"键，听到响声，即空白试剂自动调零；把显色后的样品溶液加入比色皿中，放进比色槽，盖上箱盖，按"START"键进行测试，每次测试结果由屏幕直接读取，结果记录在专用的记录单上，以算术平均值表示最终结果。

④ 结果保存　样品吸光度测完后，在数据显示屏幕中按"F2"键（Data file），再按"F2"键（Save），进入数据文件列表窗口（Data file list），输入可使用的结果数据保存的文件数字序号，再输入文件名称字符，最后按"F1"键（End），存盘结束。

2.5.3　工作参数条件的选择

(1) 测量波长　在定量分析中，为了提高测定的灵敏度，入射光的波长应选择被测物的最大吸收波长 λ_{max}，如果 λ_{max} 有干扰，可选择另一条灵敏度稍低、但能避免干扰的谱线，所以，适当选择入射光的波长，不仅能提高测定的灵敏度，还能提高测定的准确度。

(2) 狭缝宽度　狭缝宽度过大，入射光的单色性差；狭缝宽度太小，入射光的光强减弱。狭缝宽度过大或过小均会造成灵敏度降低，最佳选择是产生最小误差情况下的最大狭缝。一般选用仪器的狭缝宽度应小于待测样品吸收带的半宽度，否则测得的吸光度值会偏低，狭缝宽度的选择应以减少狭缝宽度时供试品的吸光度不再增加为准，对于大部分被测品种，可以使用 2nm 缝宽。

(3) 控制适当的吸光度范围　可通过控制被测物浓度或改变吸收池厚度来实现吸光度合理的范围，以尽量减小测量误差。一般吸光度尽量控制在 0.1～0.8 范围。

(4) 空白溶液的选择　空白溶液是用来调节吸光度测量工作零点即 $A=0$，$T=100\%$ 的溶液，以消除溶液中其它基体组分以及吸收池和溶剂对入射光的反射和吸收所带来的误差。根据情况不同，常用空白溶液有如下几种选择。

① 溶剂空白 当溶液中只有待测组分在测定波长下有吸收,而其它组分无吸收时,可用纯溶剂作空白。

② 试剂空白 如果显色剂或其它试剂有吸收,而待测试样溶液无吸收,则用不加待测组分的其它试剂作空白。

③ 试样空白 如果试样基体有吸收,而显色剂或其它试剂无吸收,则用不加显色剂的试样溶液作空白。

2.5.4 操作注意事项

开机前应检查确定样品室与池架上没有放置任何物品,以免因光束被阻挡而无法通过光源能量检查和波长检查。

分光光度计使用前要预热 30min 左右,如果仪器没有经过指定的预热时间,仪器可能会达不到指标要求。

在使用过程中,如需进行 $T=100\%$($A=0$)校正时,要盖好样品室盖,以避免外界光对校正测定的干扰。

为了防止光电管疲劳,采用光电管作检测器的仪器在不测量时尽量将比色皿暗箱盖打开,使光路切断,以延长其使用寿命。实验后尽快关闭仪器,保护氘灯或钨灯的寿命。并注意清洁,防止腐蚀。

2.6 维护保养及其故障排除

2.6.1 仪器的维护保养

(1) 实验室环境定期清洁 环境中的尘埃和腐蚀性气体、温度和湿度是影响仪器性能的重要因素。不清洁的实验室环境,包括环境中的尘埃、挥发性的有机溶剂、酸雾或化学品等腐蚀性气体都会影响仪器机械系统的灵活性,引起仪器机械部件的锈蚀和机械位移的误差或性能下降;降低各种电路开关、按键等的可靠性,使金属镜面的光洁度下降,造成光学部件如光栅、反射镜、聚焦镜等的铝膜锈蚀,产生光能不足、杂散光、噪声等,甚至导致仪器停止工作,从而影响仪器寿命。此外,某些挥发性的有机溶剂经常会在紫外区有很强的吸收,导致噪声信号增加,灵敏度降低,并引起样品干扰。因此必须保障环境和仪器室内卫生条件,防尘,并对仪器进行定期清洁。仪器使用一定周期后,应安排维修工程师或在工程师指导下定期开启仪器外罩对内部进行除尘工作,同时将各发热元件的散热器重新紧固,对样品仓内的支架、石英窗和光学盒的密封窗口进行清洁,必要时对光路进行校准,对机械部分进行清洁和必要的润滑。

过高的湿度还会引起水分在仪器光学表面冷凝,引起性能下降。在极端的情况下还会影响电子元件的性能,造成部件损坏。因此,放置仪器的实验室相对湿度最好应控制在 $45\%\sim65\%$,在仪器的吸收池管架、单色器暗盒(打开主机后盖即可见到）等处应放干燥剂保持干燥，定期检查仪器左部单色器干燥筒内的防潮变色硅胶，如发现硅胶颜色变红应及时调换。当仪器不用时，也应该注意定期烘干。为了避免仪器积灰和沾污，在停止工作时间内，用塑料套子罩住整个仪器，在套子内应放数袋防潮硅胶。

（2）光源的保养　灯的位置如果有不合适的安装，会导致仪器性能下降、噪声增加、杂散光增加。当使用微量池时，灯和样品架的位置需要更精确的校准。

光源灯不小心沾附油污后，应关闭光源灯，用无水乙醇擦拭。不要用手去触摸氘灯及钨灯，粉尘可用洗耳球吹去。灯的老化会造成能量的不足，引起仪器性能下降、噪声增加、杂散光增加。光源灯不稳定或超过使用寿命，应更换新灯。当仪器停止工作时，必须切断电源，选择开关放在"关"，仪器在不使用时不要打开光源灯。

（3）输入电源　为了加强仪器的抗干扰性能，建议使用200W以上电子交流稳压器或交流恒压稳压源，保证工作时候电压的稳定。使用前应对仪器的安全性进行检查，电源电压是否正常、接地线是否牢固可靠，在得到确认后方可接通电源使用。太大的输入电源（220V交流）波动会导致仪器的不稳定和性能的下降。这种电源波动通常是由功率不足、AC电源线老化或电源线上接有大功率的负载造成。当仪器停止工作时，应切断电源、关掉开关。

（4）仪器的其它保养

① 仪器使用结束后，应及时擦干净样品室内的残留液。如有溶液洒进样品室，必须及时清理干净，保持样品室干燥、无污染。

② 吸收池架拉杆要按规定的方向平稳地拉动，不可用力过猛、过快，遇到滑杆拉动不畅，可在滑杆上均匀涂抹适量凡士林。

③ 仪器使用一定周期后，对光学盒的密封窗口进行清洁，必要时对光路进行校准，对机械部分进行清洁和必要的润滑等。

④ 不要在仪器上方倾倒测试样品，以免样品污染仪器表面，损坏仪器。当仪器外壳、样品室盖和操作键盘沾污时，用干软布或纸巾擦拭。

2.6.2　比色皿的维护保养

吸收池使用完毕，应立即洗净并用蒸馏水冲洗清洁，并用干净、柔软的绸布将水迹擦净，以防止表面光洁度破坏影响吸收池的透光率。若吸收池透光面内壁沾污，可用柔软绸布，滴上酒精液后，轻轻摩擦，再用蒸馏水冲洗清洁擦净。

清洗比色皿时，一般先用水冲洗，再用蒸馏水洗净。如比色皿被有机物沾污，可用盐酸-乙醇混合洗涤液（1:2）浸泡片刻，再用水冲洗。不能用碱溶液或氧化性强的洗涤液洗比色皿，以免损坏。也不能用毛刷清洗比色皿，以免损伤它的透光面。每次做完实验时，应立即洗净比色皿。如果比色皿着色较重，先用浓盐酸-甲醇-水的1:4:3的混合液或用乙醇-乙醚的1:1混合液浸泡30min，再用蒸馏水仔细冲洗干净，倒置于滤纸或纱布上待干。切忌用硬试管刷刷洗比色皿。

2.6.3　定期调整仪器

为了确保仪器的测定准确度，仪器在工作几个月后或者仪器被搬动后，由于光源灯可能经过振动略偏离原来位置，必须对光源灯、波长等进行调整，以保证仪器的正常使用和获得准确的测量结果。

(1) 光源灯的调整　不同仪器光源灯的调整方法有所不同，以下以 721 型可见分光光度计为例对光源的调整步骤来说明。仪器处于可见光工作状态，将波长调到 580nm 处，把狭缝调到最大，把一张白纸放置于比色皿盒边出光口处。开启仪器电源，上、下、左、右移动灯的位置，直到成像在进狭缝上，调节灯座上螺钉与螺母的相对距离可改变钨灯灯丝的高度。灯的水平位置可通过旋松装有灯座、开有长槽的底板中两个螺钉，整个底座连同底板在水平位置作前后移动或左右移动。直到反色光对准狭缝中心。白纸出现光斑后，继续缓慢移动灯座使光斑最大最亮及中间色泽均匀，然后将螺丝紧固。

(2) 波长校正　采用机械方式调节波长的仪器，在使用过程中，由于机械振动、温度变化、灯丝变形等原因，经常会引起刻度盘上的波长读数与实际通过溶液的波长不符合的现象，从而导致仪器灵敏度降低，影响测定结果的精度，需要经常校正。校正波长的方法有多种，一般在可见光区校正波长最简便的方法是采用镨钕滤光片，测出 529nm 和 808nm 处的 2 个吸收峰最大吸收波长，如果测出的最大吸收波长与仪器标示值相差 3nm 以上，则需要调整波长分度盘标值。(不同型号的仪器波长读数的校正方法有所不同，应按仪器说明书进行波长调节)。

2.6.4　故障排除

当仪器出现故障时，应具体情况具体分析。对一些小故障可自行动手维修，然而遇到大故障时，应请专业维修人员进行维修，切不可盲目乱修。紫外可见分光光度计主要有光源故障、信号故障等。当仪器出现故障时，应首先切断主机电源，然后重新开机检查。对于带自检功能的仪器一般如检测到异常则会报告异常情况，参考该信息将对排除故障有重要帮助。重点排查光源灯是否点亮；测试时试样室盖是否关紧，样品槽位置是否正确；波长误差是否在仪器允许的范围内；在仪器技术指标规定的波长范围内，是否能调"100％T"或"0000A"等。根据不同故障原因进行相应的处理。

(1) 仪器的常见故障及维修　常见的故障、故障原因以及相应的排除故障方法如表 2-4 所示。

(2) 更换光源灯的注意事项　可见分光光度计经常遇到仪器因光源达不到要求，需要进行调整，同时光源灯也是其中最容易损坏的元件，需要更换，以下为灯光源更换注意事项。

① 更换时，应戴上干净的手套，不要用手直接接触灯泡表面，如果手指摸过应用无水酒精和乙醚混合液擦干净，否则通电过后指印遇热不能去除，沾污灯壳而

表 2-4 仪器常见故障及故障分析

故障现象	故障原因	排除方法
开启电源开关,仪器无反应	①电源未接通 ②电源保险丝断 ③仪器电源开关接触不良	①检查供电电源 ②更换保险丝 ③更换仪器电源开关
钨灯不亮	①钨灯丝烧断(此种原因概率最高) ②没有点灯电压 ③仪器电源开关接触不良 ④钨灯烧坏	①更换钨灯保险丝(如更换后再次烧断则要检查电路) ②检查供电电路 ③更换电源开关 ④更换新钨灯
氘灯不亮	①灯丝电压、阳极电压均有,则可能灯丝烧断或氘灯寿命到期(此种原因概率最高) ②氘灯在启辉的开始瞬间灯内闪动一下或连续闪动,并且更换新的氘灯后依然如此,有可能是启辉电路有故障	①更换氘灯 ②一般灯电流调整用的大功率晶体管损坏的概率最大(需要专业人士修理)
光源灯点亮但没有任何检测信号输出	光束没有照射到样品室内	调整光源镜到位,维修双光束仪器的切光电机
样品室内无任何物品的情况下,基线噪声大	①光源镜位置不正确、石英窗表面被溅射上样品 ②如仅紫外区基线噪声大,则可能是氘灯老化	①重新调整光源镜的位置,使光源照射到入射狭缝的中央或用乙醇清洗石英窗 ②更换氘灯
样品室放入空白后基线噪声较大	比色皿表面或内壁被污染,使用了玻璃比色皿或空白样品对紫外光谱的吸收太强烈	清洗比色皿,更换空白溶液
样品出峰位置不对(波长误差过大)	波长传动机构产生位移	参见波长校正方法
信号的分辨率不够,某些小峰无法观察到	狭缝设置过宽而扫描速度过快使仪器的分辨率下降	放慢扫描速度观察或将狭缝设窄
显示不稳定	①仪器预热时间不够 ②环境振动过大,光源附近气流过大或外界强光照射 ③电源电压不正常 ④仪器接地不良 ⑤样品浓度太高 ⑥样品架定位没定好,造成遮光现象	首先更换一种稳定的试样判定属于仪器原因还是样品原因: ①保证开机预热时间 20min ②改善工作环境 ③检查电源电压 ④改善接地状态 ⑤稀释样品后测定 ⑥修理推拉式样品架的定位碰珠
调不到 0	①放大器坏 ②没放校具"0"T(黑体) ③状态不对(不在 T 挡)	①修理放大器 ②改善方法 ③设在 T 挡
调不到 100%	①灯不亮 ②光路不准 ③放大器坏 ④参比溶液不正确 ⑤样品溶液不正确 ⑥比色皿方向没放对	①检查灯电源电路 ②调整光路 ③修理放大器 ④改善方法 ⑤更换溶液 ⑥重新放置比色皿

影响发光能量。

② 更换时，应先切断电源，并待灯完全冷却后操作。

③ 灯安装时，灯丝要与狭缝平行，可充分利用其光能量。最好与原来换下的灯的灯丝高度进行比较，新灯取一样高度。

④ 装好新灯后，灯座螺丝先不要固定紧，需要调整位置，具体调整方法参考2.6.3，有些仪器是通过调整反射镜来实现的。

参 考 文 献

[1] 刘新，汪玉琼，宋庆雄. 浅谈使用分光光度计易出现的几个问题. 福建分析测试，2007，16（4）：50.

[2] 李昌厚. 紫外可见分光光度计. 北京：化学工业出版社，2005.

[3] 中华人民共和国国家计量技术规范，JJG 375—96. 单光束紫外-可见分光光度计检定规程.

[4] 中华人民共和国国家计量技术规范，JJG 682—90. 双光束紫外可见分光光度计检定规程.

[5] 中华人民共和国国家计量检定规程，JJG 178—2007. 紫外、可见、近红外分光光度计.

[6] 孙斌. 分光光度计主要技术指标及其检测方法. 分析仪器，2007，（1）：53.

[7] 倪一，黄梅珍，袁波等. 紫外可见分光光度计的发展与现状. 现代科学仪器，2004，（3）：3.

[8] 王洁，杨如君，姬伯良，叶军安. JJG 178—1996. 可见分光光度计检定规程. 北京：中国计量出版社，1997.

[9] 叶军安，张秀兰，王洁等. JJG 375—1996. 单光束紫外-可见分光光度计技术规范. 北京：中国计量出版社，1997.

[10] Shimadzu Corporation. User's System Guide INSTRUCTION MANUAL UV-2450/2550.

[11] Shimadzu Corporation. 岛津紫外可见分光光度计 UV-1800 系统用户指南.

第3章 傅里叶变换红外光谱仪

3.1 概述

红外光谱法（infrared spectroscopy，IR）是鉴别化合物和进行物质分子结构研究的重要手段之一，同时也是物质组分定量分析的方法之一，是分子光谱法的一个重要分支。它是一种借助红外光被物质吸收情况，获得被测物质分子内部原子间相对振动和分子转动等信息，并根据所获得信息进行物质分子结构研究的分析方法。红外光谱仪是用于测定物质吸收红外光信息的仪器，是进行物质红外光谱测试和研究的基础。

3.1.1 红外光区的分类

根据红外光波长的范围，波长单位通常为 μm，以符号 λ 表示。但在实际分析工作中，更习惯采用波数表示吸收谱带位置，波数单位通常表示为 cm^{-1}，以符号 $\bar{\nu}$ 表示。当波长的单位为 μm 时，波数与波长存在以下关系：

$$\bar{\nu} = 10^4/\lambda \quad (cm^{-1}) \tag{3-1}$$

红外光是一种电磁波，波长范围较宽，位于可见光和微波波长之间，约 $0.75\sim1000\mu m$，为便于研究工作，根据波长范围以及测定所获得信息的不同，可进一步将其细分为近红外区、中红外区和远红外区，具体划分如表 3-1 所示。

表 3-1 红外光区的分类

名　称	波长/μm	波数/cm^{-1}
近红外(泛音区)	0.75～2.5	13334～4000
中红外(基频区或基本振动区)	2.5～25	4000～400
远红外(转动区)	25～1000	400～10

相对于近红外光和远红外光，中红外光被物质吸收后的光谱给出该物质的分子结构特征信息最为丰富，是红外光谱中研究及应用最多的区域，通常所说的红外光谱大都指的是这一区域的光谱。近几十年来，经广大红外光谱工作者的努力，近红外光谱和远红外光谱技术的研究及应用也不断取得进展。

3.1.2 发展简史

红外光谱的研究早在 19 世纪后期就已开始，而红外光谱仪的研制可追溯至 20 世纪初期。1908 年 Coblentz 制备和应用了以氯化钠晶体为棱镜的红外光谱仪，1910 年 Wood 和 Trowbridge 研制了小阶梯光栅红外光谱议，1918 年 Sleator 和

Randall 研制出高分辨仪器。直至 20 世纪 40 年代光谱工作者才开始研究双光束红外光谱议，1944 年诞生了世界上第一台红外光谱仪（早期称红外分光光度计）。1950 年开始商业化生产名为 Perkin-Elmer 21 的双光束红外光谱议，其色散元件为氯化钠（或溴化钾）晶体制成的棱镜，因此通常称为棱镜分光的红外光谱仪。与单光束光谱仪相比，双光束红外光谱仪不需要由经专门训练的光谱工作者操作就能获得较好的谱图，因此 Perkin-Elmer 21 很快在美国畅销，它使红外分析技术进入实际应用阶段，成为第一代红外光谱仪。但棱镜分光的红外光谱仪由于氯化钠（或溴化钾）晶体等色散元件的折射率随环境温度的变化而变化，仪器使用过程需恒温，且存在分辨率低、测量波长范围窄、实验结果再现性较差等缺陷。20 世纪 60 年代，随着光栅技术的发展，光栅衍射分光技术取代棱镜分光技术被应用于红外光谱仪，产生第二代红外光谱仪——光栅分光红外光谱仪，其测量波长范围、分辨率等方面性能远优于棱镜分光红外光谱仪，但光栅分光红外光谱仪在远红外区分出的光能量仍很弱，光谱质量较差，测定速度较慢，动态跟踪实验以及与其它仪器的联用技术仍然无法实现。随着计算机技术的飞速发展，第三代红外光谱仪——干涉分光傅里叶变换红外光谱仪（Fourier transform infrared spectrometer，FTIR）诞生于 20 世纪 70 年代，它无分光系统，一次扫描可得全范围光谱，因具有高光通量、测定快速灵敏、分辨率高、信噪比高等诸多优点，迅速取代棱镜和光栅分光红外光谱仪。至 80 年代中后期，世界上生产红外光谱仪的主要厂商基本停止棱镜和光栅分光红外光谱仪的生产，集中精力于 FTIR 仪的研制，不断推出更为新型、先进的 FTIR 仪。

3.1.3　特点

相对于色散型或光栅型红外光谱仪，FTIR 仪具有以下特点。

（1）测量速度快　动镜扫描一次的时间约 1s，也就是 1s 内即可完成所设定光谱范围内的扫描，计算机即时进行傅里叶变换形成 FTIR 谱，这一速度比色散型或光栅型红外光谱仪的测量速度快几百倍。可以在线监测色谱分离的样品，使色谱与红外光谱联用成为可能，可以有效跟踪快速的原位化学反应等，这些工作是色散型或光栅型红外光谱仪无法实现的。

（2）分辨率高　根据 FTIR 仪的工作原理，FTIR 的分辨率近似等于最大光程差的倒数，也就是动镜移动有效距离 2 倍的倒数，理论上只要动镜移动有效距离越长，就可得到越高的分辨率，而色散型或光栅型红外光谱仪的分辨率与其光谱狭缝宽度成反比，但是光谱狭缝宽度越窄，光通量就越小，结果会牺牲光谱的灵敏度和信噪比，因此色散型或光栅型红外光谱仪的分辨率不可能很高。

（3）信噪比好　FTIR 仪测量的原始数据是一整束混合光的干涉图，未经过光谱狭缝，因此信号强度大、信噪比优，同时由于样品的吸收信号是一个确定的值，而噪声在一定范围内是随机的，因此可通过增加 FTIR 仪扫描次数，降低平均噪声信号，又可达到提高信噪比效果的目的。

（4）波数准确度及重复性好　FTIR 仪对谱峰位置的精确校准是由其内置的激光器完成的，激光器发出的单一波长光非常稳定，由它监测确定的干涉仪动镜位置非常准确，所以用它得到的数据确定光源发出的红外光频率也是非常准确的，不同时间测量结果都是一样，因此波数准确度及重复性都很好。

（5）测定范围宽　许多 FTIR 仪只要更换合适的分束器、光源、检测器，就可测量近、中、远整个红外区的光谱。

3.2　原理

3.2.1　产生红外吸收的条件

根据量子力学，分子内部原子间的相对振动和分子本身转动所需的能量是量子化的，也就是说，从一个能态跃迁到另一个能态不是连续的（如图 3-1 所示），当照射于分子的光能（E，$E = h\nu$，h 为普朗克常数，ν 为光的频率）刚好等于基态与第一振动或转动能量的差值（$\Delta E = E_1 - E_0$）时，则分子便可吸收光能量，产生跃迁。分子内部原子间的相对振动和分子本身转动所需的能量恰好在红外光区，所以当一束红外光照射物质时，分子内部原子产生相对振动和分子本身产生转动，物质吸收了部分红外光能量（选择性吸收），产生红外吸收光谱。

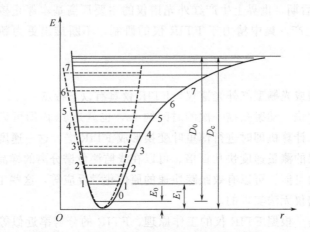

图 3-1　双原子分子振动能级示意图

注：虚线为间谐振动能级势能曲线，实线为非间谐振动能级势能曲线。

量子力学同时指出，并非任意两个能级间都能进行跃迁，这种跃迁需要遵循一定的规律，即选律。假设一个分子由 n 个原子组成，每个原子都可以在三度空间内移动，即每个原子都有三个运动自由度，则 n 个原子就有 $3n$ 个自由度，而其中有三个自由度是整个分子向三度空间平移运动，还有三个自由度属于分子的转动运动（对于线形分子只有两个转动自由度），因此由 n 个原子组成的分子具有 $3n - 6$ 个（非线形）或 $3n - 5$ 个（线形）振动自由度，每一个振动自由度相当于红外区的一个吸收带。实际上，由于分子本身对称性或其它原因，多原子分子振动过程中某些振动方式并不伴随偶极矩（dipole moment）的改变，实验结果和量子力学理论都已证明分子振动时只有瞬间偶极矩改变的振动才能在红外光谱观察到，因此如果分子没有偶极矩的改变也就没有红外光吸收；另一方面，由于分子的对称性又使具有相同振动频率的振动发生简并现象，造成振动的衰减，减少了对红外光吸收的效果，因此，实际上多原子分子的振动自由度数等于或少于 $3n-6$ 个，这就是红外光谱的选律。选律主要是从间谐振动模型出发而言的，但由于实际上振动是非谐性的，因此上述选律并不是非常严格，而且振动的量子数也并非都是从 $\nu=0$ 到 $\nu=1$ 的跃迁，还有可能 $\nu=0$ 到 $\nu=2$、3、4…的跃迁，因此实际得到的红外光谱中除了基频吸收谱带还有倍频、组频、泛频、差频的吸收谱带。

　　红外吸收峰的强度与偶极矩变化程度有关，与分子振动时偶极矩变化的平方成正比，一般永久偶极矩大的，振动时偶极矩变化也较大，如 C═O 或 C—O 的变化强度比 C═C 或 C—C 要大得多，因此红外吸收峰的强度也强得多。

3.2.2　工作原理

　　（1）单色光干涉图的基本方程　虽然目前不同生产厂家所设计的 FTIR 仪器结构有所不同，但都是以迈克尔逊干涉仪的工作原理为基础。迈克尔逊干涉仪构成如图 3-2 所示，由分束器（分光器）、固定镜（位置固定不变）、动镜（位置可移动）组成。

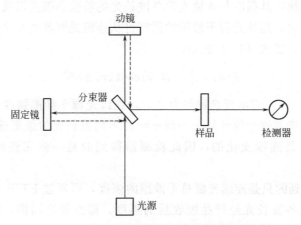

图 3-2　迈克尔逊干涉仪工作原理示意图

　　如果一束波长为 λ 的单色光照射到迈克尔逊干涉仪，该束光被分束器平均分为两束，最后从固定镜和动镜反射回分束器的光程差以 δ 表示。当固定镜和动镜与分束器的距离相等时，则 $\delta=0$（零光程差），两束光的相位完全相同，叠加后未产生干涉，叠加后的强度等于两束光强度之和；当动镜移动 $1/4\lambda$ 时，则 $\delta=1/2\lambda$，两束光的相位相差 $180°$，即相位正好相反，叠加后产生干涉，但强度互相抵消，叠加后干涉光强度等于零；当动镜移动 $1/2\lambda$ 时，则 $\delta=1\lambda$，两束光的相位相差刚好

为 λ，它们的相位又完全相同，叠加后的干涉光强度情况与零光程差一样。

以此类推，当 δ 为波长的整数倍（包括 0）时产生相长干涉，干涉光强度最大，当 δ 为半波长的奇数倍时产生相消干涉，干涉光强度最小，当动镜以匀速移动，δ 不是波长的整数倍或半波长的奇数倍时两束光产生的干涉光强度介于最大和最小之间，其强度呈正弦变化，即检测器检测到单色光干涉图的强度为正弦波。由于动镜以匀速移动，因此单色光（波数为 $\bar{\nu}$）干涉图的强度 $I(\delta)$ 是 δ 的函数，可用下式表示：

$$I(\delta)=0.5I(\bar{\nu})\cos(2\pi\bar{\nu}\delta) \qquad (3\text{-}2)$$

式(3-2) 是从理论上推出的，实际上，检测器检测到单色光干涉图的强度除了与光源的强度成正比，还与分束器的分光效率、检测器的响应效率以及信号放大器的效率成正比，对于同一波长的光在同一仪器上这些影响因素基本不变，因此可用一个与波数有关的常量因子 $H(\bar{\nu})$ 进行校正，则检测器实际检测到单色光干涉图的强度变为以式（3-3）表示：

$$I(\delta)=0.5H(\bar{\nu})I(\bar{\nu})\cos(2\pi\bar{\nu}\delta) \qquad (3\text{-}3)$$

将 $0.5H(\bar{\nu})I(\bar{\nu})$ 以 $B(\bar{\nu})$ 表示，则式(3-3) 可改为以式(3-4) 表示，即波数为 $\bar{\nu}$ 的单色光的实际干涉图方程：

$$I(\delta)=B(\bar{\nu})\cos(2\pi\bar{\nu}\delta) \qquad (3\text{-}4)$$

（2）连续光源干涉图的基本方程　对于连续光源，干涉图的强度等于各波长光干涉图强度的叠加，其强度与连续光源各波长光的波数和强度以及光程差有关，因此当光程差为 δ 时，连续光源干涉图的强度可从连续光源各波长光的干涉图基本方程进行积分得到，以式（3-5）表示：

$$I(\delta)=\int_{-\infty}^{+\infty}B(\bar{\nu})\cos(2\pi\bar{\nu}\delta)\,\mathrm{d}\bar{\nu} \qquad (3\text{-}5)$$

式(3-5) 中 $I(\delta)$ 表示当光程差为 δ 时，连续光源干涉图强度，也就是检测器检测到的信号强度，这个信号是 $-\infty$ 到 $+\infty$ 对不同波长光的强度进行积分（加和）得到的。因为 δ 是连续变化的，因此检测器得到的是一张完整的连续光源的干涉图。

式(3-5) 得到的只是连续光源总干涉图的强度，可通过 FTIR 仪检测器检测得到，而连续光源各波长光经样品吸收后的强度，即红外光谱图，需要对式（3-5）进行傅里叶逆变换计算才能得到，即：

$$B(\bar{\nu})=\int_{-\infty}^{+\infty}I(\delta)\cos(2\pi\bar{\nu}\delta)\,\mathrm{d}\delta \qquad (3\text{-}6)$$

由于 $I(\delta)$ 是个偶函数，因此式(3-6) 可简化为式(3-7)

$$B(\bar{\nu})=2\int_{0}^{+\infty}I(\delta)\cos(2\pi\bar{\nu}\delta)\,\mathrm{d}\delta \qquad (3\text{-}7)$$

（3）干涉图数据点的采集及采集方式　当迈克尔逊干涉仪的动镜从 $-\infty$ 到 $+\infty$ 的移动过程中，每移动无限小的光程差 $\mathrm{d}\delta$，都应采集干涉图强度数据，并按照式

(3-7) 进行傅里叶逆变换处理后才能得到一张完美的红外光谱图。但是这样需要采集非常多的数据点，一方面要求计算机储存空间非常大，另一方面造成所需傅里叶逆变换处理时间变得很长，无法体现傅里叶变换红外光谱的快速优点，因此，在仪器设计以及实际工作中，只能在动镜移动过程中，以一定 dδ，也就是距离相等、大小有限的位置，对干涉图数据点进行采集，由这些位置采集到的干涉图强度数据加和后得出总干涉图强度，然后进行傅里叶逆变换处理后形成一张一定范围的红外光谱图。

目前，FTIR 仪均以 He-Ne 激光器控制监测数据点的采集，仪器工作时，He-Ne 激光器所产生的高纯单色光和红外光一起通过迈克尔逊干涉仪的分束器，产生 He-Ne 激光器的高纯单色光的干涉图，当迈克尔逊干涉仪的动镜移动过程中，He-Ne 激光器的高纯单色光的干涉图是一个连续的余弦波，波长为 $0.6329\mu m$。干涉图数据点的采集是通过 He-Ne 激光器的高纯单色光的干涉图余弦波的零点信号触发的，当测量中红外和远红外光时，每经过一个余弦波（每隔一个零点），即光程差 $d\delta = 0.6329\mu m$ 或动镜移动 $0.31645\mu m$，采集一个数据点；当测量近红外光时，每经过半个余弦波（每个零点），即光程差 $d\delta = 0.31645\mu m$ 或动镜移动 $0.158225\mu m$，采集一个数据点。

迈克尔逊干涉仪动镜的进或退，都会使照射到分束器的红外光产生干涉，当动镜前进时，根据设定采集间隔采集数据，动镜返回时，不采集数据，这种采集方式称为单向采集数据方法；而当动镜前进时，根据设定采集间隔采集数据，动镜返回时，也采集数据，这种采集方式称为双向采集数据方法，在快速扫描（如动力学反应）时需用到。

红外光源经过迈克尔逊干涉仪形成干涉图，干涉图通过样品后，采用一定方式采集到的信号由红外检测器获得，检测器获得的干涉图信息经计算机傅里叶逆变换处理后得到各波长红外光被样品吸收后的光强，扣除空白背景（无样品）干涉图信息得到的各波长红外光光强形成红外光谱图，这就是傅里叶红外光谱名称的来源。

3.2.3 定性分析原理

化合物红外光谱吸收谱峰的频率、强度、形状是化合物分子结构的具体客观反映，不同结构化合物的红外光谱具有与其结构特征相对应的特征性。红外光谱谱带的数目、位置、形状和吸收强度均随化合物的结构和所处状态的不同而不同，因此，利用红外光谱与有机化合物的官能团或其结构的关系可对有机化合物进行定性分析。

通过量子力学的计算得到化合物的红外光谱是相当复杂和困难的，而且对于大多数复杂多原子化合物的计算结果与实际测定结果之间也有一定差别，因此在实际应用中没有必要进行此计算。通过大量已知化合物的红外光谱测定结果，可总结出各种官能团的吸收规律，虽然这样得到的结果不如计算法严谨，但却能客观反映红外光谱与分子结构的关系。因此，可通过化合物的红外光谱信息，推测其可能含有的官能团。

为剖析红外光谱和推断化合物分子结构方便起见，红外光谱工作者习惯将中红外谱分为四大峰区，分别为第一峰区（4000～2500cm⁻¹），第二峰区（2500～2000cm⁻¹），第三峰区（2000～1500cm⁻¹）和第四峰区（1500～600cm⁻¹）。第四峰区主要是单键伸缩振动（除与氢的单键外）和各类弯曲振动的吸收，不同分子结构化合物的红外光谱的差异主要在此峰区，就像不同人有不同的指纹一样，因此又称为指纹区。

3.2.4 定量分析原理

与紫外可见吸收光谱法一样，红外光谱定量分析的依据是朗伯-比耳（Lambert-Beer）定律，即当一束光通过试样时，某一波长的光被试样吸收的强度与试样的浓度成正比，同时与光通过试样的长度成正比，用式（3-8）表示：

$$A(\bar{\nu}) = -\lg T(\bar{\nu}) = \varepsilon(\bar{\nu})bc \qquad (3\text{-}8)$$

式中　$A(\bar{\nu})$——试样在波数 $\bar{\nu}$ 的吸光度；

　　　$T(\bar{\nu})$——波数 $\bar{\nu}$ 的光被试样吸收后的透光率；

　　　$\varepsilon(\bar{\nu})$——试样在波数 $\bar{\nu}$ 的吸光系数；

　　　b——光程长度（样品厚度）；

　　　c——试样浓度。

同一物质在不同波数下的吸光系数是不同的，但是不同浓度的同一物质在相同波数下有着相同的吸光系数，$\varepsilon(\bar{\nu})$ 是有单位的，对于液体试样，当 b 的单位为 cm，试样的浓度为 mol/L 时，则 ε 的单位为 L/(mol·cm)，称为摩尔吸光系数。

红外光谱的吸光度具有加和性，如果试样中有 2 个或 2 个以上的组分在波数 $\bar{\nu}$ 处有吸收，则在波数 $\bar{\nu}$ 的总吸光度等于各组分在该波数的吸光度之和，这对于多组分的红外光谱定量分析非常有用。

3.3 组成

对干涉图进行傅里叶变换的计算非常复杂，处理的数据量很大，在 20 世纪 70 年代以前，由于计算机的计算速度无法满足干涉图的傅里叶变换处理要求，因此傅里叶变换红外光谱法无法在实际工作中得到应用。直到 70 年代中后期，随着计算机技术的发展，FTIR 仪才开始面世，采用专为仪器配置的计算机。直至 80 年代末 90 年代初，个人电脑的计算速度进一步提高，达到傅里叶变换处理速度要求，普通个人电脑才广泛配置于 FTIR 仪。

一台完整的 FTIR 仪由光学台和计算机（含打印机）组成，光学台主要包括光源、干涉仪、检测器以及样品室、光阑、氦氖激光器、电路板、各种红外反射镜等，图 3-3 为 Themo Fisher 公司生产的 5700 型 FTIR 仪实际结构图。在一台较高

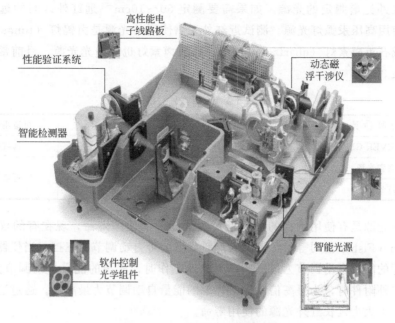

高性能电子线路板

性能验证系统

动态磁浮干涉仪

智能检测器

智能光源

软件控制光学组件

图 3-3　5700 型 FTIR 仪结构图

级的 FTIR 仪上，只要通过更换光源、干涉仪的分束器以及检测器等简单操作，就可使仪器从中红外光谱工作范围拓展至近、远红外光谱工作范围。目前，计算机不但安装有对检测器传送过来的信号进行傅里叶变换处理的软件，还安装有对形成的红外谱图进行分析处理的软件，这些软件的操作都已高度智能化，非常便于红外光谱工作者使用。下面就光学台主要器件光源、干涉仪、检测器、光阑进行较详细介绍。

3.3.1　红外光源

红外光源应能发射高强度连续稳定的红外光，中红外光源主要有能斯特灯（Nernst glower）、硅碳棒光源以及陶瓷光源。能斯特灯是由氧化锆、氧化钇、氧化钍混合物烧结而成的中空棒或实心棒，其两端绕有铂丝作为电极，工作时不用水冷却，发出的光强较强，但机械强度较差，使用前需预热。硅碳棒是一种 SiC（硅碳）烧结的两端粗中间细的实心棒，传统硅碳棒的优点是光源能量高、功率大、发光面积大、较坚固；缺点是耗能高，热辐射强，使用时其两端需要用水冷却电极接触点，目前已基本不用。经改进的硅碳棒光源（EVER-GLO 光源），虽然发光面积小，但红外光强，而且热辐射很弱，不需要水冷却。陶瓷光源是陶瓷器件保护下的镍铬铁合金线光源，早期的陶瓷光源为水冷却光源，现在使用的基本改为空气冷却光源。

由于 $50cm^{-1}$ 以下远红外区域大部分化合物基本没有吸收谱带，而硅碳棒光源、陶瓷光源基本能覆盖整个中红外波段范围及大部分远红外区域，因此可用作中、远红外光谱测定的光源。如果需要测定 $50\sim10cm^{-1}$ 远红外区间的远红外光谱，则使用高压汞弧灯光源。测试近红外光谱使用的光源是卤钨灯（tungsten-halogen）或石英卤素灯（quartz-halogen），石英卤素灯也叫白光光源。目前常用红外光源见表 3-2。

表 3-2　常用红外光源

光　源　种　类	可适用范围	光　源　种　类	可适用范围
空气冷却 EVER-GLO 光源	中、远红外	高压汞弧灯光源	远红外
空气冷却陶瓷光源	中、远红外	卤钨灯	近红外
高压汞弧灯光源	远红外	石英卤素灯	

红外光源是有使用寿命的，为延长红外光源的使用寿命，现在有的仪器公司（如 Themo Fisher 公司等）将光源的能量设置为可自动调节的三挡，当仪器不工作时，光源的能量自动调节为最低挡；当仪器工作时，光源的能量自动调节为中挡；当使用红外附件时，为提高信噪比，光源的能量自动调节为最高挡。通过这些方式的调节，可大大延长红外光源的使用寿命。

3.3.2　干涉仪

干涉仪是 FTIR 仪的核心部分，是 FTIR 仪与色散或光栅型红外光谱仪最为区别的器件，FTIR 仪的性能指标主要由干涉仪决定。

虽然干涉仪的设计原理均基于迈克尔逊干涉仪，基本组件包括动镜、固定镜和分束器，但为提高 FTIR 仪的性能指标，各仪器公司开发出具有专利技术的各种干涉仪，促使干涉仪的种类和性能不断发展。目前，干涉仪的主要种类有：空气轴承干涉仪（分辨率可优于 $0.1cm^{-1}$）、机械轴承干涉仪（分辨率可优于 $0.1cm^{-1}$）、皮带移动式干涉仪（最高分辨率可达 $0.0008cm^{-1}$）、双动镜机械转动式干涉仪（分辨率难以达到 $0.1cm^{-1}$）、双角镜耦合干涉仪（分辨率难以达到 $0.1cm^{-1}$）、动镜扭摆式干涉仪、角镜型迈克尔逊干涉仪（分辨率难以达到 $0.1cm^{-1}$）、角镜型楔状分束器干涉仪、悬挂扭摆式干涉仪等。

干涉仪的性能除了受其设计结构影响外，受到分束器种类的影响也很大，根据迈克尔逊干涉仪工作原理，分束器应能将一束红外光分裂为相同的两部分，50%光通过分束器，50%光被分束器反射，不同种类分束器对不同波数范围的分光效果是不同的。目前常用的中红外分束器是在溴化钾或碘化铯基片上镀上 $1\mu m$ 厚的锗薄膜，分别制成 KBr/Ge 分束器（适用范围 $7000\sim375cm^{-1}$）和 CsI/Ge 分束器（适用范围 $4500\sim240cm^{-1}$），两种分束器均很容易吸潮而损坏，其中 CsI/Ge 分束器比 KBr/Ge 分束器更容易吸潮。目前部分仪器公司使用了一种改进的 KBr 分束器（称为宽带 KBr 分束器，适用范围 $11000\sim370cm^{-1}$），可用于中红外以及近红外区。测量近红外光谱通常使用 CaF_2 分束器，另外还有石英分束器，石英分束器可

测量范围比 CaF_2 分束器宽，但价格比 CaF_2 分束器高很多。测量远红外光谱常用的分束器有两种，一种是聚酯薄膜分束器（mylar film），另一种是固体基质分束器（metal mesh）。由于远红外光的波长较长，当远红外光通过聚酯薄膜分束器时，会发生干涉，因此测量远红外光谱时，不同远红外区域所需聚酯薄膜分束器的厚度要求是不一样的，对于绝大多数固体或液体化合物，使用 $6.25\mu m$ 厚度的即可满足要求；固体基质分束器的测量范围为 $650\sim50cm^{-1}$，也完全满足绝大多数固体或液体化合物的远红外光谱测量。目前常用的分束器及其适用范围汇总在表 3-3。

表 3-3　常用红外分束器

分束器种类	适用范围	分束器种类	适用范围
KBr/Ge 分束器	中红外	CaF_2 分束器	近红外
CsI/Ge 分束器	中红外	聚酯薄膜分束器（$6.25\mu m$ 厚）	远红外（$500\sim100cm^{-1}$）
宽带 KBr 分束器	中、近红外（$11000\sim370cm^{-1}$）	固体基质分束器	远红外（$650\sim50cm^{-1}$）

3.3.3　检测器

检测器用于检测干涉光通过试样后剩余能量的大小，要求具有较高的灵敏度、较快的响应速度和较宽的响应波数范围。常用检测器列于表 3-4。

表 3-4　常用检测器

检测器种类	适用范围	检测器种类	适用范围
DTGS/KBr 检测器	中红外	PbSe 检测器	近红外
DTGS/CsI 检测器			
MCT 检测器，包括 A、B、C 三种类型		DTGS/Polyethylene 检测器	远红外

目前中红外光谱常用的检测器主要有 DTGS 检测器和 MCT（mercury cadmium tellurium）检测器。DTGS 检测器由氘代硫酸三甘肽晶体（DTGS）制成，将 DTGS 晶体切成几十微米厚的薄片，再从薄片引出两个电极连通前置放大器，信号经前置放大器放大后并进行模数转换，再发送到计算机进行傅里叶变换，DTGS 晶体越薄，灵敏度越高。DTGS 晶体易受潮而损坏，其外部需用红外窗片密封保护，因此根据密封材料，又将其分为 DTGS/KBr（适用范围 $4000\sim400cm^{-1}$，通常作为 FTIR 仪的标准配置，易受潮）、DTGS/CsI（适用范围 $4000\sim200cm^{-1}$，易受潮）和 DTGS/KRS-5（适用范围 $5000\sim250cm^{-1}$，耐潮，但有毒）检测器。MCT 检测器由半导体碲化镉和半金属化合物碲化汞混合制成，根据两种化合物含量比例，又分为 MCT/A（适用范围 $10000\sim650cm^{-1}$）、MCT/B（适用范围 $10000\sim400cm^{-1}$）、MCT/C（适用范围 $10000\sim580cm^{-1}$）三种，MCT/A 检测器比 MCT/B、MCT/C 检测器的灵敏度高，响应速度也较快。MCT 检测器使用的波数范围比 DTGS 检测器窄一些，但灵敏度和响应速度都比 DTGS 检测器好，可是使

用较麻烦，需要液氮冷却。

测量近红外光谱通常使用 PbSe 检测器，其适用范围为 $11000\sim2000cm^{-1}$，除此之外，还有灵敏度更高的 Ge、InSb、InGaAs 等检测器，与 MCT 检测器一样，Ge、InSb 检测器需液氮冷却下工作。

测量远红外光谱使用的检测器为 DTGS/Polyethylene，其适用范围 $650\sim50cm^{-1}$，DTGS/Polyethylene 检测器的传感器件也是 DTGS 晶体，密封材料为 Polyethylene（聚乙烯），较耐潮。

对于能够测量近、中、远红外光谱的 FTIR 仪，一般都设计有两个检测器位置，一个给中红外检测器固定使用，另外一个安放近红外或远红外检测器，当需要测量近红外或远红外光谱时，只要从计算机操作软件调用有关参数，仪器就能自动从中红外检测器切换到近红外或远红外检测器。

3.3.4 光阑

为调节光通量的大小，在红外光源与准直镜之间，设置了一个光阑。加大光阑孔径，有利于提高检测灵敏度，但有可能使能量溢出；缩小光阑孔径，检测灵敏度降低。目前，FTIR 仪使用的光阑有两种设计方式，一种是连续可变光阑，另一种是固定孔径光阑。

连续可变光阑的孔径大小可以连续调节，有些 FTIR 仪内置的连续可变光阑孔径大小以数字表示，如 Themo Fisher 公司生产的仪器以 $0\sim150$ 表示，数字 0 表示光阑最小（不透光），150 表示光阑全部打开，光通量最大。

固定孔径光阑是在一块可转动的圆板上钻几个不同直径的圆孔，测定时，根据所选分辨率，选择其中一种与之相匹配的圆孔，当使用低分辨率测定时，选择较大的圆孔，当使用高分辨率测定时，则选择较小的圆孔。当仪器配置的固定孔径光阑无法满足测定需求时，有时需要另外在光通过准直镜前插入光通量衰减器。

光阑孔径的选择应根据到达检测器的能量大小来调节，一般来说，当使用 DTGS 检测器时，光阑孔径通常选择最大与最小孔径的中间位置；当使用红外附件时，由于大多数红外附件对光有衰减效果，因此尽量选择最大孔径，当使用 MCT/A 检测器时，选择的光阑孔径应小些。

3.3.5 典型仪器介绍

目前，世界上生产 FTIR 仪的厂家主要有：Themo Fisher 公司（美国）、Perkin Elmer 公司（美国）、Bruker 公司（德国）、Varian 公司（美国）、Bomen 公司（加拿大）、岛津公司（日本）和北京瑞利分析仪器公司（中国，原北京第二分析仪器厂）等，这些厂家均有通用型、分析型、研究型、高级研究型等不同档次的 FTIR 仪，供红外光谱工作者根据工作需要选购。下面以 Themo Fisher 公司生产的 5700 智能型傅里叶红外光谱仪和北京瑞利公司生产的 520 型傅里叶红外光谱仪为例，简要介绍它们的性能指标及主要特点。

3.3.5.1 Themo Fisher 公司的 5700 智能型傅里叶红外光谱仪

（1）外观　仪器外观如图 3-4 所示。

（2）技术参数

① 数字化干涉仪，动态调整 130000 次/s；

② 信噪比 50000：1（峰峰值，1min 扫描）；

③ 可拓展光谱范围：27000～15cm^{-1}；

④ 分辨率：0.09cm^{-1}。

（3）主要特点

① ETC EverGlo TM 长寿命空冷红外光源；

② 只需三个分束器即可覆盖从近红外到远红外的区间；

③ 所有的检测器均"即插即用"；

④ 专利电磁悬浮驱动干涉仪，连续动态调整，稳定性高；

⑤ 可实现 LC/FTIR、TGA/FTIR、GC/FTIR 等技术联用；

⑥ 智能附件即插即用，自动识别，仪器参数自动调整；

⑦ 光学台一体化设计，主部件对针定位，无需调整，光学台配有标准大样品仓，兼容大部分商业附件。

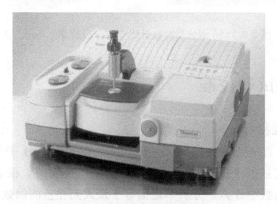

图 3-4　5700 智能型傅里叶红外光谱仪

3.3.5.2 北京瑞利公司 520 型傅里叶红外光谱仪

（1）外观　仪器外观如图 3-5 所示，是具有自主知识产权的国产 FTIR 仪。

（2）技术参数

① 扫描速度：0.2～2.5cm/s，微机控制和选择不同的扫描速度。档次连续可调，特别适合 MCT 和光声光谱附件的应用。

② 信噪比优于 15000：1（RMS 值，在 2100cm^{-1} 处，4cm^{-1} 分辨率，DTGS 检测器，1min 数据采集）。

③ 光谱范围：7800～400cm^{-1}。

④ 分辨率：0.5cm^{-1}。

（3）主要特点

① 外置式高强度空气冷却红外光源，采用球形反射装置，可获得均匀、稳定的红外辐射，有较高的热学稳定性；

② 计算机自动控制内部及外延光路的切换，外延光路可接红外显微镜、GC/IR 接口和各种特殊用途的红外部件；

③ 采用角镜型迈克尔逊干涉仪，与传统干涉仪相比，它具有优良的机械和热稳定性；

④ 全密封防潮、防尘干涉仪的设计使仪器对环境的适应能力强；

⑤ 通用微机、全中文应用软件界面友好、内容丰富，具备完整的谱图采集、光谱转换、光谱处理、光谱分析及谱图输出功能，操作简单、方便、灵活。

图 3-5　520 型傅里叶红外光谱仪（分辨率 0.5cm^{-1}）

3.4　安装调试和校准

3.4.1　主要性能指标

（1）分辨率　红外光谱分辨率（resolution，以 $\Delta\bar{\nu}$ 表示）是指分辨两条相邻吸收谱线的能力，它是由仪器干涉仪动镜的移动距离决定的，根据干涉仪的工作原理，通过光程差的数学计算，分辨率近似等于最大光程差的倒数，也就是动镜移动有效距离 2 倍的倒数，例如一台仪器的动镜移动有效距离为 4cm，这台仪器的最大分辨率为 0.125cm^{-1}。动镜移动有效距离越长，分辨率越高，分辨率的数值越小。用于一般分析时，选用 4cm^{-1} 即可。

分辨率是 FTIR 仪非常重要的性能指标，分辨率越高，仪器越贵。JJG（教委）001—1996《傅里叶变换红外光谱仪检定规程》按分辨率的大小将 FTIR 仪划分为通用型、分析型、研究型、高级研究型四个等级，如果按较粗略分法，可将其分为研究型（包括研究型、高级研究型）和普通型（包括通用型、分析型）两种，最高分辨率数值小于 0.5cm^{-1}（也有资料以 0.25cm^{-1} 划分）的属于研究型，反之属于普通型。

研究型仪器最高分辨率是通过测定 CO 的红外光谱得到的，具体方法为：仪器测试参数选分辨率为仪器最高分辨率，设定光阑于最小状态，光谱测定范围设置为 $2300 \sim 2000 cm^{-1}$，将 10cm 长的红外气体池抽真空，测定真空红外气体池的单光束光谱为背景光谱，然后通入 CO 气体，当压力达 $400 \sim 650Pa$ 时，将气体池密封好，测定气体池内 CO 的红外光谱，选择其中一个独立、对称的吸收峰，测定其半高宽，即为该仪器的最高分辨率。

普通型仪器最高分辨率是通过测定水蒸气的红外光谱得到的，具体方法为：仪器测试参数选分辨率为仪器最高分辨率，设定光阑于最小状态，光谱测定范围设置为 $2000 \sim 1300 cm^{-1}$，在样品室为空气空白的情况下测定背景的单光束光谱，然后打开样品室，往样品室内吹入一口气，使室内水蒸气浓度增加，关闭样品室，测定此时室内水蒸气样品的红外吸收光谱，选择其中一个独立、对称的吸收峰，测定其半高宽，即为该仪器的最高分辨率。

（2）波数范围 红外光谱分近、中、远红外范围，它们在红外分析工作中的作用有些不同。常用的中红外的波数区间为 $4000 \sim 400 cm^{-1}$，近红外的波数区间为 $13000 \sim 4000 cm^{-1}$，远红外的波数区间为 $400 \sim 10 cm^{-1}$，一台仪器如果配置了近、中、远红外光区的其中一个或全部范围，那么它的工作范围至少应达到这些波数范围，才能符合实际工作需要。波数范围通常可通过背景单光束光谱强度以及 100% 透过线的测定来判定，如果仪器在某个波数范围内能有效工作（仪器可测定的波数范围），则其在此波数范围内的背景单光束光谱均应有一定强度，当使用常温检测器时，截止频率的谱峰高与所有谱峰最高值的比值，一般要求大于 1：10（使用红外附件除外），另外在此波数范围的 100% 透过线应比较平直。

（3）噪声和信噪比 噪声是指除样品吸收红外光以外其它因素引起检测器电信号变化的噪声信号，包括杂散光、光源强度的变化、环境干扰如振动、电子线路自身等因素引起的噪声。噪声信号是随机变化的，会叠加到吸收光谱信号中，当试样浓度较低、试样的红外吸光度很小，可能与噪声水平接近时，噪声与试样的吸收峰就较难分辨。一般情况下，试样的吸收峰信号是噪声 3 倍才能辨别。

检测器的噪声与其灵敏度有关，灵敏度越高，噪声越低。不同种类检测器，其噪声的一般水平有所区别，如液氮冷却 MCT 检测器比 DTGS（氘代硫酸三甘肽）检测器的噪声低，而 DTGS（氘代硫酸三甘肽）检测器比 TGS（硫酸三甘肽）检测器的噪声低。噪声水平是衡量检测器质量的重要指标之一。

信噪比（singnal-to-noise ratio，SNR），顾名思义，就是信号与噪声的比值，也是 FTIR 仪非常重要的指标。信噪比又分为仪器本身的信噪比和实测光谱的信噪比，仪器本身的信噪比是衡量仪器自身性能高低的主要指标之一，实测光谱的信噪比是指试样吸收峰强度与基线噪声的比值，是利用红外光谱进行化合物实际检测鉴定工作时所应考虑到的干扰因素。

仪器本身信噪比的测定方法可用两种方式表示。

方式一：透射率表示法。以样品室中的空气测定背景的单光束光谱，在相同仪器测试参数条件下，又以样品室中空气作为样品测定样品的单光束光谱，扣除背景的单光束光谱后得样品的红外光谱，转换为透射率光谱（事实上也就是 100％线），测量 $2600\sim2500cm^{-1}$、$2200\sim2100cm^{-1}$ 或 $2100\sim2000cm^{-1}$ 区间的峰-峰值 N，用 100 除以 N，即得信噪比，即

$$SNR=100/N \tag{3-9}$$

方式二：吸光度表示法。实验方法同透射率表示法，但以吸收谱表示，同样测量 $2600\sim2500cm^{-1}$、$2200\sim2100cm^{-1}$ 或 $2100\sim2000cm^{-1}$ 区间的峰-峰值，即得仪器自身的噪声。

仪器自身信噪比的测定要在相同参数条件下测试才有可比性，影响信噪比的主要测试参数有扫描时间、分辨率、光通量等，另外仪器自身所配检测器的性能也是影响信噪比的重要因素。信噪比与扫描次数、分辨率数值、光通量成正比，装配灵敏度高、性能较好检测器的仪器信噪比也较高。

实测光谱的信噪比与具体实际工作有关，因此无固定计算方法。在实际测试时，通过增加扫描次数和降低分辨率，可提高实测光谱的信噪比，但会牺牲分辨率，并且延长了测试所用时间。

(4) 波数准确度　利用红外光谱仪对化合物进行红外光谱鉴定，目的是要获得化合物真实的红外吸收位置（波数），如果红外吸收测定的波数不准确，那么所作的工作就没有意义，甚至导致鉴定结果是错误的，带来严重后果。目前，FTIR 仪均采用 He-Ne 激光参考频率作为基准位置，因此一般来讲其波数是准确的，仪器安装验收时不会有什么问题，但是随着仪器的老化引起性能的下降，有可能引起波数不准确，有必要对仪器进行核查校准。

通过在 $4cm^{-1}$ 分辨率条件下，测试标准聚苯乙烯薄膜（0.03mm 或 $38.1\mu m$ 厚度）的红外吸收谱（如图 3-6 所示），比较仪器测试所得结果与聚苯乙烯特征峰标准值（如表 3-5 所示）的符合程度，评判仪器波数准确度的性能。

生产 FTIR 仪的公司在供货时一般会提供标准聚苯乙烯薄膜给用户，标准聚苯乙烯薄膜应避光干燥保存。

3.4.2　仪器安装的基本条件

由于 FTIR 仪的元器件是由某些特殊材料制成，这些特殊材料受潮后易损坏，光学台内红外反射镜吸附灰尘后会降低其反光性能，光路受到振动后也可能引起光路不准直等问题，因此对比其它分析仪器，FTIR 仪是比较"娇贵"的仪器，虽然 FTIR 仪生产厂家为此在元器件使用以及仪器设计等方面做了很多的改进，但是，FTIR 仪还是要通过细致的维护保养，才能保证其正常工作，延长其使用寿命。当准备安装一台 FTIR 仪时，应具备以下安装要求。

(1) 仪器室的总体要求　由于 FTIR 仪的某些元器件对卤代烃或卤化物敏感，如某些检测器对氯仿敏感，分束器上能让 He-Ne 激光透过的半透膜、MCT 检测器

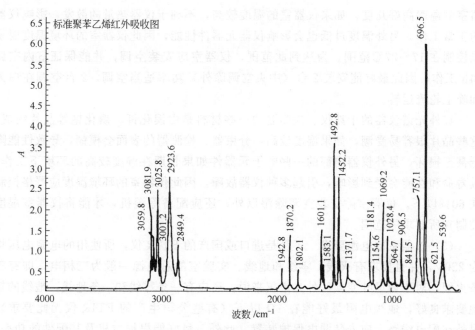

图 3-6　标准聚苯乙烯红外光谱图

表 3-5　聚苯乙烯特征峰标准值

峰编号	吸收峰波数/cm^{-1}	峰编号	吸收峰波数/cm^{-1}
1	3102.0±0.5	9	1583.1±0.3
2	3081.8±0.3	10	1181.4±0.3
3	3059.7±0.3	11	1154.3±0.3
4	3025.7±0.3	12	1069.1±0.3
5	2924±4	13	1028.4±0.3
6	2849.5±0.3	14	906.5±0.3
7	1942.7±1	15	699.5±0.5
8	1601.1±0.3	16	540.0±0.5

的 SnZe 窗口材料对卤化物非常敏感，而常规化学实验室可能会产生这些对 FTIR
仪元器件敏感的气体，因此安装 FTIR 仪的仪器室应与常规化学实验室隔开。为防
尘或避免其它气体进入，同时保持仪器室处于恒温恒湿状态，应加强仪器室的密闭
性，因此仪器室的窗户最好能安装双层玻璃，进入仪器室之前最好有个缓冲间，仪
器室门也要尽量做得密闭些。另外，为防止水汽以及避免其它可能风险，仪器室应
远离水源。

　　（2）仪器室的环境温度与湿度要求　红外光谱仪的光源和电路板等器件工作时
都会产生一定的热量，如仪器开机时，用手接触电路板附近可明显感觉其温度比仪

器室的温度高好几度，如果仪器室的温度较高，不利于仪器热量的散发，影响仪器的正常工作，另外温度过低也会影响仪器元器件性能，因此仪器室的环境温度要求能控制在17～27℃范围。为达到此范围，仪器室应安装空调，并能保证室内空调24h工作，因此最好能安装2台（中央空调除外）功率适当空调，2台空调在白天和晚上轮流运转。

红外光谱仪器的干涉仪、检测器的一些材料是由溴化钾、碘化铯等晶片组成，这些晶片很容易受潮，如果湿度较高，分束器、检测器的表面会模糊，导致性能降低甚至损坏，另外仪器内部的一些电子元器件如果长期在湿度较高的环境下工作，其寿命和性能会受到影响，引起多种仪器故障，因此仪器室的环境湿度应严格控制在60%以下。仪器室除安装空调除湿以外，还应配备除湿机，才能将仪器室湿度控制在所要求的范围。

（3）仪器室的电源要求　不管是进口或国产的FTIR仪，所使用的电源电压均为220V，并且要求有火线、零线和地线。实验室的总电源一般为三相电，即有三条火线，对于傅里叶变换红外光谱仪来说，还应有一条零线和一条地线，地线的接地要求良好，地线电阻最好能在1Ω以下（有些公司生产的FTIR仪无此要求），另外在配电线路上应安装漏电保护装置。此外，最好能根据主机及其配件的功率，配置合适功率（其输出功率为FTIR仪工作功率2倍即可）的稳压电源。

（4）实验台的要求　安放傅里叶变换红外光谱仪的实验台应稳定、结实、牢靠，台面应采用较硬实材料，其厚度不能太薄，以防止台面由于仪器长期放置后被压迫变形，特别是当仪器与气相、热重等联用时，如果台面变形，会影响仪器联用的接口准直，导致光路的偏离，影响仪器的工作效果甚至不能正常联机使用，在此情况下台面厚度和硬度要求更高。台面距离仪器室墙面应留足一定空间，至少0.5m，便于仪器的保养和维修。

3.4.3　验收调试的主要内容

FTIR仪在出厂前一般都经过严格的全面检验，但也可能存在某些仪器厂商为了商业目的而夸大其出售仪器性能的现象，另外仪器在运输过程中也存在损伤的可能，因此新购置的仪器一定要按照购买合同内规定的性能指标进行验收，验收合格后才能投入使用。FTIR仪验收的主要内容如下。

（1）硬件验收　仪器到货后，不要自行开箱检查，须等安装工程师一起开箱核查，对照装箱清单和合同，认真核对仪器的型号规格、主机序列号、红外附件、操作说明书、备品配件类别及数量等，必要时对开箱情况进行拍照。

（2）性能指标验收

① 最高分辨率　根据所购置的仪器，按照合同规定的最高分辨率指标进行验收。待仪器稳定后，研究型仪器最高分辨率（数值小于$0.5cm^{-1}$）可通过测定CO的红外光谱进行，普通型仪器最高分辨率（数值大于$0.5cm^{-1}$）可通过测定水蒸气的红外光谱进行，具体方法见3.4.1中（1）或参照JJG（教委）001—1996

进行。

② 信噪比　信噪比分为体现仪器自身性能指标的信噪比和实测光谱的信噪比，仪器验收时针对的是体现仪器自身性能指标的信噪比。目前还没有统一、公认的测试仪器信噪比的标准方法，验收时可根据仪器购置合同规定并参考仪器公司的测试方法，具体可参见 3.4.1 中（3）或参照 JJG（教委）001—1996 进行。

③ 波数的准确性和重复性　波数的准确性可通过测试标准聚苯乙烯薄膜的吸收光谱来判定，将测得的特征峰与聚苯乙烯的特征峰进行比较，参见 3.4.1 中（4），如果符合表 3-5 的要求，就说明仪器的波数准确性是合格的。验收仪器波数重复性时，一般设定分辨率为 $4cm^{-1}$、扫描次数为 32，待仪器稳定后，每隔一定时间（10min 合适）测定标准聚苯乙烯薄膜的吸收谱，共进行 6 次测定，比较 6 次测得聚苯乙烯的 9 个特征峰波数，一般来说只要测得的大部分特征峰（$539.6cm^{-1}$ 除外）波数相互偏差不超过其最高分辨率，波数重复性即为合格。

④ 稳定性　仪器稳定性是验收不可缺少的内容，只有仪器的稳定性好，测定的结果才能重复，特别对于红外定量分析更需要仪器稳定性作为前提。仪器的稳定性可通过测量基线的重复性和倾斜程度来判定。具体验收方法建议采用以下方式：待仪器稳定后，设定 $4cm^{-1}$ 分辨率、扫描次数 32，每隔一定时间（10min 合适）测定 100%基线，共进行 6 次测定，使 6 条 100%基线显示在同一窗口界面上，6 条基线应平直、基本重复，倾斜度很小，这样仪器稳定性验收才算合格。

⑤ 其它方面的验收　如购置有红外附件，应逐一将附件与主机联用起来，检验其可用性，并按照仪器购置合同规定以及参考仪器公司的验收方法，进行验收。如果购买了专用软件，也要检验其可操作性，如果购买了标准谱库，要对所给的谱图数目进行清点。

3.4.4　校准和期间核查

（1）校准　目前 FTIR 仪一般采用国家教委（现教育部）标准 JJG（教委）001—1996《傅里叶变换红外光谱仪检定规程》进行校准。该方法规定 FTIR 仪的校准周期为两年，适用于新安装或维修后的校准和定期校准；校准的主要内容包括波段范围、基线噪声、分辨率、准确度、重复性、计算机功能等。

（2）期间核查　根据 ISO/IEC 17025：2005《检测和校准实验室能力的要求》或 CNAS-CL01：2006《检测和校准实验室能力认可准则》要求，检测仪器应进行期间核查。期间核查是指为保持对仪器设备校准状态的可信度，防止仪器由于性能下降或有故障发生而使测定结果偏离而产生错误信息，在两次检定或校准之间进行的核查。

只要有标准聚苯乙烯薄膜即可，如果日常使用的是 $2cm^{-1}$ 以下分辨率，可按照 JJG（教委）001—1996 中规定的方法进行；如果要核查 $1cm^{-1}$ 以上高分辨率，还需要有分析纯的 CO 气体和 10cm 气体池。作为期间核查，不一定所有项目都进行核查，每次可只选择其中几个项目核查，不同的期间轮换核查项目即可。

根据核查结果确定仪器是否可以继续使用。如果核查结果异常，应进行分析，或者与仪器生产厂维修工程师联系，查找原因，排除故障后重新核查或请计量部门检定合格后才能继续使用，同时对造成的影响进行评估，必要时应追溯已检测过的样品。

3.5 操作与使用

随着计算机技术的高度发展，FTIR 仪的操作已实现高度自动化，目前普通的FTIR 仪均可进行人机对话，操作简便，有些仪器可将不同光源、分束器、检测器以及红外附件等预先置于仪器内部，通过计算机直接智能转换，无需人工更换；大部分仪器均安装各种操作软件，获得的谱图可直接在计算机上进行各种数据处理，如透过谱和吸收谱的转换、谱图基线校正和平滑、吸收峰的波数标示、峰高和峰面积的自动计算、谱图的放大或缩小、谱图归一化、差谱和加谱、混合谱峰的分离拟合、谱图的一阶或二阶导数、反射谱的 K-K 变换校正、漫反射的 K-M 变换校正、选取谱图中某区间进行放大与缩小、多窗口显示、随机安装大量的标准谱图并自动搜索匹配、自建标准谱库、对功能团吸收峰分析、定量分析等。

3.5.1 试样的制备

要得到一张能够全面反映试样分子结构信息的红外光谱图，除了性能优良的红外光谱仪为基础外，制样技术也是非常关键，不同红外光谱工作者制备的试样，测试所得的光谱可能会有差别。而且，对固体、液体、气体等不同状态样品的测试，需要借助 FTIR 仪的不同配件才能进行。

固体样品的制备方法主要有压片法、糊状法、薄膜法等。一般地，购买仪器时，仪器商均会帮用户配置与仪器样品室形状相适应的压片机、压片模具，根据说明书很容易装配及操作，压片后制得的锭片置于样品架上，然后放入样品室就可进行测试。糊状法是以糊剂为稀释剂与样品一起放入玛瑙研钵中进行研磨，使试样均匀分散在糊剂中，然后糊在溴化钾晶片上，再将溴化钾晶片置于专用晶片夹上，然后放入样品室进行红外光谱测定。薄膜法是将样品制成膜，置于样品架上或夹在两片晶片内，然后放入样品室进行测试。

液体样品的制备需通过红外液体池作为载体才能进行。红外液体池的窗片材料应既能保证红外光透过，又不会溶于所测液体试样。目前，液体池的种类很多，可以根据待测样品性质及仪器样品架形状等具体情况，选择与之匹配的液体池向仪器公司购买，也可以自己加工制作。中红外区常用的液体池的窗片材料（晶片）及其物理性质（由于红外光最高可透过波数均可达 $4000\mathrm{cm}^{-1}$，因此高波数端未在表中列出）如表 3-6 所示。

气体试样的红外光谱测试需要专用的气体池，气体池分为短光程和长光程两种，短光程的长度为 10～20cm，长光程的是指红外光路（包括多次反射）超过 1m

以上的池，超过 100m 光程的气体池不能置于仪器样品室测试，需将红外光路从仪器中引伸出来。气体试样装入气体池前，应先将池内其它气体抽出至真空，然后将气体试样装入气体池进行测定，其吸收强度可通过调整池内试样压力来控制。

表 3-6　中红外区常用液体池的窗片材料及物理性质

名称（化学组成）	可适用最低波数/cm⁻¹	水溶解性	适用样品	其　它
溴化钾	400	可溶	有机液体	最常用
氯化钾	400	可溶	有机液体	常用
氯化钠	650	可溶	有机液体	常用
氯化银	400	不溶	有机或含水液体均可	材料稳定性差,不常用
溴化银	300	不溶	有机或含水液体均可	材料稳定性差,不常用
氟化钡	800	几乎不溶	有机或含水液体均可	价格较溴化钾贵,常用于含水液体样品,但不适于酸性、氯化铵或与氟化钡中钡离子产生反应的样品
氟化钙	1300	不溶	有机或含水液体均可	用于含水液体样品,但能透过的波数范围较窄
碘化铯	200	可溶	有机液体	价格昂贵
硒化锌	650	不溶	有机或含水液体均可	价格昂贵
硫化锌	500	不溶	有机或含水液体均可	价格昂贵
金刚石	400	不溶	有机或含水液体均可	价格昂贵
硅	660	不溶	有机或含水液体均可	可见光透过性差,不便制样
锗	700	不溶	有机或含水液体均可	可见光透过性差,不便制样
盖玻片（SiO_2）	1350	不溶	有机或含水液体均可	透过的波数范围较窄

3.5.2　操作使用

虽然不同仪器厂商设计的 FTIR 仪有所差别，但是，由于 FTIR 仪的工作原理基本相同，对谱图分析的工作方法相同，因此，完成一张红外光谱测试图所选择的一些基本参数是相同的。下面以 Themo Fisher 公司生产的系列 FTIR 仪的主要操作步骤举例说明。

① 开机（顺序：稳压电源，光学台，打印机，电脑）；

② 预热半小时，在 OMINIC 主菜单下进入红外光谱测试主程序；

③ 根据样品特征，如有需要，选择合适的样品室附件（如 ATR、漫反射、四倍聚焦金刚石池等）；

④ 在"Collect"（采集）子菜单下，选"Experiment setup"（实验设置），对光源、检测器（近远红外需要，如无安装还需预先安装）、分束器（近远红外需要，如无安装还需预先更换或安装）、扫描次数（普通测试 32 次即可）、分辨率（常规

$1 \sim 4cm^{-1}$）、光阑（通常为100）、增益（通常为1）、速度（通常为0.6329）、背景空白等器件或参数进行设置；

⑤ 放入背景空白，在"Collect"子菜单下，点击"Col bgd"（采集背景）采集背景光谱；

⑥ 放入已制备好的试样，点击"Col samp"（样品采集）采集样品光谱，扫描结束后仪器自动扣除背景光谱，画出红外光谱图；

⑦ 对可用的谱图（谱图质量较好，无需再次制样检测）进行处理：

a. 用箭头将无关的谱图点红，用"Clear"进行清除；

b. 如需要，对谱图进行基线校正、平滑处理等；

c. 用"Find peak"标出峰值或用鼠标点"T"（在计算机屏幕的左下角），将峰值数字挪动位置，点"Print"，打印红外光谱图；

或点"Analyze"菜单，选"Library setup"，将所要搜索标准谱库用"Add"加到右边，点"Search"键，将当前谱图与库中标准谱图进行搜索比较，找出匹配率，点"Print"，打印谱图；

或进行差谱或加谱等处理后分析；

或使用测峰高或峰面积指令（在计算机屏幕的左下角）测定特征峰的峰高或峰面积。

⑧ 关机，与开机顺序相反操作。

3.5.3 数据处理

（1）基线校正 由于仪器自身原因、所制试样不理想、背景光谱的差异等因素的影响，试样经测试所得的吸收光谱的基线有可能部分或全部不处在吸光度0基线上，产生倾斜、漂移、干涉条纹等现象，通过计算机技术，将不处在吸光度0基线上的基线拉回吸光度0基线上，以便于下一步数据处理，而光谱图的吸收峰位置不会改变，就是通常所说的基线校正处理，如图3-7和图3-8所示。

目前安装在仪器上的基线校正操作软件有两种：一种是自动基线校正，它由仪器智能操作完成，只要选择（激活）需要处理的光谱，点自动基线校正命令，基线校正就可自动完成，但对于有干涉条纹的光谱，自动基线校正方法所得的效果不好；另一种是手动基线校正，根据实验人员的感观和经验，通过手动逐点将倾斜基线、弯曲的干涉条纹拉回吸光度0基线上。一般来说，手动基线校正的效果比自动基线校正要好。

如果要对红外光谱进行差谱、加谱或进行定量分析等处理之前，最好将吸收光谱进行基线校正，后续的工作才能取得统一的、较为准确的结果。

（2）差谱 差谱处理技术常用于双组分试样的成分剖析，在已知试样中的一种组分情况下，将试样的谱图完全扣减已知组分的谱图，即得另一组分的红外光谱图，然后再对此谱图进行剖析得出另一组分的成分。差谱处理技术有两种方式，一种是背景扣除法，另一种是吸光度差减法。

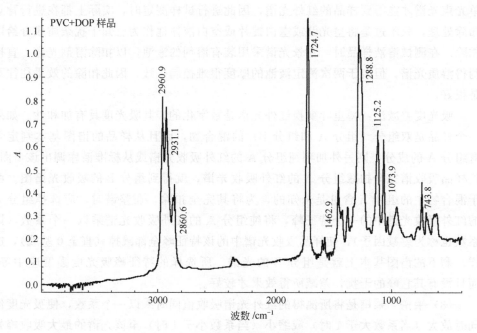

图 3-7　未经基线校正的红外光谱吸收图

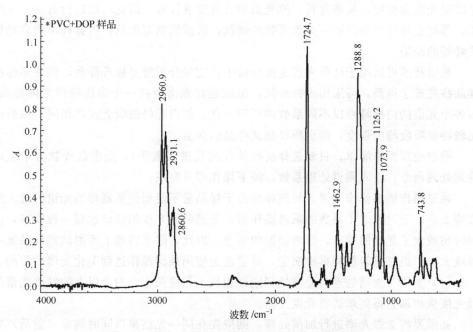

图 3-8　对图 3-7 进行基线校正后的红外光谱吸收图

　　背景扣除法：傅里叶变换红外光谱仪基本上都是单光路系统，测试样品时，既要测试样品的单光束光谱，同时也要采集背景光谱，将样品的单光束光谱扣除背景单光束光谱才能得到样品的红外光谱，因此进行试样测定时，实际上都在进行背景扣除处理，只不过是将空光路或空白锭片或空白液体池作为已知干扰杂质成分给以扣除。在测试溶液样品时，背景光谱采用装有溶剂的液池，以扣除溶剂光谱，直接测得溶质光谱，但由于两次测定液池的厚度很难控制一致，因此扣除的效果往往不是很好。

吸光度差减法：傅里叶变换红外光谱是数字化的，其吸光度具有加和性。如果一个样品是双组分（组分 A 和组分 B）的混合物，而且从样品的谱图基本判定含有组分 A 的成分，则另外加测纯组分 A 的红外吸收光谱或从标准谱库调出该谱图，将样品吸收谱完全扣减组分 A 的红外吸收光谱，就得到组分 B 的吸收光谱图。由于混合物中的组分 A 含量是未知的，为将其完全扣除，在差谱时，应选择组分 A 的红外吸收光谱中的一个特征峰，将纯组分 A 的红外吸收光谱乘以一个系数（该系数也称为差减因子），使样品吸收光谱中的该特征峰全部减掉（直至 0 基线），这样，剩下的谱图基本上就是组分 B 的光谱。所选择的特征峰吸光度强度应中等，而且没有其它峰的干扰，差减所得效果才较好。

（3）乘谱 乘谱是将所测得的红外光谱吸收值同时乘以一个系数，使吸光度值同时放大（当系数大于 1 时）或缩小（当系数小于 1 时）至该光谱的最大吸收峰处于适当的水平。所乘系数可以为负数，处理后的光谱形状与透射光谱相同，但仍然是以吸光度为标度，从感官看，原光谱的波谷变成波峰，因此可以进行自动标峰操作，等标完峰后再乘以同一负数系数的倒数，将谱图恢复原状，可弥补不能自动标注峰谷的缺陷。

乘谱技术可运用于红外光谱定量分析中，定量分析需要标准样品，但许多标准样品往往难于得到，可采用内标替代，也就是在光谱中找一个参比峰作为内标峰，将各个光谱的内标峰乘以不同系数进行归一化，使内标峰的吸光度都相同，然后再比较特征吸收峰的强度，得出所要测试样品的含量。

乘谱处理操作简单，只要选择所要处理的光谱（激活），点击红外软件中生成乘谱处理命令，输入乘谱处理系数，按下操作即可完成。

乘谱操作能够修饰光谱，如制样时由于样品量不足而使所测得的光谱的最大吸收峰太小，通过大于 1 系数的乘谱操作后，光谱的吸光度值能够达到一般要求，但同时也放大了光谱的噪声，带来错误的信息，因此，除非客观上所测试的样品量不够或太少，最好重新制样再次测定，尽量避免使用乘谱操作达到美化光谱的目的。

（4）加谱 加谱处理与差谱处理刚好相反，是将两个或两个以上的红外光谱的吸光度值相加，得到新的吸光度光谱。

如果要将 2 张光谱进行加谱处理，则应先在同一光谱窗口同时选定（激活）它们，点击红外软件中加谱处理命令，即可完成。

通过加谱处理，可较准确剖析混合物试样的组分，图 3-9 为 DOP 标准红外吸收光谱图，图 3-10 为 PVC 标准红外吸收光谱，图 3-11 为 DOP 标准红外吸收光谱

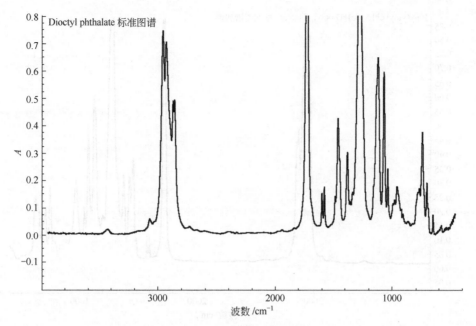

图 3-9　DOP 标准红外吸收光谱

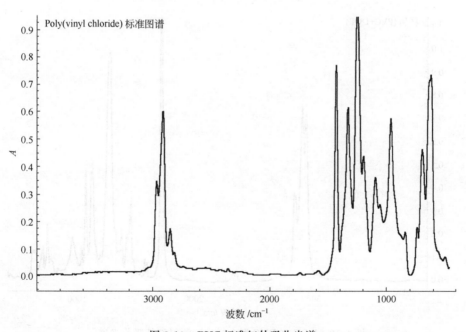

图 3-10　PVC 标准红外吸收光谱

与 PVC 标准红外吸收光谱的加谱，图 3-12 为 DOP 与 PVC 混合样实际测得的红外吸收光谱，将图 3-12 与图 3-11 进行比较，两张光谱基本一致，可判定混合样的成

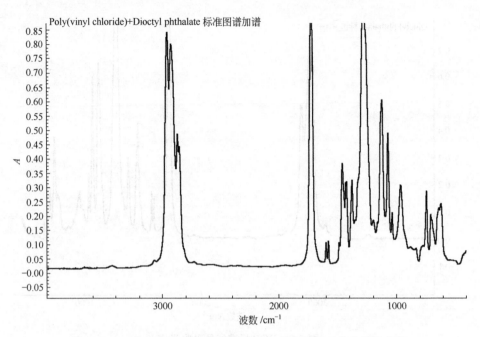

图 3-11　DOP 标准红外吸收光谱与 PVC 标准红外吸收光谱的加谱

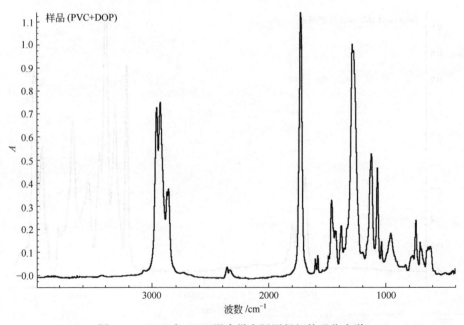

图 3-12　DOP 与 PVC 混合样实际测得红外吸收光谱

分为 DOP 和 PVC。

　　另外，结合乘谱技术，加谱还可用于定量分析。例如，某混合物试样红外光谱通过上述加谱处理后，可判定试样由组分 A 和 B 组成，为了进一步测试组分 A 和 B 的大致含量，可先定量测试纯组分 A 和 B 的光谱，然后将两张光谱乘以不同系数（乘谱处理）再加谱，当加谱所得光谱与混合物试样光谱相似时，根据乘谱处理的系数可大体计算出组分 A 和 B 的含量。

（5）光谱平滑　光谱平滑是为去除影响试样真正吸收峰信息的噪声而采取的数据处理技术，通过光谱平滑可较大限度去除噪声干扰。红外软件中通常有两种平滑方法：手动平滑和自动平滑。自动平滑只要选定（激活）所要平滑的光谱，点自动平滑命令即可完成操作；采用手动平滑，需要确定平滑程度，即需要设定平滑的数据点数，一般先从 5 点或 7 点开始平滑，然后与原光谱进行比较，如果平滑后的试样谱图信息（如肩峰）未被错滑，感官观察谱图上仍有噪声存在，可以增加数据点继续平滑，最大限度去除噪声干扰。

平滑是为已采集光谱的信噪较差而采取的一种补救的数据处理技术，光谱平滑的同时会降低最终得到光谱的分辨率，也有可能将样品有用的吸收峰错滑，因此在使用此操作时应注意。

（6）生成直线　生成直线是指将光谱中某一区间（包括该区间所有吸收峰）都变成一段直线的处理操作，生成直线的目的是将非试样吸收的干扰信息从所测得的光谱图上去除。例如，由于仪器样品室中的二氧化碳和水汽的量不是固定不变的，因此背景光谱无法将二氧化碳和水汽峰从试样光谱上刚好扣除为 0，在试样光谱上常常有二氧化碳和水汽的正吸收或负吸收，特别是当使用某些红外附件时，其外光路是开放的，二氧化碳和水汽的影响更大，为使试样谱图信息更加纯净或者更加美观，可将二氧化碳和水汽的干扰吸收峰区域（如 $2400 \sim 2300 \mathrm{cm}^{-1}$）生成直线。

生成直线处理操作简单，只要选择所要处理的光谱区域（给以激活），点击红外软件中生成直线的处理命令，处理即可完成。

（7）导数光谱　利用计算机软件将一张红外光谱的数据进行一阶微分处理，即可得到一阶导数光谱，如果进行二阶微分处理，即可得到二阶导数光谱。如果将一张二阶导数光谱的数据再次进行二阶微分处理，即可得到四阶导数光谱。

一阶导数光谱和二阶导数光谱能够较清晰给出吸收峰信息（特别对于较难辨别的肩峰更为有用）。一阶导数光谱吸收值（Y 轴值）为零的位置为原红外吸收谱的峰尖或肩峰位置；二阶导数光谱的峰谷位置也是原红外吸收谱的峰尖或肩峰位置，二阶导数光谱的峰形较为尖锐，因此从二阶导数光谱的峰谷可以较为准确地得到肩峰位置。同样的，四阶导数光谱也能得到原红外吸收谱的峰尖或肩峰位置，与二阶导数光谱相反，它的波峰是原红外吸收谱的峰尖或肩峰位置，而且分辨率更强，但波峰较多，有时难于判定是否为肩峰。

导数光谱处理操作简单，只要选择所要处理的光谱（给以激活），点击红外软件中导数光谱处理（一阶或二阶）命令，处理很快就可完成。光谱的噪声对导数光谱处理影响很大，因此在进行处理之前，最好对原光谱进行平滑处理。导数光谱处理技术在双组分或多组分剖析时有一定的用处。

(8) 峰高和峰面积的自动测量　红外光谱定量分析的依据是朗伯-比耳定律，即当一束光通过试样时，某一波长的光被试样吸收的强度与试样的浓度成正比，光被试样吸收的强度以谱图中该波长处的吸收峰高或峰面积表示。目前，各公司的 FTIR 软件都可进行吸收峰高或峰面积的自动测量。下面以 Themo Fisher 公司生产的系列 FTIR 仪为例进行介绍。

对于吸收峰高，测量操作较简单，先选择所要处理的光谱（给以激活），鼠标点击计算机左下角的吸收峰高测量指令，然后对准所要测量波长吸收峰的位置点击，计算机自动显示出两个吸收峰高值，一个为经过基线校正的吸收峰高值，另一个为未经基线校正的吸收峰高值，即以吸光度 0 为基线的吸收峰高值。定量分析时一般采用经过基线校正的吸收峰高值。

对于吸收峰面积的测量，由于吸收峰面积与选定的波数范围有关，测量操作稍微麻烦些。测量时首先选择所要处理的光谱（给以激活），鼠标点击计算机左下角的吸收峰面积测量指令，然后对准所要测量波长吸收峰的位置点击，同样地，计算机就自动显示出两个吸收峰面积值，一个为经过基线校正的吸收峰面积值，另一个为未经基线校正的吸收峰面积值，即以吸光度 0 为基线的吸收峰面积值。同时在该吸收峰峰谷处显示另一条基线，基线上有两个箭头指示此次有基线校正的峰面积测量操作的波数范围，由于所要测定的吸收峰旁边往往有其它吸收峰的存在，会干扰计算机的识别，因此要使用鼠标拉动该条基线的两个箭头至所要测量吸收峰两边的适当位置，此时显示的结果才是该吸收峰面积值的测量结果。同样地，定量分析时一般采用经过基线校正的吸收峰面积值。

3.6　维护保养及故障排除

虽然 FTIR 仪是比较娇贵的仪器，但只要按照保养要求进行细心的日常维护，就能最大限度延长仪器的使用寿命，否则，仪器的元器件如检测器、分束器受损后一般不能维修，只能更换，不但影响正常工作，而且造成较大的经济损失。因此对 FTIR 仪的维护保养非常重要。

3.6.1　维护保养

傅里叶变换红外光谱仪的最主要部分是光学台，光学台由光源、光阑、干涉仪、检测器、各种红外反射镜、氦-氖激光器及相关控制电路板等组成，这些元器件均需在一定温度范围以及干燥环境下保养，特别是干涉仪、检测器的一些材料由溴化钾、碘化铯等晶片组成，极易受潮，因此要确保光学台一直处于干燥状态。目前生产的傅里叶变换红外光谱仪的光学台除样品室外基本上均设计为密闭体系，内部要求放置干燥剂以除湿，因此仪器管理人员应及时更换干燥剂，一般来说 2～3

周应更换一次，对于南方和沿海地区，更换的频率应更高些，除此之外，FTIR 仪器室最好能配备 2 台除湿机，每天 24h 轮换开机除湿。

红外光本身有一定能量，开机时，红外光能量能把光学台内潮气驱除。因此，即使无样品检测，每周也至少应开机通电几个小时，以驱除光学台内潮气。但另一方面，由于红外光源、氦-氖激光器等均有一定使用寿命，若无样品测试时，长期开机对它们不利，因此仪器不使用时，最好把仪器电源关闭。

光学台中的各平面红外反射镜及聚焦抛物镜上如附有灰尘，只能用洗耳球将其吹掉（最后请维修工程师处理），绝不能用有机溶剂清洗，也不许用擦镜纸或擦镜布擦洗，否则会损坏镜面，降低光学性能。

对于近、中、远红外全谱光谱仪，仪器设计时通常在光学台留有两个检测器位置，并可通过计算机自动转换。有些仪器除一个正常使用的分束器位置外，还留有一个存放不用的分束器的位置。如果仪器只有 2 个检测器和 2 个分束器，应将它们置于相应的位置，超过 2 个以上的检测器或分束器，不能置于仪器内部的，应将它们包装好并置于干燥器内，保持干净、干燥。更换分束器时应轻拿轻放，避免碰撞或较大的振动。

对于仪器的一些配件或元器件，如 MCT/A 检测器、红外显微镜（防尘）等的维护保养，应根据说明书要求进行。

对于一些采用空气轴承干涉仪的红外光谱仪，对推动空气轴承的气体有较高要求（干燥、无尘、无油），因此空气压缩机应是无油空压机，而且气体要经过干燥处理。

应定期观察样品仓内的密封窗片。正常情况下窗片应完全透明。若出现不透明、有白点等异常现象，则需更换窗片。

从安装调试开始，做好每台红外光谱仪的建档工作，编写仪器档案册，并将相关资料收入档案盒；编写仪器操作说明书（作业指导书）以及维护保养规程，置于仪器旁方便查阅；建立仪器使用登记本，每次开机检测时，都应记录样品名称、样品编号、测试日期、使用时间、环境的温湿度等信息，使用登记本用完后应收入档案盒，同时启用新的使用登记本；改变仪器的测试条件或者更换仪器配件时，应记录其工作状态于仪器档案册，以备将来查对比较；仪器发生故障进行维修时，应将维修情况记录于仪器档案册。

FTIR 仪的使用者，一定要经过操作培训并考核合格后才能使用该仪器。如果在使用过程中发现异常现象，应及时向仪器管理员及实验室管理层报告，及时处理或排查。

3.6.2　常见故障及排查方法

有些仪器的使用说明书会给出仪器的常见故障及排查方法，有些仪器还有自诊断功能，当 FTIR 仪不能正常工作时，可先启动仪器自诊断功能，检查仪器某些器件工作状况，或者根据仪器的异常现象，参照仪器使用说明书进行排查。若发现是仪器硬件损坏，应请专业维修工程师来现场处理，若无法查出故障原因，也应及早与维修工程师沟通，及时传递仪器的故障信息，以便工程师来现场维修之前能大概判定故障原因并准备好所需的备品备件。如果故障原因不是硬件问题，可通过调整、重新设置仪器参数等技术操作解决的，可自行处理。下面为一些常见故障及排查方法，供参考。

(1) 干涉图能量低，导致信噪比不理想

可能原因：

① 光路准直未调节好或非智能红外附件位置未调整到正确位置；

② 红外光源已损坏或能量已衰竭；

③ 检测器已损坏或 MCT 检测器无液氮；

④ 分束器损坏；

⑤ 各种红外反射镜或红外附件的镜面太脏；

⑥ 光阑孔径太小或信号增益倍数太小；

⑦ 光路中有衰减器。

排除方法：

① 启动光路自动准直程序，如果正在使用非智能红外附件，则还需进行人工准直；

② 更换红外光源；

③ 请维修工程师检查，必要时更换检测器（检测器损坏很有可能是由于受潮引起，因此更换后应注意保持仪器室的干燥），对于 MCT 检测器可添加液氮再重新检查；

④ 请维修工程师检查，必要时更换分束器（分束器损坏很可能是由于受潮引起或更换时碰撞产生裂痕引起，因此更换后应注意保持仪器室的干燥，从仪器上取出或装入时一定要非常小心）；

⑤ 请维修工程师清洗；

⑥ 重新设置光阑孔径或信号增益倍数，使之处于适当值；

⑦ 取下光路中的衰减器。

(2) 光学台未能工作，不能产生干涉图

可能原因：

① 分束器未固定好或已损坏；

② 计算机与光学台未能连接；

③ 控制电路板损坏；

④ 仪器输出电压不正常；

⑤ 操作软件有问题；

⑥ 仪器室温度过高或过低；

⑦ 检测器已完全损坏

⑧ He-Ne 激光器不工作或能量已较大衰减。

排除方法：

① 重新固定分束器，如分束器已损坏，请维修工程师检查，必要时更换分束器（分束器损坏很有可能是由于受潮引起或更换时碰撞产生裂痕引起，因此更换后应注意保持仪器室的干燥，从仪器上取出或装入时一定要非常小心）；

② 检查计算机与光学台连接口，锁紧接口，重新启动光学台和计算机；

③ 与维修工程师联系，或请维修工程师检查，必要时更换控制电路板（更换后，要再次检查稳压电源工作效率和仪器室电源有无问题）；

④ 检查仪器面板上指示灯，有自诊断程序可启动诊断，检查输出电源是否正常，排查故障原因，并与维修工程师联系处理方法；

⑤ 重新安装操作软件；

⑥ 通过空调调控室温；

⑦ 更换检测器；

⑧ 检查 He-Ne 激光器工作是否正常，及时请维修工程师维修。

（3）干涉图能量过高，导致溢出

可能原因：

① 光阑孔径太大或信号增益倍数太高；

② 动镜移动速度太慢。

排除方法：

① 重新设置光阑孔径或信号增益倍数，使之处于适当值；

② 重新设置动镜移动速度。

（4）干涉图不稳定

可能原因：

① 控制电路板损伤或疲劳；

② 所使用的 MCT 检测器真空度降低或窗口有冷凝水；

③ 测量远红外区时样品室气流不稳定。

排除方法：

① 请维修工程师检查维修；

② 对 MCT 检测器重新抽真空；

③ 待样品室气流稳定后再测试。

（5）空气背景有杂峰

可能原因：

① 光学台的样品室混有其它污染气体；

② 各种红外反射镜或红外附件的镜面有污染物；

③ 液体池盐片未清洗干净。

排除方法：

① 用干净氮气吹扫光学台的样品室；

② 请维修工程师清洗；

③ 清洗干净液体池盐片。

(6) 100％透过基线产生漂移

可能原因：

仪器尚未稳定。

排除方法：

等稳定后再测试。

参 考 文 献

[1] 吴瑾光. 近代傅里叶变换红外光谱技术及应用. 北京：科学技术文献出版社，1994.

[2] 翁诗甫. 傅里叶变换红外光谱仪. 北京：化学工业出版社，2005.

[3] 董庆年. 红外光谱法. 北京：化学工业出版社，1979.

[4] 陈德恒. 有机结构分析. 北京：科学出版社，1985.

[5] 祁景玉. 现代分析测试技术. 上海：同济大学出版社，2006.

[6] JJG（教委）001—1996. 傅里叶变换红外光谱仪检定规程.

第4章 荧光分光光度计

处于基态的分子吸收能量（以电、热、化学和光能等形式）被激发至激发态，然后从不稳定的激发态回到基态并放出光子，这种现象被称为发光。物质吸收光能后所发生的光辐射的现象则称为光致发光。分子发光属于一类典型的光致发光，包括荧光、磷光、化学发光、生物发光和散射发光等类型。

4.1 概述

4.1.1 发展历史

荧光现象最早被西班牙内科医生、植物学家 Nicolas Monardes 在 1575 年发现并记录下来。1845 年，John Frederick Willam Herschel 观察到奎宁受日光激发产生荧光的现象。此后科学家们陆续发现更多的荧光材料和溶液，但对"如何产生荧光现象"的问题却在很长一段时期内无法给出合理的解释。直到 1852 年，Stokes 用自制的分光计观察到荧光波长比激发波长稍长，确定了有些物质在吸收光能后重新发射出不同波长的光，从而提出了"荧光"这一术语，并指出荧光是光发射现象，而不是光的漫射所引起的。此后，对荧光现象的研究和解释日益增多，荧光分析法也逐渐发展成为一种重要的分析测试手段。

荧光分析方法的发展与荧光仪的发展密切相关。然而，荧光仪的发展仅有几十年的历史。1928 年，由 Jette 和 West 共同研制了世界上第一台光电荧光计。1948 年，由 Studer 推出了第一台自动光谱校正装置，直至 1952 年才出现商品化的校正光谱仪器。近几十年来，荧光仪器随着激光、微处理机等新技术的引入得到迅猛发展，不断研制出了各种功能新颖的荧光分析仪器，从最初的手控式荧光分光光度计发展到自动记录式荧光分光光度计、再到由计算机控制的荧光分光光度计；从最初的未校正光谱到带可校正光谱的荧光分析仪。分析工作者只需将处理好的样品放进荧光分光光度计内，即可得到所需的谱图及数据，操作更加方便、快捷。仪器制作上的这些革新，不仅方便了分析工作者，也必将促进荧光分析法的更快发展。

4.1.2 特点

荧光作为分析手段需通过荧光分光光度计实现。荧光分光光度计就是用于记录激发光谱和发射光谱的仪器，它能提供包括激发光谱、发射光谱、荧光强度、特征峰值、量子产率、荧光寿命、荧光偏振等物理参数，以便从各个角度反映分子的成键和结构情况。通过对这些参数的测定，不但可做一般的定量分析，而且还可用于推断分子在各种环境下的构象变化，从而阐明分子结构与功能之间的关系。荧光分析法的灵敏度较高，通常比紫外-可见分光光度法高 2~3 个数量级；荧光光谱法还具有选择性强、用样量少、方法简便、工作曲线线性范围宽等优点，在材料、生命科学、生物医药、临床诊断、石油勘探以及环境监测等诸多领域都得到了广泛的应用。

荧光仪可测液体、固体粉末、膜类样品。利用它不仅能直接、间接地分析众多的有机化合物；另外，还可利用有机试剂与金属离子间的反应，进行近 70 种无机元素的荧光分析。

荧光分光光度计并不是理想化的仪器，由于激发光源、单色器、检测器等仪器组件存在明显的光谱特性，一般荧光分光光度计所测得的谱图均为表观光谱（未校正过的光谱），并不是真实的荧光光谱。在常规的定量测定中，得到的光谱是表观光谱并不会影响测试结果。但也有一些情况下，必须要求采用真实的荧光光谱，比如测量荧光量子产率时，进行积分的光谱必须是经过校正后的真实光谱。

4.2 基本原理

4.2.1 荧光的产生

构成物质的分子中存在电子，一般情况下电子总处在能量最低的能级（基态），分子中同一轨道中的两个电子自旋方向相反，净电子自旋为 0，以 $S=0$ 表示，此时称分子处于单重态，基态单重态以 S_0 表示；分子吸收能量后受激的电子跃迁进入较高能级，若在跃迁过程中电子的自旋方向不改变，此时认为分子处于激发的单重态，可表示为第一激发单重态（S_1）、第二激发单重态（S_2）……；若在跃迁过程中伴随着电子的自旋方向发生改变，此时分子中出现两个自旋状态相同的电子，以 $S=1$ 表示，认为分子处于激发的三重态，以符号 T 表示，第一、第二激发三重态分别以 T_1、T_2……表示。分子吸收和发射过程的能级图如图 4-1 所示。

基态电子吸收能量跃迁到较高能级的过程称之为激发，处于激发态的电子不稳定，总具有跃迁回到基态、伴随释放能量的趋势。跃迁方式主要有辐射跃迁和非辐射跃迁等。当以辐射方式跃迁时，能量转化为相应的波长的光，这个过程即为发射，跃迁到激发态的电子大多处于单重激发态。如果电子直接从第一激发单重态的最低能级以辐射方式跃迁回到基态，这种发射光称之为荧光，其寿命较短；若激发态电子弛豫到三重态，再以辐射方式跃迁回到基态，这种发射光称之为磷光，其寿命相对较长。

4.2.2 激发光谱与发射光谱

荧光是一种光致发光现象。只有选择合适波长的激发光，才可能得到合适的荧

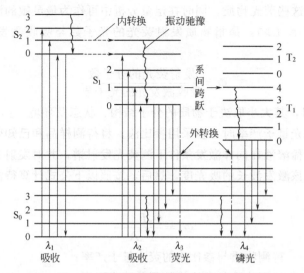

图 4-1　分子吸收和发射过程的能级图

光光谱。若固定测量波长为荧光的最大发射波长，改变激发波长并记录相应的荧光强度，根据所测得的荧光强度与激发光波长的关系即可绘制出激发光谱曲线。在激发光谱图上的荧光强度最大处所对应的激发波长即为最大激发波长 λ_{ex}。在最大激发波长的光照射下，处于激发态的分子数目最多，物质吸收的光能量也最多，自然能产生最强的荧光现象。

若固定荧光最大激发波长，不断改变荧光的发射波长并记录相应的荧光强度，根据发射波长与荧光强度关系可绘制出荧光发射光谱曲线，发射光谱即为通常所说的荧光光谱。发射光谱图上的荧光强度最大处所对应的发射波长即为最大发射波长 λ_{em}。

理论上，同种化合物的激发光谱与紫外-可见分光光度计上得到的吸收光谱的形状应相同，实际上，由于荧光仪的光源、单色器、检测器的光谱特性，表观激发光谱与吸收光谱的形状往往存在较大差异；校正后的激发光谱的形状才与吸收光谱比较接近。

在实际测定中，激发光谱的波长扫描一般在 190～650nm 范围内，发射光谱的波长扫描在 200～800nm 范围内。化合物溶液的荧光光谱总是滞后于激发光谱，即存在斯托克斯位移。这是由于在荧光产生的过程中，存在各种形式的无辐射跃迁过程、能量损失。这也导致最大发射波长都较最大激发波长位置发生红移，即 $\lambda_{em} > \lambda_{ex}$，同时发射光的强度也会比激发光的强度减弱很多。

化合物溶液的发射光谱与吸收光谱之间存在着"镜像对称"的关系。应用"镜像对称"规则，可以帮助判别某个吸收带是属于第一吸收带中的另一振动带，还是更高电子态的吸收带。还可以用来判断体系中是否有杂散光或者杂质的存在。

许多荧光物质具有特征的最大激发波长和最大荧光波长，可根据其发射光谱和激发光谱来鉴别这些荧光物质，同时在定量分析中可作为最灵敏的测定条件。

荧光量子产率（Φ）：是指物质发射荧光的光子数与吸收激发光的光子数的比值。

$$\Phi = \frac{\text{发射荧光的分子数}}{\text{吸收激发光的光子数}}$$

Φ 值在 $0\sim1$，其大小取决于物质的分子结构、状态及环境，如温度、pH 值及溶剂等。测定荧光量子产率时，多采用参比法，将待测样品和已知荧光量子产率的参比荧光物质的稀溶液在同样激发条件下测荧光发射谱，并对发射光谱峰的面积积分，同时，测量该激发波长的吸光度，然后，按照以下公式计算待测样品的荧光量子产率。

$$\Phi_u = \frac{\Phi_s F_u A_s}{F_s A_u}$$

式中　Φ_u、Φ_s——待测物质与参比物的荧光量子产率；

　　　F_u、F_s——待测物质与参比物的积分荧光强度；

　　　A_u、A_s——待测物质与参比物的吸光度。

荧光量子产率测定常用的参比物质如表 4-1 所示。

表 4-1　测定荧光量子产率常用的参比物质

波长范围	参比物名称	测试温度/℃	溶剂	荧光量子产率
270～300nm	苯	20	环己烷	0.05±0.02
300～380nm	色氨酸	25	水（pH 7.2）	0.14±0.02
300～400nm	萘	20	环己烷	0.23±0.02
315～480nm	2-氨基吡啶	20	0.1mol/L 硫酸	0.60±0.05
360～480nm	蒽	20	乙醇	0.27±0.03
400～500nm	9,10-二苯基蒽	20	环己烷	0.90±0.02
400～600nm	硫酸奎宁	20	0.5mol/L 硫酸	0.546
600～650nm	罗丹明 101	20	乙醇	0.92±0.02

荧光寿命（τ）：是激发光停止照射后，荧光强度衰减至原强度的 e^{-1} 所需要的时间。它用来表征荧光物质的 S_1 激发态的平均寿命。荧光强度的衰变，通常遵从以下方程：

$$\ln I_0 - \ln I_t = t/\tau$$

式中　I_0——$t=0$ 时的荧光强度；

　　　I_t——$t=t$ 时的荧光强度。

通过实验测出不同时刻所对应的 I_t 值，然后以 $\ln I_t$ 对时间 t 作曲线，由所得直线的斜率即可算出荧光寿命（τ）值。

4.2.3　定性原理

从荧光光谱图可以获得一些特征参数，如荧光波长、强度、偏振、寿命及量子产率等信息，既可以用作组分的定性检测和定量测定，也可以用于一些物质的物理化学性质表征。

　　荧光物质的激发光谱和发射光谱特性（如谱图形状、最大峰位置等）、荧光强度及荧光量子产率等参数与物质的结构密切相关，将样品的这些信息与某标准物质进行比对即可进行物质的定性鉴定。

　　能产生荧光的物质，其分子结构中必须具有吸光的特征官能团。在芳香化合物及其与金属离子形成的配合物分子中，存在大的共轭π键或刚性的平面结构，可有效地吸收紫外光而产生荧光，因而常作为典型的荧光体。此外，荧光体的分子结构中芳杂环的数目越多，荧光峰越向长波长方向位移，荧光强度增加。在共轭环数相同下，具有线性环状结构的化合物比非线性环状结构的化合物的荧光波长要长一些。

　　具有平面刚性结构的荧光体分子通常具有较高的荧光效率，有利于增强分子刚性结构的因素都会增加物质的荧光强度。比较酚酞（图 4-2）和荧光素（图 4-3）可知，在荧光素中氧桥将三个芳环固定在一个平面，分子的共平面性增强，π 电子的共轭度增加。在紫外光的照射下，荧光素可产生更强的荧光现象，酚酞的荧光则很弱。

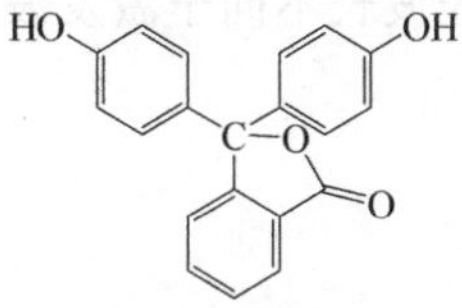

图 4-2　酚酞结构式 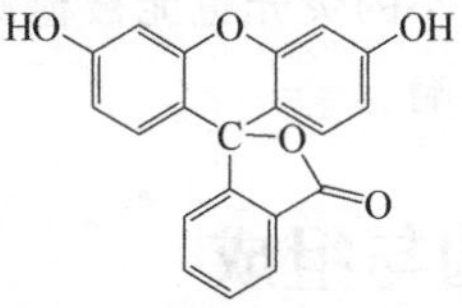　　　　　　图 4-3　荧光素结构式

　　取代基的性质也会影响荧光体的荧光特性和强度。芳烃、杂化合物上的取代基改变常会引起激发光谱、发射光谱、荧光效率发生较大改变。一般说来，给电子取代基如—NH$_2$、—NHR、—NR$_2$、—OH、—OR 和—CN 等都会使化合物的激发光谱、发射光谱的波长向长波方向移动，荧光效率提高；引入吸电子基团如—CO、—COOH、—CHO 和—NO$_2$ 等将使化合物的荧光强度减弱；引入邻位和对位取代基增强物质的荧光，引入间位取代基则会抑制荧光。

　　此外，一些环境因素如溶剂性质、介质的酸碱性、溶液温度等因素也会对荧光强度、荧光光谱的形成产生影响，不多赘述。

4.2.4　定量原理

　　对于某种荧光物质的稀溶液，溶液的荧光强度 F 和溶液吸收光能的程度以及物质的荧光效率有关：

$$F \propto (I_o - I_t) \longrightarrow F = K'(I_o - I_t)$$
$$I_t = I_o \times 10^{-\varepsilon bc}$$

式中　K'——常数，取决于荧光物质的量子产率 Φ；

　　　　I_o——入射光强度；

I_t——透过溶液后的光强度。

根据朗伯-比耳定律：

$$F = K'(I_o - I_o \times 10^{-\epsilon bc}) = K'I_o(1 - e^{-2.303\epsilon bc})$$

式中 ϵ——荧光体的摩尔吸光系数；

b——样品池厚度；

c——荧光体的浓度。

当 $2.303\epsilon bc \leqslant 0.05$ 时（浓度很小，溶液较稀时），

$$F = K'I_o \times 2.303\epsilon bc$$

对于荧光物质的稀溶液，当 I_o 及 b 一定时，

$$F = Kc$$

即在低浓度（$2.303\epsilon bc \leqslant 0.05$）时，溶液的荧光强度与荧光物质的浓度呈（线性）正比关系。此即为荧光定量分析的基础。荧光强度正比于浓度仅限于溶液浓度极稀的情况，在较浓溶液中，该关系将不复存在。

与吸光度法相比，荧光分析法具有更高的灵敏度。对于低浓度样品，荧光分析法具有很大优势，准确度比吸光度法高 100 倍。原因在于荧光分析法是以荧光自身作为信号，很小的荧光也能被检测到，而且，荧光波长不同于激发波长，它不会受到激发光的影响。

4.3 结构与组成

4.3.1 组成

荧光分光光度计的基本组成部件包括：激发光源、单色器、样品室、检测器、显示系统。仪器的结构如图 4-4 所示。

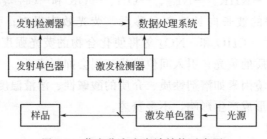

图 4-4 荧光分光光度计结构示意图

4.3.1.1 激发光源

光源提供激发样品的激发光，常见的激发光源有高压氙灯、高压汞蒸气灯、激光器、闪光灯等。高压氙灯能发射出强度较大的连续光谱，且在 $300\sim400$nm 范围内强度几乎相等，成为目前应用最多的连续光源。高压氙灯的外壳为石英玻璃，内部充压力为 5 倍标准大气压的氙气，工作时压力可达到 20 倍标准大气压。以激光

器作光源时，激发光强度大且单色性好，能极大地提高荧光分析的灵敏度。以激光器作为光源的高性能荧光仪可实现单分子检测，但存在激发光一般为单波长，不能调整入射光的能量，且价格昂贵，使用上受限制的缺点。此外，目前商品仪器中应用较多的闪光灯有氢灯、氮灯、脉冲激光灯等类型。

4.3.1.2　单色器

单色器用来分离出所需要的单色光。早期的荧光计是以滤光片来分离单色光，现在荧光分光光度计中应用最广的是光栅单色器。一般地，荧光分光光度计上装有两个单色器，激发单色器和发射单色器。置于光源和样品室之间的为激发单色器，筛选出特定的激发光谱。置于样品室和检测器之间的为发射单色器，筛选出特定的发射光谱。单色器上有进、出光两个狭缝，增大狭缝宽度则信号强度增强，减小狭缝宽度则分辨率增大。单色器的色散能力与杂散光水平是两个重要的性能指标，比较理想的单色器应具有低杂散光，以减少杂散光对荧光测量的干扰，同时具有高色散能力，以便弱的荧光也可以被检测到。现在某些型号的荧光分光光度计上采用了双光栅单色器，入射杂散光大大减少了，然而仪器的灵敏度却大幅降低。

4.3.1.3　样品室

样品室通常由石英池架（适于液体样品用）或固体样品架（适于粉末或片状样品）组成。测量液体样品时，光源与样品成直角安排；测量固体样品时，光源与样品成锐角安排。荧光仪上用的样品池与紫外可见分光光度计上用的样品池存在较大差异。紫外可见分光光度计上用的比色皿材质常为玻璃或石英，方形，两面透光；而测荧光用的样品池称为荧光池，是用石英材质制成，形状也为长方形或方形，但四面透光。低温荧光测定时还需在荧光池的外面再套一个充液氮的透明石英真空瓶。

4.3.1.4　检测器

检测器的作用是将光信号放大并转为电信号，一般用光电管或光电倍增管（PMT）作检测器。在一定条件下，PMT 的电流量与入射光强度成正比，它测量的数据是众光子脉冲响应的平均值。加在 PMT 上的电压越高，则其放大作用越大。但是，过大的电压会造成 PMT 损坏，这点在实际使用中尤应注意。电荷耦合器件阵列检测器（CCD）是近年来出现的一类新型的光学多通道检测器，检测光谱范围宽、暗电流小、噪声低、灵敏度高，可获取彩色、三维图像。因其价格比较昂贵，常用在高档荧光仪上。

用 PMT 作检测器时，有两种不同的检测方式：荧光光子计数型检测与模拟型检测。

（1）光子计数型 PMT　光子计数型 PMT 适用于待测样品信号很弱、需取多次扫描平均值来提高信噪比的情况，其优点是具有较高的检测灵敏度和稳定性，对每个光子所引起的阳极脉冲都进行检测和计数，而且对施加于 PMT 上的高压电的电压波动不敏感，对放大器和高压电的电源稳定性没有要求。其缺点是不能通过改变 PMT 上的电压来提高它的增益；光子计数也仅限定于线性的计数速度内。

（2）模拟型 PMT　模拟型检测是取各个脉冲所贡献的平均值，脉冲是否同时到达则无关紧要。其优点是能通过改变 PMT 上的电压来提高它的增益，因此可在很大的信号强度范围内检测而不必考虑非线性响应。模拟型检测器要求放大器和高压电的电源都要相当稳定。

4.3.1.5　显示系统

显示系统由光度表、计算机操作系统等组成。

4.3.2　仪器工作过程

由光源发出的光经激发单色器变为单色光，照射在荧光池中的被测样品上产生荧光；物质产生的荧光被发射单色器色散为单色光，经光电倍增管转化为相应的电信号，再经放大器放大反馈到 A/D 转换单元，模拟电信号即转换成相应的数值，最后经显示器或打印机记录被测样品的谱图，此时记录的谱图即为发射光谱（emission spectrum），又称为荧光光谱。这就是荧光分光光度计的基本工作过程。图 4-5 为 FLS 920 荧光光谱仪的光路示意图。

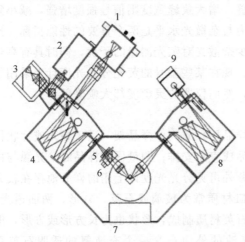

图 4-5　FLS920 荧光光谱仪的光路示意图

1—稳态高压氙灯；2—微秒闪光灯；3—纳秒闪光灯；

4—激发单色器；5—信号衰减器；6—参比检测器；

7—样品室；8—发射单色器；9—光电倍增管

分光光度计；按测量光谱的性质分为稳态荧光分光光度计与瞬态荧光分光光度计。现在的商品荧光分光光度计大多是单光束、光栅型仪器。

4.3.3　分类

分子荧光分光光度计按单色器划分为光栅单色器型与滤光片单色器型荧光分光光度计；按光学系统划分为单光束荧光分光光度计和双光束荧光

4.3.4　典型型号仪器简介

4.3.4.1　美国 Perkin Elmer 荧光/磷光/发光分光光度计

Perkin Elmer LS-45/55 型为多功能、可靠和易用的发光分光光度计（图 4-6），是在 LS-50B 型基础上的改进型。结合一定的附件和软件，本机可以有广泛的应用范围，可以进行荧光、磷光或化学发光及生物发光的检测。

图 4-6　LS-55 型（产地，美国）

主要技术参数：

① 激发狭缝 2.5～15nm，发射狭缝为 2.5～20nm；

② 脉冲式氙灯（寿命长、电源供应简单，产生臭氧极少，不需长时间预热；大大减少光解作用；每一脉冲间测定暗电流，增进低荧光量的测定；用软件控制即可测定磷光，不需附件；磷光的灵敏度不损失，脉冲率、延迟时间及门限时间均可变更）；

③ 信噪比，750∶1（RMS，350nm 处纯水拉曼谱带），基线处为 2000∶1（RMS）；

④ 样品室较大，可安装多种计算机控制的专用附件，包括固体样品架；

⑤ 新概念的软件 FL WinLabTM（具有强大的二维/三维显示功能，开辟了分析复杂组分混合物的新途径）。

4.3.4.2　日本 HITACHI（日立）F-4600 荧光分光光度计

日立 F-4600 荧光分光光度计（图 4-7）具有灵敏度高、快速的波长扫描，实用的预扫描功能，独特的光栅和水平狭缝光路设计等特点。适用于高灵敏度的荧光痕量分析，应用于材料、生命科学等高科技领域，和质控、教学等常规分析领域。

图 4-7　F-4600 型（产地，日本）

主要技术参数：

① 单色器，机刻凹面衍射光栅，其闪耀波长为激发 300nm/发射 400nm；

② 检测器，R3788 光电倍增管，波长范围为 200～750nm 和零次光（200～900nm，选用特殊光电倍增管）；

③ 分辨率，1.0nm；

④ 带宽，EX 为 1.0nm，2.5nm，5.0nm，10.0nm；EM 为 1.0nm，2.5nm，5.0nm，10.0nm，20.0nm；

⑤ 波长准确度，±2.0nm；

⑥ 波长扫描速度，15nm/min，60nm/min，240nm/min，1200nm/min，2400nm/min，12000nm/min，30000nm/min（500nm/s）；

⑦ 光源，150W 氙灯；

⑧ 最小样品量，0.6mL（使用标准 10mm 池）；

⑨ 灵敏度，150∶1 水拉曼峰（P-P）；

⑩ 最新的 FL-Solution 控制软件，操作更方便。

4.4　安装与调试

4.4.1　安装前的准备

在签订供货合同后，距仪器的交货日期一般都有 2～3 个月的时间，为了保证购买的仪器能正常使用，通常购买方需在这段时间着手安装仪器前的准备事项了，以免因某些物品准备不及而推迟仪器的使用。

为充分发挥仪器的性能，使其长期处于稳定状态下工作，荧光分光光度计的安置场所需满足以下条件：

① 严格控制仪器室温度与湿度。分析测试的室温应在5～30℃，仪器室的温度控制在20～25℃，相对湿度应控制在45％～85％，以避免因室温忽高忽低使荧光仪检测系统性能不稳定。

② 仪器附近应避开强磁场、强电场。保证没有强烈振动或持续的弱振动，附近没有产生高频波的仪器。

③ 环境中无腐蚀性气体和紫外范围内有吸收的有机和无机气体。

④ 配备高精度稳压电源，设立单独的地线。供电电源电压220V±10V，应避免与大负载设备的机器共用同一电源；设立单独的地线，地线接地电阻：<100Ω，以免外界的电磁干扰。

⑤ 仪器台应承重良好，台面水平。

⑥ 远离热源，如可燃性气体、电热器、电炉等。

⑦ 避开阳光直射，应在干净、灰尘少的仪器房。

要满足以上条件，购买方通常需要准备以下物品：

① 一台空调机，对于潮湿地区，还需配备一台抽湿机；

② 一台高精度交流稳压电源（规格3kW，单相220V）；

③ 用户必须做一条仪器专用地线（和其它仪器的地线分开），接地电阻小于1Ω；

④ 购买与用户方所需测样品相对应的化合物标准样品，以备验收仪器指标时使用；

⑤ 准备调试好仪器后，试机测试用的待测样品液；

⑥ 控制仪器用的计算机，以及打印机（有些仪器厂商提供，则不需准备）。

如果，所购仪器为瞬态/稳态荧光仪，可能还需准备高纯氩气（纯度大于99.999％）、高纯氮气（纯度大于99.999％）、液氮等气体。

4.4.2 仪器安装与调试

仪器到货后，首先检查包装箱上的标识是否齐全，有些进口仪器用木箱装运，在木箱外包装上会有防振检验标记，如果在运输过程中发生一定程度的振动，标记会发生颜色变化，需认真查看。仪器安装与调试的大致流程如下。

（1）开箱检查　一般仪器厂商都会派专业技术人员负责仪器的开箱、安装、验收与培训。用户方不可私自开箱，应在双方都在场的情况下，由厂商的技术工程师开箱，双方对照装箱单与供货合同仔细核对每一个仪器部件，确认配套的附件都有。核对产品合格证，操作使用手册，维修手册等是否齐备。

（2）安装　等核对完每一个仪器部件都完好无损后，就由技术工程师准备安装了。安装的顺序是先安装硬件，后装软件。①将串行线连接到计算机上与荧光仪主机相对应的端口。安装时使用的电源插座必须是具有良好接地端的三芯插座，按照仪器使用说明书的指导方法，连接主机接口与工作站接口、电缆和插头。②安装氙灯。在安装灯时，务必关掉主机、灯电源，将电源的电源线拔离，确认仪器完全断电，以防触电事故的发生。③在与仪器连接的计算机上安装仪器操作软件。

（3）验收　仪器安装完毕，需对仪器进行调试验收。按照仪器操作使用手册的要求打开仪器，检查是否能正常显示和运行，检查仪器上的功能是否都能正常运行。在验收过程中，要针对每一个部件进行样品测试，检查部件能否正常工作。有条件的话，通常要对照仪器出厂时的性能指标用标准溶液作指标测试，测到的各项指标均需达到出厂时的标准。如果与合同规定的部件有出入或有器件损坏，可立即要求供货商赔偿或更换。验收完后要签订一个技术验收报告。用户可以提供自己的样品用新机测试，对测试过程中出现的问题可以随时请教现场的技术工程师，这样一方面有利于自己更快地熟悉仪器使用，另一方面，也使仪器的验收更有说服力。

（4）培训　技术工程师对仪器使用者进行应用操作培训，主要讲解荧光仪的硬件组成、调试步骤、开关机顺序以及重要部件的维护保养等内容。一般仪器的安装调试过程也是一个培训过程，仪器使用人员应认真咨询仪器的使用、维护和售后服务及仪器相关损耗品的购买渠道等相关情况。仪器使用者在培训中应亲自用样品对仪器进行完整操作。有些仪器公司还会另外举行专门的技术培训讲座，对这个仪器的使用人员进行一次培训。

4.4.3　主要性能指标及测试方法

荧光分光光度计的性能指标通常包括：信噪比、波长准确度、波长重复性、检出限、线性、光谱校正误差、荧光池成套性、光谱仪探测范围、荧光寿命测量范围、光源、单色器、是否提供变温环境等。通过这些指标参数，可以对仪器的基本性能有大致了解。这些技术指标的测试方法可参照 JJG（教委）025—1996 及 JJG 537—2006《荧光分光光度计检定规程》，也可以参照仪器供应商提供的验收方法进行。校准的周期视情况而定，但是当条件改变（例如更换光源灯、光电倍增管等）或对测量结果有怀疑时，都应及时对仪器进行校准。对几个主要的技术指标测试方法介绍如下。

4.4.3.1　信噪比（灵敏度）测试

通常以纯水的拉曼峰的信噪比来测试荧光仪器的检测灵敏度。从谱图可以得到纯水的拉曼峰的峰高值 S，以及噪声的平均值 N，灵敏度＝S/N，可以得到该仪器的灵敏度指标。具体操作步骤如下：

① 先打开氙灯，然后开仪器主机，预热 30min。

② 将纯水以石英荧光池盛装后，放入仪器的液体样品架内。

③ 设置分析测试的参数，激发波长 $\lambda_{ex}=350nm$，发射扫描的范围 $300\sim430nm$，激发狭缝 $\Delta\lambda_{ex}=5nm$，发射狭缝 $\Delta\lambda_{em}=5nm$，延时 Dwell time＝0.2s，水

的拉曼峰 $\lambda_{em}=397nm$。

④ 开始灵敏度测试实验：先以纯水调节灵敏度使发射波长 $\lambda_{em}=397nm$，仪器示值在 40%左右。再将发射波长退回到 300nm，调仪器零位。扫描发射单色器，记录 300～400nm 发射光谱曲线。发射波长 397nm 附近的峰值即为 S。然后在峰值处采用时间扫描记录 2min，记录噪声曲线波动最大的峰值即为 N。

⑤ 得到灵敏度测试指标（以 S/N 表示）。

4.4.3.2　波长准确度与重复性测试

分别测试激发单色器和发射单色器的波长准确度与重复性。

(1) 激发单色器的波长准确度与重复性测试　将发射单色器置零级位置，并将漫反射板（或者无荧光的白色滤纸条）放入样品室，仪器响应时间设置为"快"，扫描速度设置为"中"，使用实际可行的最窄狭缝宽度，对激发单色器 350～550nm 的波长范围进行扫描，在所得谱图上寻找 450.1nm 附近的光谱峰，并确定其峰值位置。连续测量 3 次，按式(4-1) 计算波长正确度：

$$\Delta\lambda = \frac{1}{3}\sum_{i=1}^{3}\lambda_i - \lambda_r \tag{4-1}$$

式中　λ_i——波长测量值；

λ_r——汞灯参考波长值。

按公式(4-2) 计算波长重复性：

$$\delta_\lambda = \max\left|\lambda_i - \frac{1}{3}\sum_{i=1}^{3}\lambda_i\right| \tag{4-2}$$

按公式(4-3) 计算波长准确度：

$$U_\lambda = \Delta_\lambda \pm \delta_\lambda \tag{4-3}$$

(2) 发射单色器的波长准确度与重复性测试　将激发单色器置零级位置，并将漫反射板（或者无荧光的白色滤纸条）放入样品室，仪器响应时间设置为"快"，扫描速度设置为"中"，使用实际可行的最窄狭缝宽度，对发射单色器 350～550nm 的波长范围进行扫描，在所得谱图上寻找 450.1nm 附近的光谱峰，并确定其峰值位置。连续测量 3 次，并分别按公式(4-1)～式(4-3) 计算波长正确度、波长重复性与波长准确度。

4.4.3.3　线性测试

测量荧光分光光度计的线性，作为一个分析仪器测量范围方面的衡量指标，是十分必要的。其测试方法如下。

用 0.05mol/L 硫酸溶液作空白溶液，适当选择灵敏度挡和狭缝，依次测量表4-2 中的各浓度硫酸奎宁标准溶液。根据激发波长 $\lambda_{ex}=350nm$、发射波长在 $\lambda_{em}=$ 450nm 左右的原则，设定两侧的波长或选择滤光片。分别对表 4-2 中 4 种浓度的工作标准溶液与空白溶液进行连续交替 3 次的测量，计算每次测量的荧光强度平均值。用最小二乘法对 4 种标准溶液的浓度和荧光强度测量平均值进行处理，得到的线性相关系数，即为测量线性的结果。

表 4-2　硫酸奎宁标准溶液　　　　　　　　单位：g/mL

标准溶液编号(j)	1	2	3	4
标准溶液浓度(c_j)	1×10^{-7}	4×10^{-7}	8×10^{-7}	1×10^{-6}

4.4.3.4　分辨率测试

（1）激发单色器的分辨率　测试条件与方法同 4.4.3.2 的（1），扫描激发单色器应能分辨出汞三线 365.02nm，365.48nm 和 366.33nm 所对应的测量峰值。

（2）发射单色器的分辨率　测试条件与方法同 4.4.3.2 的（2），扫描发射单色器应能分辨出汞三线 365.02nm，365.48nm 和 366.33nm 所对应的测量峰值。

4.4.3.5　光谱峰值强度的重复性测试

置激发波长 $\lambda_{ex} = 350nm$，激发狭缝 $\Delta\lambda_{ex} = 10nm$，发射狭缝 $\Delta\lambda_{em} = 10nm$，用 1.00×10^{-7} g/mL 的硫酸奎宁溶液，调节灵敏度，使发射波长 $\lambda_{em} = 450nm$ 时，示值在 80% 左右，继续照射 3min 后，对发射波长 365～500nm 范围重复扫描 3 次。由公式（4-4）计算重复性：

$$\delta_F = \max \left| F_i - \frac{1}{3} \sum_{i=1}^{3} F_i \right| \tag{4-4}$$

式中　F_i——每次测量的荧光峰值。

4.4.3.6　荧光池的成套性测试

用校准过的荧光分光光度计进行荧光池成套性的测试。具体操作如下。

置激发波长 $\lambda_{ex} = 350nm$，发射波长 $\lambda_{em} = 450nm$，荧光池中装入 1.00×10^{-6} g/mL 的硫酸奎宁溶液，放入光路时带有标志的一面正对进光方向。将仪器示值调至 95%，测量其它各荧光池的示值，凡示值差不大于 1.0% 的荧光池可以配成一套。

4.4.3.7　光谱仪的探测范围

该指标主要表征检测器性能，一般光电倍增管检测器探测范围在 190～870nm，选用 InGaAs 或 Ge 探测器后，探测范围可扩展到 800～1700nm。

4.4.3.8　荧光寿命测量范围

荧光寿命测量范围是荧光仪瞬态系统的一个重要参数，根据仪器所用光源及检测器的不同，通常分为微秒级、纳秒级、皮秒级。

4.4.3.9　氢纳秒灯的稳定性

如果荧光仪配有可测量荧光寿命的氢纳秒灯，它可测寿命的范围是 $25\mu s$～10ns。纳秒灯的性能测试如下：洗气后充入一定量的高纯氢气，设置灯频率为 40kHz，电压 7.0kV，激发波长 $\lambda_{ex} = 357nm$，发射波长 $\lambda_{em} = 357nm$，测量范围 0～100ns，平均数据采样率小于 2000 点/s，以分散胶体为样品进行寿命测试，16h 后再次测试，比对两次测试结果。

4.4.4 荧光光谱的校正

荧光分析仪使用的好坏除了与荧光分析仪自身的性能密切相关外，仪器的调试工作也起到了决定性作用。因仪器调试工作不到位，测定数据偏差大而无法使用的例子在现实中也时有发生。

由于激发光源在不同波长处发射的光子数存在差异，单色器对各种波长光线的透射率也不尽相同，且与偏振光有关的检测器（如 PMT）对各种波长的检测效率也不一样。而荧光光谱是测定各个不同波长下的荧光体的荧光强度，这些光学部件的光谱特性的差异无法通过扣除空白溶液的方法消除，所以需要对荧光光谱进行校正。

(1) 激发光谱的校正　以罗丹明 B 光量子计数器来校正。首先校正零点；然后把罗丹明 B-乙醇溶液（3g/L）盛入石英三角池，用量为充满石英三角池的 2/3 容积。将其置入样品室，加入高通滤光片滤去杂散光，仅让 630nm 荧光通过。固定发射波长在 630nm，扫描激发单色器（激发扫描的范围从 198.6～601.4nm），将检测到的信号保存到计算机软件上并进行归一化，得到激发光强度与波长的关系，应为一条与波长无关的直线。移去石英三角池与滤光片，放入分析试样进行激发光谱扫描，即可得到样品已校正的激发光谱。激发波长 200～600nm 范围内，都可以用此法校正。

(2) 发射光谱的校正　在校正完激发光谱后（激发光强度已与波长无关），把扩散体放入样品室，发射波长设定为 198.6nm，然后进行激发单色器、发射单色器同波长的同步扫描（扫描的范围从 198.6～601.4nm），将测得的信号保存到计算机软件上并归一化，归一化后的输出信号应为一条与波长无关的直线。移去扩散体，放入试样进行发射光谱扫描，即可得到样品已校正的发射光谱。发射波长 200～600nm 范围内，都可以用此法校正。

(3) 长波长发射光谱的校正　需校正的发射波长处于长波长区 600nm 甚至更长，副标准光源作为灯源，用它来校正发射光谱的范围在发射波长处于 500～900nm 范围内。将副标准光源和扩散体放在样品仓内，预热 5min，然后进行发射扫描（扫描的范围从 498.6～901.4nm），移去副标准光源与扩散体，放入试样进行发射光谱扫描，即可得到样品已校正的发射光谱。

(4) 长波长激发光谱的校正　在校正完长波长发射光谱后，校正零点，将扩散体放在样品仓内，然后进行激发扫描（扫描的范围从 498.6～901.4nm），移去扩散体，放入试样进行激发光谱扫描，即可得到样品已校正的激发光谱。激发波长 500～900nm 范围内，都可以用此法校正。

现在某些型号的商品荧光仪在出厂时已经将激发光谱与发射光谱的校正图储存在软件中，用户在测试时可以根据测试需要直接调出来进行谱图校正，更加简便快速。

4.5 操作和使用

4.5.1 硬件操作

　　荧光分光光度计在使用时，需要注意开机次序，以保护设备之间不受影响。荧光光谱仪开机顺序一般为先开氙灯，然后开仪器主机，最后开跟仪器连接的计算机。如此操作的原因在于稳态氙灯是高压点亮，为了避免瞬间脉冲电流对周围设备造成影响，需要先开氙灯，等电流稳定后再打开周边的电脑等设备。关机顺序则相反。

4.5.2 软件操作

　　荧光定量分析多采用工作曲线法，即以已知量的标准物质，按试样相同方法处理后，配成一系列标准溶液，测定其相对荧光强度和空白溶液的相对荧光强度；扣除空白值后，以荧光强度为纵坐标，标准溶液浓度为横坐标，绘制工作曲线；然后将处理后的试样配成一定浓度的溶液，在同一条件下测定其相对荧光强度，扣除空白值后，从工作曲线上求出荧光物质的含量。

　　在用荧光分析法测定某些会引起荧光改变的微量物质时，常采用差示荧光法，可使荧光强度的读数差距拉大，使荧光强度的降低加大，从而提高方法的灵敏度和准确度。

　　下面以日立 F-4500 荧光分光光度计的使用为例，具体介绍如何在仪器上进行图谱扫描、浓度分析等定性、定量测试操作。

4.5.2.1 图谱扫描（Wavelength Scan）简明操作

　　① 打开光谱仪电源开关（POWER），5s 后再按下氙灯点灯按钮，当氙灯点燃后，再接通主开关（MAIN）。此时主开关上方绿色指示灯连续闪动三下，然后开计算机、显示器、打印机。计算机进入操作系统。

　　② 运行 FL-Solution 控制软件。

　　③ 建立试验方法（发射光谱），设置测量参数：点击快捷栏"Method"后，立即显示了分析方法（Analysis Method）的五个重叠界面，分别为"常规"（General）、"仪器条件"（Instrument）、"模拟画面"（Monitor）、"处理"（Processing）、"报告"（Report）。

　　下面详细介绍每个界面：单击"常规"按钮，测量方式选择波长扫描（Wavelength）；单击"仪器条件"按钮，扫描方式选为发射波长扫描。激发波长的输入范围为 200～900nm，发射起始波长的输入范围 200～890nm，发射终止波长的输入范围 210～900nm。选定合适的扫描速度、延迟时间、发射单元狭缝、光电倍增管负高压，设置发射单元狭缝、响应速度、重复次数等参数。

　　④ 进行样品扫描：将待测样品倒入四面通光的石英比色皿中，并将其放入仪

器的样品架中。点击测量按钮，仪器便开始对样品进行扫描测量。

　　⑤ 存储扫描谱图：在文件菜单"另存为"，输入文件名，按"保存"将数据保存。

　　⑥ 打印谱图：打印样品扫描谱图。

　　⑦ 测试结束，将比色皿取出，清洗，晾干。退出软件，关闭计算机，在软件上将氙灯熄灭，待其冷却到室温时才关光谱仪主机。

　　注意：测试结束不要急于关闭光谱仪主机电源。务必等到氙灯冷却后，才关光谱仪主机。可以将手放在仪器主机上面左侧的散热窗口处，感受其温度，直到其温度降到室温时，才能关闭光谱仪主机。

4.5.2.2　浓度分析简明操作

　　光度计法亦称浓度直读法，也称工作曲线法。利用配制的具有梯度的标准样品，先做出一条标准曲线，然后再反测未知样品。

　　① 打开光谱仪电源开关（POWER），5s 后再按下氙灯点灯按钮，当氙灯点燃后，再接通主开关（MAIN）。此时主开关上方绿色指示灯连续闪动三下，然后开计算机、显示器、打印机。计算机进入操作系统。

　　② 运行 FL-Solution 控制软件。

　　③ 建立试验方法（光度计法），设置参数：测量方式（Measurement）选择光度计（Photometry），定量条件：测量类型（Quantitation type）选择指定波长（Wavelength），曲线校正类型（Calibration type）选择一次线性方程，设置波长数（Number of wavelengths）、浓度单位（Concentration unit）。波长方式（Wavelength mode）：激发波长与发射波长均固定，波长选定后输入具体值。选定合适的发射单元狭缝与激发单元狭缝，设定光电管负高压、重复次数等参数。

　　标准样品表（Standards）：标准样品数目的设定（Number of samples）为 1～20 间。修订确认（Update）：当标样数确定后，点击此框后显示标样表以供赋值。如果需要临时插入一个标样条目，可点击插入（Insert）键；如果需要临时删除一个标样条目，可点击删除（Delete）键。

　　④ 进行样品测量：放入标准样品，点击测量按钮，仪器便开始对标样进行测量。未知样品测量点击 F4 键，结束测量点击 F9 键。

　　⑤ 存储数据：在文件菜单"另存为"，输入文件名，按"保存"将数据保存。

　　⑥ 打印数据。

　　⑦ 测试结束，将比色皿取出，清洗，晾干。退出软件，关闭计算机，在软件上将氙灯熄灭，待其冷却到室温时才关光谱仪主机。

4.5.2.3　三维扫描的简易操作

　　当某个样品不知最佳激发波长和最佳发射波长时，利用该功能可自动快速地给出最佳条件，并可供其它特殊分析用。

　　① 打开光谱仪电源开关，氙灯。

② 运行 FL-Solution 控制软件。

③ 建立试验方法（光度计法），设置参数。

a. General（常规）

Measurement（测量方式）——选择 3-D Scan 方式。

b. Instrument（仪器条件）

Data mode（数据方式）——可选择 Fluorescence 荧光或 Phosphorescence 磷光。

EX start WL（激发起始波长）——200～850nm 间选择。

EX end WL（激发终止波长）——200～900nm 间选择。

EX sampling interval（激发扫描间距）——1～50nm 间选择。

EM start WL（发射起始波长）——200～850nm 间选择。

EM end WL（发射终止波长）——200～900nm 间选择。

EM sampling interval（发射扫描间距）——1～10nm 间选择。

Scan speed（扫描速度）——任选。如为了快速，可选 30000nm/min。

④ 进行样品测量。

⑤ 存储数据。

⑥ 打印数据。

⑦ 测试结束，关机。

4.5.3 工作参数条件的选择

4.5.3.1 激发波长的选择

该怎么确定激发波长与发射波长呢？对许多仪器初学者来说，这是个令人感到困扰的问题。如果仪器有三维扫描功能，那就比较简单，放样品进去，按照说明书要求做三维荧光扫描，可以很方便地确定出合适的激发波长与发射波长。如果仪器没有三维扫描功能，一般的方法如下。

首先，将仪器的激发波长（λ_{ex}）先设定为 200nm，然后进行发射（EM）模式扫描，发射波长（λ_{em}）扫描范围暂设定为 210～800nm，记录所有出现的峰值波长；改变激发波长（λ_{ex}）后再扫描，如第二次发射图谱中的某个（或某些）峰的位置没有位移（或位移很少），一般来说这个（或这些）峰就是荧光峰；因为荧光峰的位置是不随激发波长的改变而改变的，仅是峰高（或峰面积）发生改变。

然后，将确定的荧光峰的波长作为发射波长（λ_{ex}）固定下来，再做激发波长（EX）的扫描，激发波长的范围要小于发射波长；如果仅出一个激发峰则很简单确立下来，再将这个波长固定下来重新做真正的发射波长（EM）扫描，可以得到具有良好信噪比的结果；如果做激发波长（EX）扫描后出现几个峰，则根据经验来选择，一般应选择峰形、高度适合且有一定带宽的峰作为激发波长。也可以参考荧光光谱的特性——激发光谱与发射光谱呈镜像的特点来确定激发波长。

4.5.3.2 滤光片的选择

在进行发射图谱扫描分析时，根据斯托克斯定律，设置的激发波长要比发射波长短，例如，激发波长 $\lambda_{ex}=260nm$，则发射起始波长应该从大于 260nm 的波长开始，比如 270nm，发射结束波长为 870nm。这样一来，在激发光的 2 倍波长（520nm）、3 倍波长（780nm）处都会出现激发波长的尖锐的倍频峰，若与荧光光谱峰重叠，将会对测试产生干扰，需选用合适的滤光片将其滤掉。

倍频峰就是激发光的散射峰，虽然波长扫描到双倍波长的时候出现，但实际波长却是激发波长，可以通过增加高通滤光片来去除倍频峰。高通滤光片一般放在发射处，片上都标明其可以滤除的最大波长。也就是说，体系中增加高通滤光片后，比其上所标波长低的光，也包括这些光的二倍波长光、三倍波长光，会被滤掉；而比其所标波长高的光则可以顺利通过。

4.5.3.3　狭缝的设置

荧光强度跟很多因素有关，如分子结构、存在状态、溶液浓度或薄膜厚度、温度、选择的激发波长、测试狭缝宽度等因素。荧光强度在不同仪器上的测量值存在较大差异，不具有可比性，但是其峰位还是较容易确定的，可以用来判断何种物质。进行荧光定量分析，必须固定一些条件。

狭缝的大小对荧光强度很重要，狭缝大小可根据你所测物质的荧光强度大小作出适当的调整。在同一浓度，如荧光强度过大，超过仪器量程，可减小狭缝。但是，需要指出的是，不能仅凭狭缝的大小来改变荧光强度，还要考虑分辨率的问题。对于荧光扫描而言，狭缝加大可以使荧光强度提高同时重现性得到提高，但是分辨率随之降低。狭缝决定分辨率，仪器其它结构已经固定（光栅的刻线数、焦距以及综合的线色散系数），狭缝大小就决定分辨率的高低。对于实际使用，狭缝大小需要和测定的峰的半峰宽相匹配，过大，峰就变形了。狭缝大小也决定了光通量大小。按照经验数值，狭缝开大 1 倍，光通量将增大 4 倍。

4.5.3.4　步长的设置

测量的步长小，测量会慢些，好处是图谱细腻些；步长大，测量速度快，谱图就显得粗糙些。步长设置最好小于需要测量最小半峰宽的 1/5，因为步长会与分辨率相关的。原则上，步长应小于 3 倍的狭缝宽度。

4.5.4　测试注意事项

荧光强度容易受外界因素的影响，如样品池、激发光源、温度、溶液的 pH 值、溶剂性质、其它溶质、表面活性剂等都会造成荧光强度的变化。严格控制测试条件对荧光分析来说至关重要。

①　样品应盛在四面透光的石英比色皿（荧光池）中，如果是挥发性样品应使用带塞的荧光池。

②　在荧光分析时，为了得到稳定可靠的数据，一般需要开机预热氙灯大约 30min。如果仪器光源采用的是闪烁氙灯，预热时间可以缩短到 10min 左右。对某些易感光、易分解的荧光物质，尽量采用长波长、低入射光强度及短时间光照。

③　温度变化可引起荧光强度的改变。通常降低温度，有利于提高荧光量子产

率，荧光强度增大。温度影响荧光强度的显著程度因样品而异，大部分荧光物质的荧光强度受温度影响不大，测试温度变化不超过±3℃，对测试结果几乎无影响。

④ 当荧光物质是弱酸或弱碱时，溶液的 pH 对荧光强度有较大影响。因为弱酸或弱碱在不同酸度中，分子和离子的电离平衡会发生改变，而荧光物质的荧光强度会因其离解状态发生改变。以苯胺为例：在 pH＝7～12 的溶液中会产生蓝色荧光，在 pH＜2 或 pH＞13 的溶液中都不产生荧光。再如，维生素 B_2（核黄素）在 430～440nm 蓝光照射下会发出绿色荧光，λ_{em} 为 535nm。它在 pH＝6～7 的溶液中荧光强度最大，而在 pH＝11 时荧光消失；但在碱性溶液经光线照射发生分解作用或在酸性 $KMnO_4$ 氧化下都会生成荧光强度比维生素 B_2 强得多的黄光素，并可溶于氯仿。利用此性质可提高测定的灵敏度和选择性。

⑤ 分子结构中存在 π-π 共轭的荧光物质在极性溶剂中，荧光效率显著增强。溶液中表面活性剂的加入能够显著提高荧光强度。

⑥ 瑞利散射和拉曼散射是溶剂的两种散射光，应注意不要误把瑞利散射和拉曼散射光谱当做荧光光谱。瑞利散射光波长与激发光波长相同，拉曼散射与激发光波长不同，而荧光物质的荧光波长与激发光波长无关，因此可以通过选择适当的激发波长将拉曼散射光与荧光分开。在测试时选择合适的狭缝宽度，或者空白扣除，也可以对散射光的影响进行校正。

⑦ 荧光物质分子与溶液中其它物质分子之间作用导致荧光强度降低，常见的荧光猝灭剂，如卤素离子、重金属离子、O_2、硝基化物质、重氮化合物等。溶液中的溶解氧也能引起几乎所有的荧光物质产生不同程度的荧光熄灭现象，因此，在较严格的荧光实验中必须除 O_2。

⑧ 测试过程中注意不要肉眼盯着氙灯光源看，以防对眼睛造成损伤。

⑨ 仪器房应注意经常通风，避免产生的臭氧在室内富集。

4.6　维护保养和故障排除

4.6.1　保养与维护

实验室仪器设备出现故障是不可避免的事情，如何有效地减少故障？如何使设备的运行效率达到最高？如何延长设备的使用寿命等一系列问题都是实验室管理人员最忧心的，同时也是设备维护保养工作要解决的。仪器的保养与维护是实验室工作的重要组成部分，即使正常运行的设备也需要时常进行维护保养。搞好仪器的保养与维护，一方面关系到仪器的完好率、使用率和实验教学的开出率，关系到实验的成功率；另一方面节约实验室的有形成本和无形成本，有效减少实验室经济的全面支出。同时，合理有效的维护保养，可以降低设备维修的可能性，降低小问题导致大故障的必然性。

荧光仪主机的日常保养主要有以下几方面需注意：

① 每天检查室内的防尘设施，发现纰漏及时维修；

② 每天清理仪器及周边的灰尘，仪器外壳使用干净的湿布，其它地方建议使用吸尘器；

③ 荧光仪的电源要稳定，配备稳压器；

④ 荧光仪应放置在不潮湿、无振动的地方；

⑤ 荧光仪的放置应水平；

⑥ 荧光仪周围保留 0.3m 以上空间，便于散热；

⑦ 不要在荧光仪上放置重物；

⑧ 不要用水及其它洗涤剂冲洗荧光仪；

⑨ 检测结束后，请关闭荧光仪的电源，从而延长其使用寿命；

⑩ 未经授权，不要擅自拆机；

⑪ 荧光仪一旦出现任何异常现象，及时汇报科室负责人。

4.6.1.1 氙灯的保养与维护

氙灯是荧光分光光度计的一个重要部件，它的正常使用寿命通常为 500h。氙灯在使用时不宜频繁开关，氙灯关闭，需要重新开启前，请确保氙灯完全冷却后再开启，以免缩短其寿命。而且关机时最好不要马上切断总电源，让风扇多转一会，降低灯的温度，可延长灯的寿命。

为了得到稳定准确的测试数据，同时也出于仪器使用安全的考虑，在氙灯达到正常使用寿命时应及时更换新的氙灯。在更换新氙灯前，务必关断所有电源；而且要等氙灯完全冷却后再更换，这通常需要 2h，以防烫伤。更换氙灯时，首先，注意不要用手触摸灯的表面，以防留下指纹、汗液，可戴手套操作；如果不小心用手触碰到了，可用擦镜纸或脱脂棉沾无水乙醇拭去。其次，注意不要用太大力或撞到氙灯；再次，安装氙灯时注意不能接反了正负极，否则可能引起爆炸事故。最后，注意不要用眼睛直视氙灯发出的光，以免对眼睛造成损伤。

被更换下来的旧氙灯内同样充有高压氙气，务必要妥善处理旧灯。通常的做法是：用厚布包住旧灯三层，然后用锤头打烂灯上的玻璃窗。

4.6.1.2 样品室的保养与维护

在使用中，样品室的污染是经常会遇到的，如不采取必要的措施，会直接影响到测试的正常进行，严重的情况甚至会造成仪器损坏，所以需要特别注意保护样品室不受样品污染。通常来说，需要注意的污染源如下。

(1) 固体污染　主要是粉末污染，例如，高发光效率的发光粉末落在样品室，如果测量弱发光样品的时候就会干扰测试，需要特别留意。夹好的样品放入前，用洗耳球吹一下，可以减少洒落。

(2) 液体污染　在取放样品时样品池中的液体若不小心溅到样品室里，要及时进行清洗。

(3) 气体污染　具有腐蚀性的酸性气体，对于光学元件的污染是不可逆的，直接影响到仪器的使用寿命。在测试此类气体时，样品室需要和周边的光学元件隔离，采用光学窗口保证测试正常进行。比如日立仪器公司生产的荧光仪其机型设计就是隔离式的，而爱丁堡仪器公司生产的荧光仪机型设计属于开放式，就最好不用来测此类样品。

（4）指纹污染　当狭缝开到比较大的时候，留在样品仓上的指纹、汗液可能会发光，影响测试，请在测试时戴上手套。

（5）水汽污染　做液氮低温或变温低温时，会导致窗口表面水汽凝结，影响测量数据，可以用干燥空气或氮气吹扫样品仓，驱走水汽。

4.6.1.3　光电倍增管（PMT）的维护要点

在切换光源、修改设置或放样品之前必须把狭缝（Δλ）关到最小，防止强光照射时，通过光阴极的电流超过 PMT 的容许值，导致光阴极的光敏性下降，甚至损坏光电倍增管。

经常清洁 PMT 外壳，保持干净无尘；也不要用手直接触摸其外壳。PMT 的光阴极具有光敏性，注意对其所有的操作都在弱光下进行。

4.6.2　常见故障排除

仪器管理员除了对仪器进行保养维护以外，也需要能够对一些简单的仪器故障进行合理的判断和维修，自己解决不了的故障再报仪器公司的专业技术人员进行维修。这有助于故障得到更快的维修排除，也大大减少了因仪器故障而带来的工作不便。

（1）仪器开机自检不通过

① 计算机系统出错，关机重新开启；

② 主机与计算机连接电缆没接好，重新连接；

③ 电机故障，联系服务技术工程师维修。

（2）测试数据不稳定

① 光源不稳定，查看氙灯的使用记录，看是否快到或者已到额定寿命，如果是，更换新灯；

② 测试样品本身不稳定。

（3）无结果显示

① 无激发光源，查看氙灯是否被点亮；

② 如果氙灯已被点亮，查看狭缝是否关闭；

③ 信号传输线断开，联系生产厂家技术工程师维修；

④ 样品没有荧光，或者荧光太弱，检测不到；

⑤ 样品有荧光，只是因为测量参数（比如激发波长、扫描范围等）设置错误而导致测不到峰，重新设置测量参数。

（4）氙灯未点亮

① 主机电源是否接通；

② 断开电源后查氙灯的保险丝，如已断，更换新保险丝；

③ 氙灯损坏，更换新的氙灯。

（5）操作中出错设置，按计算机提示改正。

参 考 文 献

[1] 杨根元等. 实用仪器分析. 第 3 版. 北京：北京大学出版社，2004：35.

[2] 许金钩. 王尊本等. 荧光分析法. 第 3 版。北京：科学出版社，2006：10.

[3] 俞英等. 仪器分析实验. 北京：化学工业出版社，2008：47.

[4] Bernard Valeur. Wiley-VCH Verlag GmbH. Molecular Fluorescence：Principles and Applications. 2001，65.

[5] JJG 025—1996，光栅型荧光分光光度计检定规程.

[6] 曹文祺. 何雅娟. 关于荧光分光光度计和荧光光度计两个检定规程合并、修订的说明. 中国计量，2006，10：64.

[7] 瓦里安 Eclipse 荧光分光光度计快速操作指南. 美国瓦里安技术中国有限公司.

[8] 日立 F-4500 荧光分光光度计的中文操作说明书.

[9] 英国爱丁堡 FLS920 荧光分光光度计的操作说明书.

第5章 拉曼光谱仪

5.1 概述

当光与介质发生相互作用时，会产生吸收、反射、透射和发射等多种光学效应和现象。1923 年奥地利科学家 Smekal 预言了光的非弹性散射现象，1928 年印度科学家 Raman（拉曼）和 Krishnan 首次从实验上观察到此现象。他们在四氯化碳（CCl_4）等液体中发现在入射光频率的两端出现对称分布的明锐谱线，这是一种新的二次辐射，拉曼因发现该现象和相关研究成果获得了 1930 年诺贝尔物理学奖，该现象也被称为拉曼散射。

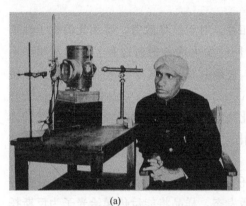
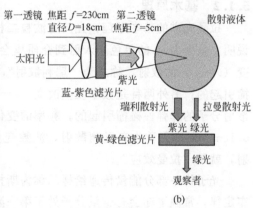

图 5-1　拉曼观察拉曼散射效应的照片（a）和实验描绘（b）

拉曼散射实验最初的装置见图 5-1。首先将太阳光通过望远镜聚焦在纯的液体或无尘气体样品上，用另外一个透镜收集样品的散射光，一套光学滤波片的耦合系统可以检测到入射光频率改变的散射光的存在。

5.1.1 历史与进展

早期的拉曼光谱测试采用汞弧灯作为激发光源，由于对于样品有着苛刻的要求，如无色透明液体、不含荧光杂质、样品量大等，使得拉曼光谱仪是个别实验室的专门研究工具。在拉曼发现散射效应的同时，G. S. Landsberg 和 L. I. Mandelestam 在石英中也观察到散射光频率的变化。1930 年 E. Fermi 和 F. Rasetti 在 NaCl 中亦发现了二级拉曼散射。1960 年激光器诞生，由于激光的高强度和良好的单色性和方向性，使得拉曼光谱的研究有了很大的发展。1962 年美国的 S. P. S. Porto 和 D. L. Wood 等首先利用红宝石脉冲激光器激发苯和四氯化碳样品并得到拉曼光谱，制成世界上第一台激光拉曼光谱仪（laser Raman spectrometer）。1972 年，美国、日本、法国均在前面工作研究和改进的基础上推出了多种不同型号的激光拉曼分光光度计。1987 年，电荷耦合器件（CCD）作为光电探测器应用到拉曼光谱仪上，大大提高了检测的信噪比，减少了测量时间。1986 年第一台商用的傅里叶变换拉曼光谱仪问世，它的主要特点是测量速度快并有强的荧光抑制本领。

20 世纪 90 年代开始，一种称为全息陷波片（notch filter）的全息布拉格衍射滤波器被引入拉曼光谱系统，它可以在抑制瑞利散射线的同时提高拉曼信号的检测灵敏度。另外，全息陷波片配合单色仪以及小型激光器使拉曼谱仪实现小型化。拉曼光谱发展到现在，配备共焦显微镜系统的拉曼光谱仪能探测到的微区分辨率为 $1 \sim 2 \mu m$，可进行分子成分和结构的微区分析。联合超快激发光源和时间分辨技术的拉曼系统可实现纳秒、皮秒和飞秒的时间分辨拉曼光谱，可以用来研究原子、分子的瞬态动力学过程。此外，拉曼显微图像技术、近场拉曼技术、结合扫描电镜的拉曼系统等大大拓展了拉曼光谱技术在微纳尺度的应用空间。

5.1.2 基本原理

拉曼光谱的基本原理：光具有波粒二相性。对于拉曼散射，可用光的粒子性来说明。频率为 ν_0 的单色光入射到介质里会同时发生两种散射过程：一种是频率不变（$\nu = \nu_0$）的散射，称之为“瑞利散射”，它是由入射光量子与散射分子的弹性碰撞引起的；另外两种是频率发生改变（$\nu = \nu_0 \pm \Delta \nu$）的散射，它是由入射光量子与散射分子的非弹性碰撞引起的，频率的变化决定于散射物质的特性，波数变化约为 $0.1 cm^{-1}$ 的散射称为布里渊散射，波数变化大于 $1 cm^{-1}$ 以上的散射被称作拉曼散射，就是“拉曼效应”。

光子将一部分能量传递给样品称为斯托克斯（Stokes）散射。根据玻耳兹曼分布定律，常温下亦会有少量分子处于第一激发态，样品将能量传递给光子为反斯托克斯散射。反斯托克斯散射的强度要弱于斯托克斯散射。通常与瑞利散射相比，拉曼散射的强度很弱，一般只有入射光的 $10^{-6} \sim 10^{-12}$ 倍。

利用拉曼效应可以把处于红外区的分子振动能谱转移到短波区来观测，这就为研究工作带来很多的方便。因此拉曼光谱作为红外光谱的补充，是研究分子结构的有力工具。

5.1.3 特点

5.1.3.1 优点

拉曼光谱的分析方法一般不需要对样品进行前处理，也没有样品的制备过程，避免了一些误差的产生，样品可直接通过光纤探头或者透过玻璃、石英和光纤测量。可提供快速、简单、可重复且最重要的是无损伤的定性定量分析，灵敏度高。此外拉曼光谱用于分析有下列各项优点。

① 由于水的拉曼散射很微弱，拉曼光谱是研究水溶液中的生物样品和化学化

合物的理想工具。

② 拉曼光谱一般一次可以同时覆盖 $50\sim9000cm^{-1}$ 的区间，可对有机物和无机物进行分析。相反，若让红外光谱覆盖相同的区间则必须改变光栅、光束分离器、滤波器和检测器。

③ 拉曼光谱谱峰清晰尖锐，更适合数据库搜索，以及运用差异分析进行定性研究和定量研究。在化学结构分析中，独立的拉曼区间的强度可以和功能团的数量相关。

④ 因为激光束的直径在它的聚焦部位通常只有微米量级，常规拉曼光谱只需要少量的样品就可以得到，这是拉曼光谱相对常规红外光谱一个很大的优势。而且，拉曼显微镜物镜可将激光束进一步聚焦至极限 $1\sim2\mu m$ 以分析更小面积的样品。

⑤ 共振拉曼效应可以用来有选择性地增强生物大分子发色团的振动，这些发色基团的拉曼光强能被选择性地增强 $10^3\sim10^4$ 倍。

5.1.3.2　不足

① 拉曼散射强度极弱，一般只有入射光强度的 $10^{-6}\sim10^{-12}$ 倍。

② 拉曼散射峰面积的定量重复性差。

③ 不同振动峰重叠，并且拉曼散射强度容易受光学系统参数等因素的影响。

④ 荧光干扰。

⑤ 在进行傅里叶变换光谱分析时，常出现曲线的非线性的问题。

⑥ 任何一物质的引入都会对被测体系带来某种程度的污染，这等于引入了一些误差的可能性，会对分析的结果产生一定的影响。

5.1.4　分类

拉曼光谱仪按照激发光源与分光系统的不同可分为两大类：色散型拉曼光谱仪（简称激光拉曼）和傅里叶变换拉曼光谱仪（简称傅变拉曼）。前者采用短波的可见光激光器激发、光栅分光系统，近年向着更短的紫外激光器发展；后者则采用长波的近红外激光器激发、迈克尔逊干涉仪调制分光等技术。

激光拉曼和傅变拉曼由于在仪器的设计上有很多不同，使得其应用领域亦不完全相同，总的来说，由于激光拉曼采用可见激光作为光源，光子的能量较高，能激发出各种谱线，多用于纯物理、谱学、无机材料及纳米材料等方面的研究；而傅变拉曼采用近红外激光为光源，较好地避免了荧光效应，更适用于有机、高分子、生化、分析化学等研究，两者的具体差别如表 5-1 所示。

表 5-1　激光拉曼和傅里叶变换拉曼光谱仪的比较

项目	激光拉曼	傅里叶变换拉曼	备　　注
激光光源	可见激光	近红外激光	
激光光子能量	光子的能量较高，能激发出各种能级，谱图复杂，适用于理论计算	光子的能量较低，只激发出主要能级，谱图简化。适用于有机、无机、高分子、生化、分析化学等研究	由于激光光子的能量不同，使得两种拉曼在应用领域上有很大的不同

续表

项目	激光拉曼	傅里叶变换拉曼	备 注
荧光效应	可见激光的光子能量较高，能激发电子跃迁，易导致样品荧光的产生	近红外激光的光子能量较低，不能激发电子跃迁，有效避免了荧光效应	一般含有芳环及杂环的有机分子、生物分子、高分子材料及稀土类化合物均易产生荧光，它比拉曼散射的强度高几个数量级，严重地影响了拉曼光谱的测定
激光强度	高	低	近红外激光光子的能量较低，样品不易遭到破坏，尤其可以用于生物样品的测量
散射效率	高	低	
有机样品成功率	低	高	由于荧光效应的影响，两种拉曼的有机样品成功率有很大的差别
无机样品成功率	高	低	
检测器	CCD	液氮冷却 Ge 检测器	由于近红外拉曼的散射效率较低，FT-拉曼需用液氮冷却 Ge 检测器
波数精确度	采用光栅分光，波数的准确度和精确度较差，难以进行差谱	采用 He-Ne 激光的干涉条纹来控制迈克尔逊干涉仪的移动，波数的准确度和精确度很高，很容易进行差谱	
扫描时间	波段逐点扫描，所用时间长，采用多道 CCD 可以缩短测试时间	一次扫描即可获得全谱，通过累加扫描次数提高信噪比	
价格	较昂贵	较便宜	

5.2 工作原理

5.2.1 拉曼光谱的产生

当激光照射在样品表面，其散射光的绝大部分是瑞利散射光，同时还有少量的各种波长的斯托克斯散射光和更少量的各种波长的反斯托克斯散射光，后两者被称为拉曼散射。这些散射光由反射镜等样品外光路系统收集后经入射狭缝照射在光栅上被色散，色散后不同波长的光依次通过出射狭缝进入光电探测器件，经信号放大处理后记录得到拉曼光谱数据。

5.2.2 定性分析

因为拉曼位移与激发光的频率无关，它所对应的只是分子的转动、振动能级。理论和实验证明不同分子或不同的分子结构有不同的转动、振动能级，所以不同的分子或结构应有特征的拉曼峰，可以通过光谱进行定性分析。对纯化合物的定性分析，主要是对照标准拉曼谱图或已知标准物质的拉曼谱来判定未知试样；化合物中基团的鉴别，主要是利用已发表的各种化合物基团的特征拉曼位移表进行对照分析来鉴别化合物的基团；分子结构的分析，主要是利用拉曼光谱的位移、谱峰强度、数目、相对强度及退偏比等与分子结构、对称性及分子其它参量相关的特征来对分子结构做出判断，也可利用上述结果间接测量一些物理参量。

5.2.3　定量分析

因为拉曼强度与处于基态的分子数目有关，所以在具有内标的条件下可利用拉曼强度进行定量分析。拉曼光谱的定量分析以下式为基础：

$$\Phi_k = \Phi_0 S_k NHL \times 4\pi \sin^2(\alpha/2)$$

式中　　Φ_k——收集到的拉曼散射光通量，正比于拉曼强度；

Φ_0——激发光的光通量；

S_k——拉曼散射系数；

N——单位体积内的分子数；

H——样品的有效长度；

L——考虑到折射率和样品内场效应等因素影响的系数；

α——散射光对聚焦透镜的半张角。

由上式可知拉曼强度与样品的浓度成正比，但直接比较不同浓度样品间的拉曼强度去进行定量分析是非常困难的，有效的方法是利用内标法（即在被测样品中加入少量已知浓度的物质，均匀混合后制样），选内标物质的一条拉曼谱线作基准，比较样品的拉曼谱线与内标拉曼谱线峰的强度或积分面积，以此为基础即可对不同浓度的样品做出定量分析。

注意选择内标要满足以下几个条件：①化学性质稳定，不与样品发生反应；②内标的拉曼线和被分析的样品拉曼线互不干扰；③内标物质纯度高，不含被测物质成分。

拉曼光谱用于定量分析的灵敏度较低，准确度相对较差，一般情况不采用。但最近表面增强拉曼（SERS）光谱和针尖增强拉曼光谱（TERS）在超高灵敏度检测方面取得了长足的进步，该技术在痕量分析中的应用有推广的趋势，它的检测极限理论上可达单个分子。

5.3　组成及典型仪器简介

5.3.1　结构及组成

目前国内外研究机构广泛使用的拉曼光谱仪是光栅色散型拉曼光谱仪，它主要由激光器（光源）、样品外光路、单色仪、放大及探测器、控制器等几部分构成，如图 5-2(a) 所示。

傅里叶变换拉曼光谱仪利用迈克尔逊干涉仪等部件构成，如图 5-2(b) 所示，主要包括光源（一般激发波长为 1064nm 的 Nd:YAG 近红外激光器）、迈克尔逊干

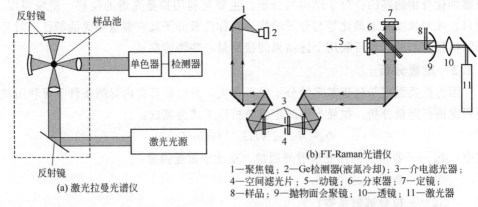

(a) 激光拉曼光谱仪

(b) FT-Raman光谱仪

1—聚焦镜；2—Ge检测器(液氮冷却)；3—介电滤光片；
4—空间滤光片；5—动镜；6—分束镜；7—定镜；
8—样品；9—抛物面会聚镜；10—透镜；11—激光器

图 5-2　激光拉曼光谱仪和傅里叶变换拉曼（FT-Raman）光谱仪结构示意图

涉仪、光探测器、放大和数据处理系统。光探测器一般为液氮冷却的在近红外波段响应良好的锗二极管或钢镓砷探测器，探测到的干涉光信号经放大后通过数据处理系统进行傅里叶变化，即可获得光源激发样品的拉曼光谱图。

拉曼光谱仪的基本部件介绍如下。

（1）激发光源　常用的有 Ar 离子激光器，Kr 离子激光器，He-Ne 激光器，Nd-YAG 激光器，二极管激光器等。Ar 离子激光器的两条主要强线是 488nm 蓝光和 514.5nm 黄绿光，这也是拉曼光谱仪上常用的激发谱线。Kr 离子激光器主要提供近紫外谱线 219nm，242nm 和 266nm。He-Ne 激光器的激发线常用的是 632.8nm。Nd-YAG 激光器激发最强的是波长为 1064nm 的谱线，特别适合用于开展共振拉曼散射的染料激光器的泵浦光源。

（2）收集光学系统　包括宏观散射光路和配置 [前置单色器，偏振旋转器，聚焦透镜，样品，收集散射光透镜（组），检偏器等]，散射配置有 0°、90° 和 180°（见图 5-3），后两者较常用。

（3）单色器和迈克尔逊干涉仪　有单光栅、双光栅或三光栅，一般使用平面全

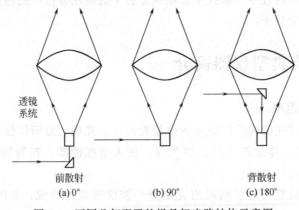

透镜
系统

前散射
(a) 0°

(b) 90°

背散射
(c) 180°

图 5-3　不同几何配置的样品架光路结构示意图

息光栅。干涉器一般与 FTIR 上使用的相同,为多层镀硅的 CaF_2 或镀 Fe_2O_3 的 CaF_2 分束器。也有用石英分束器及扩展范围的 KBr 分束器。

(4) 检测和控制系统　传统的采用光电倍增管,目前多采用 CCD 探测器,FT-Raman 常用的检测器为 Ge 或 InGaAs 检测器。在控制和处理方面,因 FT-Raman 采用了傅里叶变换技术,因此对计算机有更高的要求。

5.3.2　典型仪器简介

拉曼光谱技术所需样品制备技术简单,并且能对样品进行无损分析,广泛适用于分子结构分析,是傅里叶红外 (FTIR) 技术的重要补充手段。目前国内外生产提供拉曼光谱仪的厂商主要包括英国的 Renishaw plc(雷尼绍)公司,日本的 Horiba(堀场)公司,美国的 Thermo Fisher(赛默飞世尔)公司,德国的 Bruker(布鲁克)光谱仪器公司,美国的 Perkin Elmer(珀金埃尔默)公司等。下面就目前国内市场的几个主流产品做简要介绍。

5.3.2.1　Renishaw inVia 显微激光拉曼光谱仪简介

Renishaw plc(雷尼绍)公司是总部位于英国的跨国公司,在 Raman 光谱仪器和计量学(精密测量)领域居世界领先地位,具有良好的企业形象和信誉。雷尼绍公司的光谱类产品主要有:实验室研究用显微共焦激光 Raman-PL 光谱仪和工业在线用拉曼光谱仪、激光器和 CCD 探测器。雷尼绍公司是通过了 ISO 9001 质量认证的单位。现在的新型显微共焦激光拉曼光谱和光谱成像仪是雷尼绍公司与英国利兹大学合作在世界上首先(1992 年)研制成功,并推出世界市场上的,它革新了传统的拉曼光谱技术。

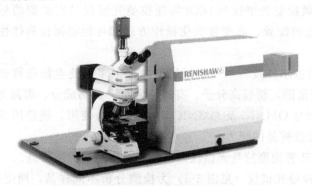

图 5-4　Renishaw inVia 显微激光拉曼光谱仪

Renishaw inVia 显微激光拉曼光谱仪(如图 5-4 所示)是在 RM 系列基础上实施了多项技术革新的最新产品。新型号仪器除继承了 RM 系列高灵敏度、易操作、升级方便等特点外,以下几点是新型谱仪的突出特点:

① 独立优化光路设计,每个波长使用独立的、特别优化的光学元件,总体通光效率更高;

② 光路自动准直,仪器维护更加方便,稳定性更好;

③ 应用多项专利技术，如连续扫描技术、新型共焦技术、光栅尺反馈控制系统等，仪器的高分辨率、高灵敏度等各项性能在业内领先；

④ 可以方便地与 AFM、NSOM 联用，实现原位（原子力和近场光学）形貌和成分分析；

⑤ 与显微红外联用，实现同一微区原位红外和拉曼测试；

⑥ 与 SEM、EDX 联用，实现同一微区显微形貌、元素、拉曼信息采集；

⑦ 可以方便地升级其它激发波长，无需对仪器进行任何改造，对原有功能没有任何影响；

⑧ 有丰富的原位拉曼测试附件可选，如冷热台、高压台等。

5.3.2.2　DXR 智能拉曼光谱仪

美国赛默飞世尔科技有限公司生产的一系列拉曼光谱仪，包括 Thermo Scientific Nicolet™ Almega™ XR 激光拉曼光谱仪，主要采用显微共聚焦和宏样品仓检测全自动联用设计，高性能激光拉曼光谱仪可适用于各种样品方式的检测，仪器的高度自动化和灵活性提供了激光拉曼光谱仪更高更全面的应用功能。Nicolet NXR 傅里叶拉曼光谱仪，主要采用 1064nm 或 976nm 波长的激发激光以彻底避开荧光干扰。仪器提供适应不同样品检测的宽范围可控能量，领先的快速高灵敏检测性能和拥有目前最全面的测样附件，包括傅里叶拉曼显微分析系统。NXR 傅里叶拉曼光谱仪可进行独立式系统或傅里叶红外光谱仪联机方式进行配置。DXR 显微拉曼光谱仪与 DXR 智能拉曼光谱仪建立于相同平台，DXR 显微拉曼光谱仪专为需要高空间分辨率和显微镜共聚焦功能，而无需宏样品仓检测方式的应用而设计，DXR 显微拉曼光谱仪与 DXR 智能拉曼光谱仪具有类似的标准——三个不同激发波长激光的配置、高度智能化操作方式和可轻松保持最佳性能的自动控制技术。

美国赛默飞世尔科技有限公司提供世界上最多的商业拉曼数据库。拥有超过 18000 张拉曼光谱图，覆盖高分子、有机、无机、药物成分、毒品与控制药物。拉曼光谱数据库能与 OMNIC 及 OMNIC Spectra 结合使用，使使用者拥有精确识别与表征最具挑战性样品的能力。

下面以 DXR 智能型拉曼光谱仪为例说明其性能指标和特点。

DXR 智能拉曼光谱仪（见图 5-5）为检测分析不同样品，期望仪器可靠性高、维护简易、能批量检测，可得到高灵敏可重复结果的多功能实验室而专业设计。DXR 智能拉曼光谱仪采用专利的自动准直光路和自动校正技术，仪器无需停机维护，即可保持最佳性能。仪器智能功能包括自动曝光、自动聚焦、自动荧光校准、激光功率调节和非均相样品的动态点采样等领先技术，对使用者无需任何苛求，能保证得到高灵敏度、高可靠的检测结果。

① Ⅰ级激光安全标准，保障仪器在开放实验室安全使用；

② 532nm，633nm 和 780nm 激光采用预准直、可互换式设计；

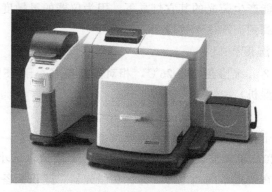

图 5-5　DXR 智能型拉曼光谱仪

③ 全范围光栅，一次获得完整光谱，光谱范围 50～3500cm^{-1}❶；

④ 激光、光栅和滤光片采用智能锁技术保证高稳定性；

⑤ 智能部件可识别名称、序列号，可进行兼容性检查、性能追溯和激光寿命跟踪；

⑥ 自动准直专利技术，确保光谱仪高精确准直；

⑦ 快速自动校正，确保检测结果可靠性；

⑧ 附加激光器，光栅和滤光片储存方便；

⑨ 灵活的"对针定位"采样装置适用于所有样品形式；

⑩ 智能记录各采样附件名称与序列号，并进行全面的性能跟踪；

⑪ 自动化批量采样多孔板，转盘式多样品管；

⑫ 面积可调的动态点采样技术，获得非均相样品的代表性光谱；

⑬ 光纤接口装置可选择光纤探头进行远程检测。

5.4　安装调试和校准

5.4.1　实验室基本条件

房间面积至少 15m^2，若有紫外光源（325nm 或 244nm）或选择 T64000 或 U1000 等大型光谱仪器，则至少为 20m^2。装修材料中不能含有挥发性物质，以免影响光谱仪的光学系统。要求防尘效果好。

为方便做弱信号样品，房间应具备一般水平暗室功能（如遮光窗帘），仪器工作时，需关闭日光灯。

如果所在建筑物受外界振动源的影响，则必须考虑减振措施。

系统应远离振动或噪声源，不要靠近门、窗户或走廊，以免振动或气流对系统产生影响。不要置于空调出风口下，以避免剧烈的温度变化或灰尘污染。系统运行

---

❶ 780nm 激光激发拉曼光谱范围为 50～3300cm^{-1}。

时不要置于任何可能产生荧光的其它灯具下，因为仪器的灵敏度非常高，很微弱的荧光都会被仪器检测到而产生干扰峰。

5.4.2 实验室温湿度

实验室应常年 24h 维持在 24～26℃，相对湿度最好小于 65％，最大不得超过 75％（建议使用除湿机）。

5.4.3 电源

安装前根据每个仪器公司提出的具体要求进行电源配备。一般拉曼系统及其所有附件的电源为 220V 单相交流电。电源必须接地，接地电阻小于 5Ω。为保护拉曼谱仪，建议配备在线式不间断电源。为保护激光器，建议配备装有断电保护的稳压电源。

5.4.4 光学平台和冷却水

推荐使用光学平台，尺寸可与供货商协商。一些大功率激光器需冷却水系统。

5.4.5 重要技术指标的测试方法

当完成仪器的安装调试等工作后，即可进行仪器性能指标的测试，对仪器进行验收工作。因目前尚未有相关的国家标准文件（已存在的《激光喇曼光谱分析方法通则》JY/T 002—1996 已不适用于目前大多数的拉曼谱仪），所以，一般按照仪器供应商提供的验收和检定方法执行。几个重要的技术指标，包括仪器的灵敏度、光谱分辨率和空间分辨率等，测试方法介绍如下（以 Renishaw 公司的产品为例）。

5.4.5.1 仪器灵敏度

单晶硅三阶峰（约在 $1440cm^{-1}$）的信噪比好于 10：1。检测条件为：样品上的激光功率一般为<8mW，波长 514.5nm，狭缝宽度（或针孔直径）$50\mu m$，曝光时间 60s，扫描叠加次数 5 次，binning≤2，光栅为每毫米 1800 刻线。显微镜头为 $50\times$ 或 $100\times$。

具体操作步骤：

使用 $50\times$（或 $100\times$）镜头聚焦到清洁的单晶硅表面，光谱仪入射狭缝设定到 $50\mu m$，使用 1800 线/mm 光栅，采用连续扫描方式，设定测试范围 $1100\sim 2500cm^{-1}$，积分时间为 60s，累计次数 5 次，binning 为 1。读取 $1440cm^{-1}$ 信号高度和基线噪声值，计算二者比值为信噪比。

5.4.5.2 光谱分辨率

使用氖灯，光谱仪入射狭缝 $20\mu m$，每毫米 1800 线光栅，测试 $17086Abs\cdot cm^{-1}$（绝对波数）原子发光线，该线半高全宽小于 $1cm^{-1}$。

具体操作步骤：

使用任意倍数镜头聚焦到氖灯发光源位置，光谱仪入射狭缝设定到 $20\mu m$，使用 1800 线/mm 光栅，采集 $17086ABS\cdot cm^{-1}$ 发光信号。经计算机谱线拟合得到半高全宽。

5.4.5.3 光谱重复性

使用表面抛光的单晶硅作样品，扫描范围 $100\sim 4000cm^{-1}$，重复不少于 30

次。观测硅拉曼峰（520cm^{-1}），520cm^{-1}峰中心位置重复性好于±0.2cm^{-1}。

具体操作步骤：

使用 50×（或 100×）镜头聚焦到清洁的单晶硅表面，设定时间序列采谱方式 30 次自动采集 520cm^{-1}峰信号。拟合 520cm^{-1}峰信号并保存拟合参数。使用批数据（mapping 数据矩阵处理方式）拟合采集 520cm^{-1}峰信号实测数据精确位置，绘制峰位变化曲线，峰位波动范围应小于±0.2cm^{-1}。

5.5　操作和使用

5.5.1　开机关机步骤

下面以 Renishaw 公司的 inVia 型激光共焦拉曼光谱仪为例描述仪器的正常开、关机和操作过程。

Renishaw inVia 型激光共焦拉曼光谱仪操作规程

（1）开机顺序

① 打开主机电源；

② 打开计算机电源；

③ 打开将使用的激光器电源

a. 514nm：打开激光器后面的总电源开关然后打开激光器上的钥匙；

b. 785nm：直接打开激光器电源开关。

（2）自检

① 用鼠标双击 WiRE2.0 图标，进入仪器工作软件界面；

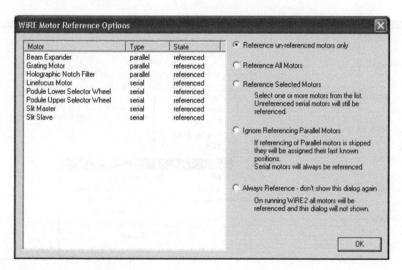

② 系统自检画面出现，选择"Reference All Motors"并确定（OK），系统将检验所有的电机。

③ 从主菜单 Measurement→New→New Acquisition 设置实验条件，静态取谱（Static），中心 Raman Shift 520cm^{-1}，Advanced→Pinhole 设为 in；

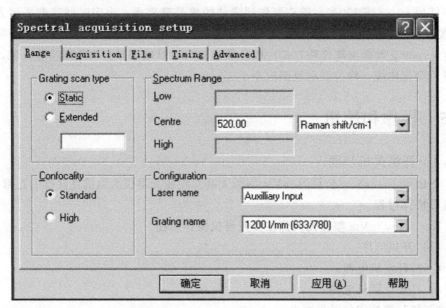

④ 使用硅片，用 50 倍物镜、1s 曝光时间、100％激光功率取谱，使用曲线拟合（Curve fit）命令检查峰位。

参数获得：

a. 光谱画面上点击鼠标右键，执行弹出菜单中的 Curve fit 命令，进入曲线拟合画面；

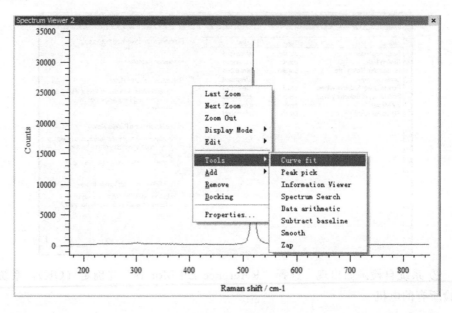

b. 在光谱上再次点击鼠标右键，选中弹出菜单中的第一项 Add Curves；

c. 在将要拟合的谱峰顶点点击鼠标左键，出现一条曲线；

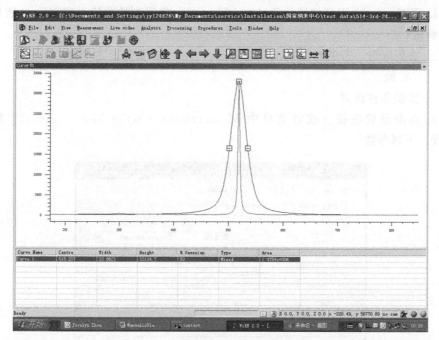

d. 点击鼠标右键，执行弹出菜单中的 Start fit 命令，在下面的表格中可看到拟合得到的数据；

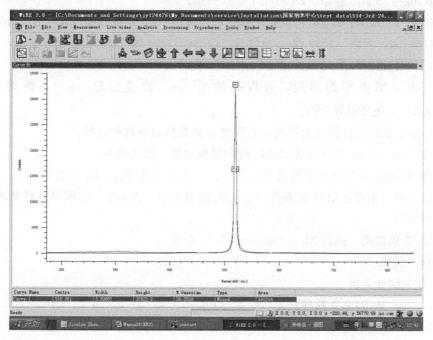

e. 硅峰应该在 Raman Shift 520cm^{-1} 处，若拟合数据中的峰位（Peak Position）偏离 520cm^{-1}，执行主菜单 Tools→Calibration→Offset 命令；

f. 用 Curve fit 得到的峰位值减去 520cm^{-1}，将得到的数值添到 Offset 数值框中并确定；

g. 重新取谱，若偏离 520cm^{-1} 超过±0.5cm^{-1}，重复上述步骤。

（3）实验

① 实验条件设置

a. 点击设置按钮（或者菜单中 Measurement→Setup Measurement），检查（设置）下列参数

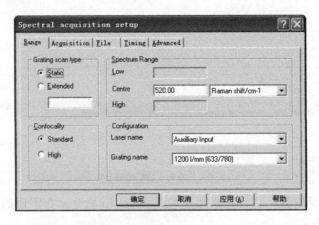

Range：Static 静态、Extended 连续扫描；

Center（Low、High）：设置主峰中心位置（Static）或扫描范围（Extended）；

Grating：光栅，1800 线/mm 对应 514nm；1200 线/mm 对应 780nm；

Laser：选择激发光源；

Units：横坐标的单位，可以是纳米 nm，拉曼位移 cm^{-1}，绝对波数 Abs. cm^{-1}，电子伏特 eV；

Confocality：设置共焦程度，有常规和高共焦设置两种选择；

在 Acquisition 界面设置曝光时间的累积次数、激光功率；

在 Advanced 界面中设置是否使用针孔，选 In 为使用，Out 不使用。

b. OK：采用当前设置条件，并关闭设置窗口；Apply：应用当前设置条件，不关闭窗口。

② 采集谱图 执行 Measurement→Run 命令。

（4）关机

① 关闭计算机

a. 关闭 WiRE2.0 软件；

b. Start→Shut Down→Turn off computer，计算机将自动关闭电源。

② 关闭主机电源。

③ 关闭激光器

a. 关闭钥匙；

b. 514nm 激光器散热风扇会继续运转，此时不要关闭主电源开关，等风扇自动停转后再关闭主电源开关；

（5）注意事项

① 开机顺序　主机在前，计算机在后。

② 关机顺序　计算机在前，主机在后。514nm 激光器要充分冷却后才能关闭主电源。

③ 自检　一定要等自检完成再做其它动作。不能取消（Cancel）。

④ 硅片　514nm，自然解理线与横向成 45°时信号最强。785nm（633nm，325nm）自然解理线与横向基本平行时信号最强。

5.5.2　工作参数条件的选择

当开始进行样品测试时，需注意选择正确的工作参数和条件。激光器的功率要随不同测试样品而改变，对固体或液体等不易分解的可用较强功率激发，生物样品等应选较低功率激发。积分时间可在开始时选择 10s 一次，正式测量时可根据信噪比的情况而定，信噪比高的积分时间可稍短，反之可采用较长时间积分。狭缝宽度的选择可根据所测光谱是否需要高分辨或高共焦模式来决定大小。

为保证给出最佳的拉曼光谱图，可在光路调校好之后用快速扫描模式进行一次预扫描，然后根据测定要求和预扫描情况设定扫描范围、步长、积分时间、狭缝宽度、激发功率和扫描次数等进行正式测定。若样品易于光解，除降低激光功率外，还可更换测试点实施分段扫描。完成测试后，应在显微镜下检查样品是否已经损伤（光解、热解、脱落或变性等）。

5.6　日常维护和常见故障

为使实验室的拉曼光谱仪长期处于良好和稳定的状态，必须对拉曼光谱仪进行日常的保养和维护。下面就笔者和国内其它拉曼光谱学者多年的工作实践经验介绍一下拉曼光谱仪器维护保养的具体操作方法。

5.6.1　实验室环境的要求

光谱仪放置的实验室要求防尘、恒温和干燥，实验室温度一般应保持在 24～26℃，相对湿度最好小于 65%，最大不得超过 75%（24h 常年维持）。仪器不宜被阳光直射，空调的气流应避开仪器主机。

5.6.2　光学系统的维护和保养

拉曼光谱仪为精密光学仪器，一般情况下仪器操作者不得随意打开机盖，触摸反光镜、透镜及光栅表面，仪器及平台上的螺钉不得任意旋动，光谱仪主机和外接激光上不得倚靠及放置重物。所有设备上的风扇口附近不能放置物品，保持通风良好。

光栅、反光镜和镜头是拉曼光谱仪的核心部件，任何东西包括烟、灰尘和指印一旦触及这些部件的表面都会造成效率的下降。光学部件上如沾有灰尘，可用吸耳球或干燥氮气吹掉；稀释的清洁剂可用来清洗反射镜表面的油渍和指纹；光栅表面的污染则建议用户请专业的技术人员进行清洗处理。另外建议操作者在打开光谱仪外壳时戴上口罩和手套。

5.6.3 探测系统的维护和保养

光电倍增管的冷却器和高压电源最好长期处在工作状态，这样可以保持光电倍增管性能稳定和减少电和温度等引起的冲击损伤。因为光电倍增管是可以探测到单光子的高灵敏度的探测器，因此任何时候都不能将光电倍增管的阴极暴露在强光下。如果光电倍增管万一受到过度光照，必须立即关闭电源和光谱仪的出射狭缝，让管子在无光照情况下恢复几个小时，然后再用工作电压维持恢复一段时间，才能重新开始工作。另外，当光电倍增管从低温恒温器内取出重新装入时，要先用干燥的氮气或空气将凝聚在光电倍增管玻璃外壳上的水珠吹干。

5.6.4 计算机系统的维护

用于拉曼光谱仪控制和操作的计算机一般要求纯英文操作系统，不能开启亚洲字符选项。一般情况下不要安装任何其它软件（特殊情况需要安装软件时请与仪器工程师联系后处理）。建议使用光盘拷贝发送数据，不得使用 U 盘，避免计算机感染病毒。

5.6.5 实验记录

做好仪器实验状态的记录对拉曼光谱仪的维护和维修是必需的。在对 Renishaw inVia 型激光共焦拉曼光谱仪进行日常工作时必须做的包括对开机时环境温湿度的记录、标准单晶硅样品标准测量程序时 $520cm^{-1}$ 拉曼峰的光子强度值记录、样品测试过程中出现问题的记录、关机前对标准硅样品的测试记录和温湿度记录。通常在三个月至半年的时间段，做出光子强度值对时间的变化关系曲线，用于了解仪器状态的变化。

实验记录的详细程度可为仪器的维修提供强有力的依据，可减少仪器故障时对问题查找的时间，提高维修的工作效率。对一般的分析测试操作人员，有些仪器小故障可通过电话或电邮与仪器维修工程师联络解决问题，减少仪器待修时间。

5.6.6 一般故障及处理

如发现光谱仪光谱信号明显下降，以 Renishaw 公司的拉曼光谱仪器为例，操作人员可按以下步骤进行检查：

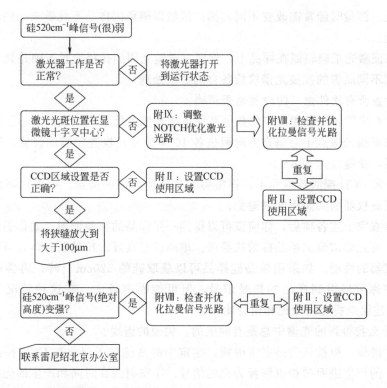

5.6.7　常见问题解答

当你第一次使用拉曼光谱仪或操作软件时，经常会遇到一些所谓的共同问题的困扰。实际上这些所谓的问题可以用十分简单的方法解决。下面列出一些常见的问题和解决方法，可使你不必翻查仪器说明书或联系仪器维修工程师。

Q1. 为什么仪器不工作？

不管是新手或是有一定操作经验的实验员在使用仪器的过程中或多或少会碰到这个所谓的"严重"问题。实际上解决的办法非常简单，下面总结列出了一些常见的导致你不能得到一张拉曼谱图的原因，如果你不喜欢动手调整仪器或操作激光，那么就顺序检查下列各项以保证仪器和所有附件都正确接通。

◆ 检查仪器和所有附件插座都插好并接通电源。

◆ 保证激光器（如果附带电源）都插好并接通，由于激光器有不同种类，可参照每个激光器的说明书获取进一步的帮助。

◆ 在有两个或多个激光器的系统中，确保联锁系统设置在正确的位置上，正确的激光器被接通。

◆ 检查仪器的外罩处于安全的关闭状态，联锁装置正在运转。

如果以上操作都已经检查过，你就可以准备进行光谱测试了。将样品放置在显微镜下，启动光谱操作软件，如果你仍不能得到光谱，检查下面各项。

◆ 保证样品被正确地放置在显微镜下，即样品被精确地聚焦并照射在样品正确的位置上。测量时经常需改变不同的测试区域以避免因样品不纯带来一些非期望结果的可能。

◆ 保证激光正确辐照在样品上，保证显微镜光圈的孔径设置正确并处于正确的位置上（不同品牌的拉曼光谱仪按各自的要求处理）。

◆ 检查所有软件窗口的设置是否正确。

◆ 检查成像区域设置窗口的数值并保证激光像点处于该区域的中心。标准成像区域应该是激光像点中心垂直方向两边各 10 个像元。检查狭缝的设置，当进行标准操作时，狭缝应为 $50\mu m$。

◆ 如果 CCD 探测器饱和了，你将得不到任何有用的信息。可采用降低激发光功率或提高仪器的共焦程度来避免。

当检查完上述各项后，你应该可以得到一张样品的拉曼谱图。如你仍然不能得到谱图，可先尝试测试单晶硅的拉曼谱。单晶硅是良好的拉曼散射体，可以用来帮助验证仪器的性能。如果用单晶硅样品可以获取硅的 $520cm^{-1}$ 峰，再尝试测试样品。现在你可以得到样品的拉曼信号，但可能噪声较大。在这种情况下，可参照 Q4 的建议来提高信噪比和信背比。

Q2. 为什么我得到的光谱中总是有随机的、尖锐的谱线？

这些谱线一般被认为是宇宙射线。宇宙中的高能粒子辐照在 CCD 探测器上会导致电子的产生进而被相机解释为光的信号。宇宙射线在时间和产生的光谱位移上完全是随机的，它们有很大的强度、类似发射谱线、半高宽较小（$<1.5cm^{-1}$）。为确认宇宙射线的存在，你可马上重新扫描光谱会发现峰的消失。如果谱线依然存在，则很有可能是室内光线的干扰，可参见 Q3 问题的解答。

宇宙射线随着扫描曝光时间的增加出现的概率会增加，因此当你长时间扫描一个光谱时，必须避免宇宙射线在光谱中的出现，这可以通过软件中宇宙射线去除功能完成。这是一些软件中包含的实验设置功能，当使用时，将在同一样品位置扫描三次（相当于积分三次），软件将比较这三次扫描获得的光谱并去除没有在所有光谱中出现的尖锐峰。

Q3. 我总是在测试时得到一些位置重复的、尖锐的谱峰，为什么？

当你在重复测试一个样品时发现有一些尖锐谱线在相同的位置重复出现时，可以排除它们是宇宙射线的可能（因宇宙射线的位置是随机的）。这些重复的尖锐谱线通常来自日光灯的发射或 CRT 显示器的磷光发射（如图 5-6 所示），尤其当用长工作距离的物镜时问题更严重。它们也可能来自气体激光器发射的等离子线，需仔细鉴别。

拉曼光谱中的荧光干扰来自于汞的发射，可以将室内的日光灯关闭或在较暗的白炽灯下工作。仪器室内应尽可能暗。简单的做法是将仪器室装饰成暗房样式，以避免任何来自所谓白光发射的无数反常规的发射谱线。

磷光线的干扰主要是 CRT 显示器上所镀磷光物质引起。如发现此种情况，可

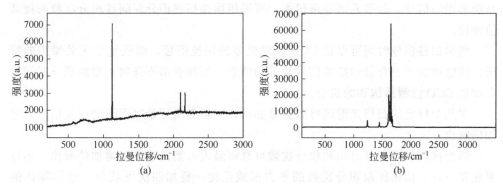

图 5-6　用 514nm 波长激发时日光灯发射的汞的谱线（a）；
用 633nm 波长激发时 CRT 显示器发射的磷光谱线（b）

将 CRT 显示器关掉或将荧光屏的亮度调暗。需要牢记的是：这些发射谱线的绝对波数值永远是在同一个坐标值上，当转换不同波长激光激发时它们在拉曼谱上的位置是随着移动和改变的。

当上述方法都不能解决问题而你正在使用 514nm 激光进行激发时，检查等离子线滤光片是否已经插上。在其它激光配置系统中，要么不需要检查，要么激光器上已经包含了滤光片。

Q4. 为什么测试时一些光谱给出十分强的背景信号，而这些信号湮盖了拉曼信号？

一些发荧光或磷光的样品在测量时会给出非常高的背景光谱。令人遗憾的是这些是样品材料的本征性质，是激光辐照下无法避免的结果，而且通常情况下荧光比拉曼信号更强。尽管这样，我们仍可采取一些措施减少或减轻荧光副作用。

猝灭：一些样品可采用测试前将激光辐照在表面一段时间对荧光进行猝灭以减小荧光光谱的背景增强拉曼信号。猝灭的时间根据样品不同可从几分钟到几小时。值得注意的是：猝灭效应是呈指数衰减的，一开始就可观察到。

共焦模式：采用共焦模式测量强光下辐照的小体积样品时荧光将会大大降低。该法也同样适合有荧光衬底的样品，例如被荧光物质基体包裹的样品。

改变激发激光的波长：有时改变波长是唯一可行的避免荧光干扰的方法。对用可见光激发的系统，荧光都是一个头痛的事情，将激发波长移至紫外或近红外区域很可能解决或减少此类问题。

如果拉曼实验室里有太多的室内光源比如荧光、白炽灯或日光灯等，这会在测试光谱上出现不必要的背景信号。因此在测试的时候应将室内光关闭或降到最小或用遮光罩将样品台罩住以避免外界的杂散光进入光谱仪。

Q5. 为什么待测样品的信号很弱？信噪比很差？

当进行样品测试时发现拉曼光谱信号很弱，首先要检查样品是否正确放置在显微镜下并且处于聚焦状态。你也可以将测试区域移到样品的另一个部位。同时检查仪器是否处于常规状态而不是处在共焦状态。如果激光功率小于 100%，应尝试提高功率增强信号。如果光谱噪声很大，可采用增加扫描积分时间或积分次数来提高信噪比。

增加扫描积分时间可以让 CCD 获取更多的拉曼信号，增强整个无关噪声的特征。该法适宜于当背景和拉曼信号都低的情景。当两者都不强时，增加积分时间只会增加 CCD 探测器饱和的机会。

对几个特定的扫描光谱进行数据叠加可以增强随机背景噪声下的拉曼信号，增加信噪比。

适当选择扫描积分时间和积分次数可获得最大可能的曝光度增加信噪比。不过要注意一点：信噪比跟积分次数的平方根成正比，叠加四次可获得二倍信噪比的提高。

另一个与信噪比密切相关的参数是信背比。如果背景部分很高，将会湮盖拉曼信号只给出系统噪声。

Q6. 怎样避免被测试的样品被激光烧毁？

当你进行样品测试时，激光照射在样品表面的能量是非常大的，尤其在采用 NIR 或 UV 激光激发时。尤其是一些样品在光照下对热或光是十分敏感的，这会导致测量信号包含样品烧毁后的特征，而不是样品本征的信号（例如，非晶碳膜在 $1500 cm^{-1}$ 波数附近的本征峰在强光激发时会显示出石墨化的碳峰）。通常遇到这样的问题时，可在样品测试前后通过显微镜白光像观察样品表面是否发生明显变化，因此需选择正确的激光功率来进行测试。

为避免样品表面烧毁，在开始测试时应选用较低的激发功率，尤其用 NIR 或 UV 激光激发时。在保证样品不被烧毁的前提下可提高激发功率以得到最强的信号。当激光功率衰减到 1% 仍无法避免样品烧毁时，可考虑转换低倍物镜以降低照射在样品表面的功率密度。另外还可采用欠焦照射模式或线聚焦照射模式。如果问题是由于高功率二极管激光器引起的，可考虑转换成低功率可见激发系统。

Q7. 当你测试的样品是液态、粉末或体积非常大时怎么办？

液体样品可采用毛细管或液体池或直接将液体滴在载玻片上进行测试，粉末样品可取少许放置在载玻片上进行测试，固体大样品可由仪器公司提供的大样品台进行测试。

Q8. 当你的样品需要在不同高压下测试怎么办？

可向仪器公司购置或在国内相关单位订制一套拉曼高压样品测试池来对你的样品进行高压测试。

Q9. 当你想进行偏振拉曼测量时该怎么办？

应配置一套偏振片和半波片进行测试，偏振拉曼可帮助你对分子振动的对称性进行检测。

Q10. 为什么将测试样品放置不同取向时得到的拉曼谱图不相同？

这是因为入射激光照射在样品表面不同晶面取向上引起的。采用四分之一波片对激光进行扰偏可帮助去除方向效应。一般可向仪器公司或其它提供光学元件的公司购买四分之一波片。

致谢：本章的部分资料由英国 Renishaw 公司的杨军涛先生、美国 Thermofisher 公司的张衍亮先生和德国 Bruker 公司的牟晓晖先生提供，编者在此表示感谢。

参 考 文 献

[1] 张树霖. 拉曼光谱学与低维纳米半导体. 北京：科学出版社，2008.

[2] 张光寅，蓝国祥，王玉芳. 晶格振动光谱学. 北京：高等教育出版社，2001.

[3] 程光煦. 拉曼 布里渊散射——原理及应用. 第 2 版. 北京：科学出版社，2008.

[4] 张明生. 激光光散射谱学. 北京：科学出版社，2008.

[5] Smekal A. Naturwissenschaften，1923，43：873.

[6] Raman C V，Krishnan K S. Nature，1928，121：501.

[7] Landsberg G S，Mandelestam L I. Naturwiss，1928，16：557.

[8] Fermi E，Rasetti F. Z Physik，1930，171：689.

[9] Porto S P S，Wood D L. J Opt Soc Am，1962，52：251.

[10] Dierker S B，Murray C A，Legrange J D，Schlotter N E. Chem Phys Lett，1987，137：453.

[11] Hirschfeld T，Chase D B. Appl Spectrosc，1986，40：133.

[12] Carrabba，et al. Appl Spectroscopy，1990，44：1558.

[13] Nie S M，Emory S R. Science，1997，275：1102.

[14] JY/T 002—1996 激光喇曼光谱分析方法通则. 见现代分析仪器分析方法通则及计量检定规程. 北京：科学技术文献出版社，1997.

第6章 原子吸收光谱仪

6.1 概述

6.1.1 历史

原子吸收光谱仪是基于原子吸收分光光度法（原子吸收光谱法）而进行分析的一种常用的分析仪器。早在 1802 年，W. H. Wollaston 在研究太阳连续光谱时，就发现了太阳连续光谱中出现的暗线，这是对原子吸收现象的早期发现，但当时尚不了解产生这些暗线的原因。1859 年，G. Kirchhoff 与 R. Bunson 在研究碱金属和碱土金属的火焰光谱时，发现钠蒸气发出的光通过温度较低的钠蒸气时，会引起钠光的吸收，并对太阳连续光谱中的暗线解释为太阳外围大气圈中的原子对太阳光谱中的辐射吸收的结果。1955 年，澳大利亚的 A. Walsh 发表了他的原子吸收光谱在化学分析中的应用著名论文，奠定了原子吸收光谱法的基础。1959 年，原苏联的 B. V. L'vov 发表了电热原子化技术的第一篇论文，开创了石墨炉电热原子吸收光谱法。

20 世纪 50 年代末和 60 年代初，Hilger，Varian Techtron 及 Perkin Elmer 公司先后推出了原子吸收光谱商品仪器。1970 年，Perkin Elmer 公司生产了世界上第一台石墨炉原子吸收光谱商品仪器。到了 60 年代中期，原子吸收光谱开始进入迅速发展的时期。

随着原子吸收技术的发展，推动了原子吸收仪器的不断更新和发展，而其它科学特别是计算机科学的技术进步，为原子吸收仪器的不断更新和发展提供了技术基础。采用微机控制的原子吸收光谱系统简化了仪器结构，提高了仪器的自动化程度，改善了测定准确度，使原子吸收光谱法的面貌发生了重大的变化。目前，原子吸收仪器正朝着多元素同时分析，与其它技术联用以及元素的化学形态分析方面继续发展。

6.1.2 特点

① 选择性好，光谱干扰小。原子吸收是对特征谱线的吸收，不同元素的特征谱线不同，此外，光源也是待测元素的单元素锐线辐射，因而，受其它元素干扰和光谱干扰小。

② 检出限低，灵敏度高。不少元素的火焰原子吸收法的检出限可达到 $\mu g/L$ 级，而石墨炉原子吸收法的检出限可达到 $10^{-10} \sim 10^{-14} g$。

③ 火焰原子吸收法分析精度好。测定中等和高含量元素的相对标准偏差可

<1%，其准确度已接近于经典化学方法。但石墨炉原子吸收法的分析精度相对较差，一般约为 3%～5%。

④ 应用范围广。可直接测定绝大多数金属元素，达 70 多个。

⑤ 原子吸收光谱法的不足之处是：通常情况下只能单元素分析，有相当一些元素的火焰原子吸收法测定灵敏度还不能令人满意，而对石墨炉原子吸收法，分析速度和精度都不太令人满意。

6.2 工作原理

6.2.1 原子吸收光谱的特征

（1）原子吸收光谱的波长　只有当气态原子所吸收的光源提供的电磁辐射能与该物质的原子的两个能级间跃迁所需的能量满足 $\Delta E = h\nu$ 的关系时，才能产生原子吸收。因此，原子吸收光谱的波长是特定的。由于每一种原子都有自身所特有的原子结构与能级，每种元素的原子都有自身的原子特征吸收波长。而且，原子吸收是原子发射的逆过程，因此，大多情况下，原子吸收光谱的波长与原子发射光谱的波长是相同的。但相对来说，原子吸收光谱比原子发射光谱谱线要少得多，此外，由于两者的轮廓也不完全相同，一些情况下，两者的中心波长并不一致，某些元素的最强原子吸收线也不一定是最强的发射谱线。绝大多数原子吸收光谱位于光谱的紫外区和可见区。

（2）原子吸收光谱的轮廓　原子吸收光谱的谱线并非几何意义上的线，而是有一定宽度。通常用其中心频率（中心波长）来代表其波长，而用最大吸收一半处的谱线轮廓上两点之间的频率（波长）差即谱线半宽来表示其宽度。

原子吸收光谱谱线自身的宽度称为自然宽度，一般为 10^{-5} nm 量级，此外由于受原子热运动、原子碰撞、电磁场等影响使谱线变宽。

由于原子热运动引起的谱线变宽称为多普勒变宽。在原子吸收分析中，对于火焰和石墨炉原子吸收池，气态原子处于无序热运动中，相对于检测器而言，各发光原子有着不同的运动方向，即使每个原子发出的光是频率相同的单色光，但由于多普勒效应使检测器所接受的光则是频率略有不同的光，于是引起谱线的变宽。多普勒变宽一般为 10^{-3}～10^{-4} nm 量级，是原子吸收光谱谱线变宽的主要部分。

原子之间相互碰撞导致激发态原子平均寿命缩短，引起谱线变宽，称为碰撞变宽。碰撞变宽分为两种，即赫鲁兹马克变宽和洛伦茨变宽。被测元素激发态原子与基态原子相互碰撞引起的变宽，称为赫鲁兹马克变宽，又称共振变宽或压力变宽。当原子吸收区的原子浓度足够高时，碰撞变宽是不可忽略的。被测元素原子与其它元素的原子相互碰撞引起的变宽，称为洛伦茨变宽。在通常的原子吸收测定条件下，被测元素的原子浓度都很低，共振变宽效应可以不予考虑。洛伦茨变宽是主要的碰撞变宽，且随原子区内原子蒸气压力增大和温度升高而增大，碰撞变宽一般

$10^{-3} \sim 10^{-4}$ nm 量级。

影响谱线变宽的是上述各种因素的综合变宽结果。在通常的原子吸收分析实验条件下，吸收线的轮廓主要受多普勒和洛伦茨变宽的影响。在 $2000 \sim 3000$K 的温度范围内，原子吸收线的宽度约为 $10^{-3} \sim 10^{-2}$ nm。

6.2.2 定量原理

（1）定量依据　当空心阴极灯辐射出待测元素的特征波长光通过火焰时，因被火焰或石墨炉中待测元素的基态原子吸收而减弱，由发射光谱被减弱的程度，进而求得样品中待测元素的含量，它符合朗伯-比耳定律。

$$A = -\lg I/I_\circ = -\lg T = KNL$$

式中　I——透射光强度；

$\quad\quad I_\circ$——发射光强度；

$\quad\quad T$——透射比；

$\quad\quad K$——常数；

$\quad\quad L$——光通过原子化器的光程；

$\quad\quad N$——待测元素基态原子的浓度。

在一定实验条件下，由于 L 是不变值特征波长光强的变化与原子化系统中待测元素基态原子的浓度有定量关系，从而与试样中待测元素的浓度（c）有定量关系，即：

$$A = kc$$

式中　k——常数；

$\quad\quad A$——待测元素的吸光度。

这是原子吸收分析的定量依据。

（2）积分吸收与峰值吸收　由于原子吸收谱线变宽，原子吸收谱线有一定的宽度，严格说来，在上述待测元素的吸光度是原子吸收光谱轮廓下的积分吸收，而并非某个波长点上的吸收。

但若采用连续光源，目前单色器分辨率还难以对宽度约为 10^{-3}nm 的原子吸收光谱轮廓下的积分吸收进行测量，通常以测量峰值吸收代替测量积分吸收，但这种测量的前提条件是：光源发射线的半宽度应小于吸收线的半宽度，且通过原子蒸气的发射线的中心频率恰好与吸收线的中心频率相重合，谱线轮廓主要是多普勒变宽效应决定。因此，目前原子吸收需要采用空心阴极灯等特制光源来产生锐线发射。

6.2.3 仪器工作原理

原子吸收光谱分析仪器检测样品的工作原理为：样品溶液经过雾化进入高温火焰或直接滴入石墨管中，样品中待测元素在高温或是化学反应作用下变成原子蒸气，由空心阴极灯等光源灯辐射出待测元素的特征光通过待测元素的原子蒸气，发生原子光谱吸收，被测元素吸光度与其浓度成正比，在仪器的光路系统中，透射光信号经光栅分光，将待测元素的吸收线与其它谱线分开。经过光电转换器，将光信号转换成电信号，由电路系统放大、处理，再由 CPU 及外部的电脑分析、计算，最终在屏幕上显示待测样品中元素的含量和浓度，由打印机根据用户要求打印报告单。

6.3 结构及组成

6.3.1 仪器的组成

原子吸收光谱仪主要由光源、原子化系统、分光系统及检测系统四个主要部分组成（见图 6-1）。

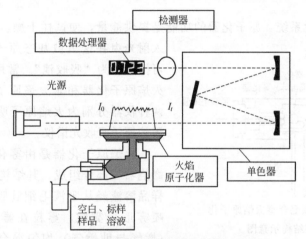

图 6-1 火焰原子吸收分光光度计结构示意图

（1）光源 原子吸收光谱仪光源的作用是发射被测元素的特征共振辐射，用以提供原子从由基态跃迁到相应的激发态的光能。空心阴极灯是原子吸收光谱仪中应用最广的一种光源，其结构如图 6-2 所示。包括一个空心圆筒形阴极和一个阳极，阴极由待测元素材料制成，阳极由钛、锆、钽或其它材料制作，阴极和阳极封闭在带有光学窗口的硬质玻璃管内（共振线波长在 350nm 以下应用石英材料），管内充有压强为 0.1～0.7kPa 的惰性气体氖或氩。当两极间加上一定电压时，管内惰性气体首先电离，离子和电子在电场作用下分别向两极移动，如果气体阳离子的动能足以克服金属阴极表面的晶格能，当其撞击在阴极表面时，就可以将原子从晶格中溅射出来，则因阴极表面溅射出来的待测金属原子被激发，便发射出该元素的特征

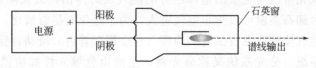

图 6-2 空心阴极灯结构示意图

光。这种特征光谱线宽度窄、干扰少，故称空心阴极灯，其发射的为锐线光源。

空心阴极灯常采用脉冲供电方式，以改善放电特性，同时便于使有用的原子吸收信号与火焰原子化器的直流发射信号区分开，称为光源调制。在实际工作中，应选择合适的工作电流。使用灯电流过小，放电不稳定；灯电流过大，溅射作用增加，原子蒸气密度增大，谱线变宽，甚至引起自吸，导致测定灵敏度降低，灯寿命缩短。

由于原子吸收分析中每测一种元素需换一个灯，很不方便，现亦制成多元素空心阴极灯，但发射强度低于单元素灯，且如果金属组合不当，易产生光谱干扰，而相对来说，目前原子吸收分光光度计更换空心阴极灯越来越简便快速。因此，多元素空心阴极灯使用尚不普遍。对于砷、锑等易挥发元素的分析，亦常用无极放电灯作光源。

（2）原子化系统　原子化器的功能是提供能量，使试样干燥、蒸发和原子化。入射光束在这里被基态原子吸收，因此也可把它视为"吸收池"。常用的原子化器有火焰原子化器和非火焰原子化器。相应的两种仪器分别为火焰原子吸收光谱仪和石墨炉原子吸收光谱仪。

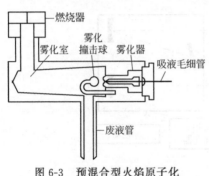

图 6-3　预混合型火焰原子化
器结构示意图

火焰原子化器是由雾化器、雾化室和燃烧器三部分组成。其结构如图 6-3 所示。样品溶液经从吸液毛细管吸入并经雾化器喷雾形成雾粒，雾粒在雾化室中与气体（燃气与助燃气）均匀混合，除去大液滴后，再进入燃烧器形成火焰。在火焰中经过干燥、熔化、蒸发和离解等过程后，此时，试液在火焰中产生原子蒸气。常用的火焰是空气-乙炔火焰。对用空气-乙炔火焰难以解离的元素，如 Al、Be、V、Ti 等，可用氧化亚氮-乙炔火焰（最高温度可达 3300K）。

非火焰原子化器常用的是石墨炉原子化器。石墨炉的基本结构包括石墨管、炉体（保护气系统）、电源三部分。石墨炉原子化法的过程是将试样注入石墨管中间位置，用大电流通过石墨管以产生高达 2000～3000℃的高温使试样经过干燥、蒸发和原子化。由于石墨炉原子化需快速降温，故需炉体周围有一金属套管作为冷却水循环。惰性气体（氩气）通过管的末端流进石墨管，再从样品入口处逸出。这一气流保证了在灰化阶段所生成的基体组分的蒸气及时排出，大大降低了背景信号。石墨管两端的可卸石英窗可以防止空气进入，为了避免石墨管氧化，在金属套管左上方另通入惰性气体使它在石墨管的周围（在金属套管内）流动，保护石墨管。

（3）分光系统　分光系统又称分光器，主要由色散元件如棱镜或光栅、凹面镜、入射和出射狭缝等组成，其作用是阻止来自原子化器内的所有不需要的辐射进入检测器，将所需要的共振吸收线分离出来。分光器的关键部件是色散元件即单色器，现在商品仪器都是使用光栅。单色器的主要作用是将复合光分解成单色光或有一定宽度的谱带。其作用原理是依据棱镜或光栅的色散作用来分光的。在原子吸收分光光度计中，单色器放在原子化系统之后，将待测元素的特征谱线与邻近谱线分开。相对于发射光谱，由于吸收线的数目比发射线少得多，谱线重叠的概率小，因此，原子吸收光谱仪对分光器的分辨率要求不高。通常采用较宽的狭缝，以得到较大的光强。

（4）检测系统　检测系统由光电倍增管、放大器、对数转换器、指示器（表头、数显器、记录仪及打印机等）和自动调节、自动校准等部分组成，是将光信号转变成电信号并进行测量的装置。原子吸收光谱法中检测器通常使用光电倍增管（PMT）。

一些新型的仪器也采用 CCD 作为检测器。有关 CCD 检测器的原理参考电感耦合等离子体原子发射光谱仪章节有关内容。

6.3.2　主要配套附件

（1）空气压缩机　为火焰提供燃烧所需的空气，一般应有一定的压力要求，且应带空气过滤器除去空气中的水分和杂质。

（2）冷冻水循环系统　为石墨炉炉体表面冷却用。

（3）自动进样器　一般火焰系统和石墨炉系统有独立的自动进样器，且石墨炉自动进样器为标准配置，而火焰自动进样器为可选件。

（4）空心阴极灯和石墨管等消耗品　空心阴极灯是原子吸收光谱仪（AAS）不可缺少的附件，一般原子吸收光谱仪分析每种元素都必须安装其相应的单元素空心阴极灯，目前也有较高灵敏度的超能量空心阴极灯和多元素灯，空心阴极灯本身也是有一定的使用寿命。石墨管是石墨炉原子吸收分析的最主要消耗品。其它如火焰系统雾化器、毛细进样管也是火焰原子吸收分析的主要消耗品。

（5）氢化物发生装置　可与火焰系统连用。氢化法是以强还原剂在酸性介质中与待测元素反应，生成气态的氢化物后，再引入原子化器中进行分析。主要用于易形成氢化物的金属，如砷、碲、铋、硒、锑、锡、锗和铅等。

6.3.3　仪器的类型

（1）按原子化技术分类　按原子化系统采用的原子化技术的不同，可将原子吸收分光光度计主要分为：火焰原子吸收分光光度计和石墨炉原子吸收分光光度计两种。

火焰原子吸收分光光度计是利用火焰原子化法技术将待测元素原子化的原子吸收分光光度计，这种仪器具有仪器相对简单、分析快速，对大多数元素都有较高的灵敏度和较低的检测限，应用较广等优点，但其缺点是原子化效率低（仅有10%），对部分元素灵敏度还不太高。

石墨炉原子吸收分光光度计是利用石墨炉原子化法技术将待测元素原子化的原子吸收分光光度计，这种仪器原子化效率比火焰原子化器高得多，因此对大多数元素都有较高的灵敏度，这种仪器还具有样品用量少，可实现对固体、高黏稠液体的直接进样分析的优点。但测定精密度比火焰原子化法差，分析速度相对较慢。

火焰原子吸收分光光度计和石墨炉原子吸收分光光度计各有优缺点，进年来国外的一些仪器厂将两者作成一体机，即火焰石墨炉原子吸收分光光度计，通常是火焰石墨炉原子吸收分析共用同一套光源和检测系统，原子化系统则通过切换实现不同分析，切换方式主要有手动机械和自动机械方式两种。

(2) 按光学系统分类　按光学系统分类，目前原子吸收分光光度计主要有单光束型、双光束型两种。单光束原子吸收分光光度计结构简单、价格便宜，且具有较好的灵敏度，但同时具有容易产生基线漂移、稳定性差的缺点。双光束原子吸收分光光度计将光源辐射的特征光被旋转斩光器分成参比光束和测量光束，前者不通过火焰，光强不变；后者通过火焰，光强减弱。用半透半反射镜将两束光交替通过分光系统并送入检测系统测量，测定结果是两信号的比值，可大大减小光源强度变化的影响，克服了单光束型仪器因光源强度变化导致的基线漂移现象。但是，这种仪器结构复杂，外光路能量损失大，限制了广泛应用。此外，这种仪器仍然无法克服火焰波动带来的影响。

6.3.4　典型型号仪器介绍

原子吸收光谱仪技术较为简单，目前，国内外有许多厂家生产，且每一公司均有适用于不同条件，有不同特点的不同型号的仪器供用户选择。以下是 Perkin El-mer 公司 AA800 火焰＋石墨炉一体化原子吸收光谱仪技术参数，图 6-4 为该仪器实物图。

(1) 光学参数　波长范围：189～900nm；单色器：实时双光束系统；平面光

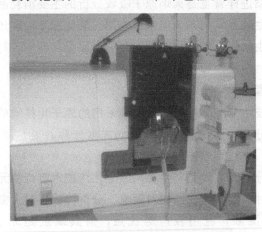

图 6-4　火焰石墨炉原子吸收分光光度计

栅：刻线≥1800 条/mm；光谱带宽：0.2nm，0.7nm，2.0nm，每挡高低度可选，共六挡可选；基线漂移：0.003A/30min（动态）。

（2）火焰分析　特征浓度（Cu）：≤0.03μg/mL（1%吸收）；检出限（Cu）：≤0.006μg/mL；精密度：RSD≤0.5%；喷雾器：铂-铱（铑）毛细管雾化器，耐 HF 高效雾化器；雾化室：耐腐蚀材料雾化室；位置调节：火焰燃烧器最佳高度及前后位置自动设定；安全监控措施：具有自动监控燃烧器类型、火焰状态、水封、气体压力、火焰雾化系统压力、废液瓶液面高度等，出现异常或断电时自动联锁关火；火焰分析自动进样器，具有在线样品导入（即自动进样）以及高浓度自动稀释功能。

（3）石墨炉分析　检出限：Cd≤0.01ppb（1ppb＝10^{-9}）、Pb≤0.06ppb；精密度：RSD≤3%；加热温度范围：室温～2600℃（横向加热）；升温速率：2000℃/s；加热条件设定：具多段程序升温及多种形式升温；安全功能：联锁开关监控电源、气体压力和流量、冷却水流量和温度，有过热保护和报警等功能；石墨炉自动进样器：石墨炉自动进样器杯位数：80 个以上，5 个以上试剂杯位；进样量：1～99μL，进样量大于 20μL 时，精度优于 0.5%。

（4）背景校正　纵向塞曼扣背景方式，可校正 2A 以上的背景误差≤2%。

（5）数据处理　测量方式：火焰方式、石墨炉方式、氢化物发生-原子吸收方式；浓度计算方式：标准曲线法（1～3 次曲线）、标准加入法、内插法；重复测量次数：1～20 次，计算平均值，给出标准偏差和相对标准偏差；数据存储结果打印：参数打印、数据结果打印、图形打印。

（6）其它　火焰＋石墨炉型主机（可以快速切换），具有灯的自动转换、自动点火、自动切换光谱带宽，全自动波长扫描及寻峰功能。主要附件包括：空气压缩机、火焰分析自动进样器、石墨炉电源、石墨炉自动进样器、冷却水循环系统、空心阴极灯、计算机、打印机、数据处理软件等。

6.4　安装调试和校准

6.4.1　安装的基本要求

不同原子吸收光谱仪仪器安装要求有所不同，但一般都主要包括对实验室环境、电源、通风、气体等方面的要求。

（1）实验室环境要求　环境要求主要包括环境温湿度、环境洁净状况、光及磁场干扰等。具体要求如下。

① 环境温湿度　仪器应安放在干燥的房间内，实验室温度应保持在 10～30℃，且每小时温度变化速率最大不超过 2.8℃；相对湿度不超过 80%，无冷凝。如有条件，最好配备空调等，在相对湿度较大的地区应配备去湿机。

② 实验室内应保持清洁，室内应无腐蚀、污染和振动。

③ 光干扰及磁场干扰　窗户应有窗帘，避免阳光直接照射到仪器上，室内照明不宜太强。仪器应尽量远离高强度的磁场、电场及发生高频波的电器设备，防电磁干扰。

(2) 电源要求　各个品牌的原子吸收分光光度计以及其附件容许的电压范围和功率有所不同，使用前务必按照说明书的要求进行配置。一般石墨炉电源要求功率较高，石墨炉仪器功耗较大：6～7kW 左右，采用单相三线制交流电源（相线，中线，保护地线）容量＞40A，因此，配电室至实验室的导线截面积应≥6mm²。电源供应要平稳，无瞬间脉冲，并保持在 220V±22V，50Hz±1Hz；也有的仪器要求输入为三相电源，其中一相用于主机、计算机等，一相用于石墨炉，另一相用于其它设备；此外，为保证仪器具有良好的稳定性和操作安全，仪器一般要求接地，接地电阻小于 5Ω。

(3) 排风装置　无论火焰还是石墨炉原子吸收分光光度计的上方都必须准备一个通风罩，使燃烧器产生的燃烧气体或石墨炉高温产生的废气能顺利排出。对于火焰原子吸收分光光度计一般要求排风量较大，约约 7500L/min；相对来说，石墨炉原子吸收分光光度计要求排风小很多。排风罩尺寸一般下端风口应能罩住原子化器，但距离仪器上端 6～10cm，排气管道支于室外的应支加防雨罩，防止雨水顺管道流入室内，排风口前沿应与工作台前沿在同一垂直平面内。

(4) 供气要求　供气钢瓶不应放在仪器房间内，要放在离主机最近、安全、通风良好的房间。气瓶不能让阳光直晒。气瓶的温度不能高于 40℃，气瓶周围 2m 之内不容许有火源。气瓶要放置牢固，不能翻倒。液化气体的气瓶（乙炔，氧化亚氮等）须垂直放置不容许倒下，也不能水平放置。

对于气体主要是火焰原子吸收分光光度计需要使用，需要的气体和气体压力要求：

① 压缩空气（也可采用空压机，则不用考虑此项要求），空气应无油、无水、无颗粒，出口压力为 350～450kPa，流量＞28L/min，准备减压阀；

② 乙炔（C_2H_2）应采用优质仪器用气，纯度＞99.6%，出口压力 85～95kPa，准备减压阀；

③ 如需分析高温元素并已配置氧化亚氮（N_2O）燃烧头，则还需要 N_2O，纯度＞99%，出口压力 350～500kPa，使用专用减压阀，有电热保温功能，防冷凝。

对于石墨炉原子吸收分光光度计只需石墨炉冷却气，一般采用氩气（Ar），纯度＞99.996%，出口压力 350～500kPa，备减压阀。

(5) 冷却水　石墨炉原子吸收分光光度计需要采用冷却水冷却石墨管，一般采用冷却水循环设备，用水质较硬的自来水容易在石墨炉腔体内结水垢。对于冷却水循环设备应能满足以下要求：水温 20～40℃；水压 250～350kPa；流速 2L/min；加入 pH6.5～7.5，硬度＜14 度的蒸馏水。

(6) 仪器实验台　仪器一般是台式，应配置专用的实验台，实验台应满足尺寸、承重及稳固等要求。应坚固稳定，防振，台面平整。为便于操作与维修，实验台四周应留出足够的空间。

6.4.2　安装与调整

（1）安装　仪器的安装一般由仪器公司的专业安装工程师负责，实验室操作人员应配合其工作。对于新采购的仪器，应与仪器公司厂家或其代理商的代表一起，开箱验收，对照仪器采购合同清单逐一查对仪器主机、附件、零配件消耗品和使用说明书等是否一致和是否齐全，同时要检查仪器表观是否有损伤。如发现问题及时向生产厂家提出。

配合仪器安装工程师将仪器主机、计算机、打印机、空压机、循环冷却水装置、石墨炉及其电源装置，按说明书要求整体布局，连接好仪器的电路、气路和水路。

（2）空心阴极灯位置的调整　通过调整空心阴极灯的位置，使其发光阴极位于单色器的主光轴上。不同仪器调整空心阴极灯位置的操作方法不同，大多数仪器是通过灯座的旋转固定螺栓来调节前后高低左右位置，使接收器得到最大光强，即读数最大（透射比挡或能量挡）或数字显示读数最小（吸光度挡）。空心阴极灯的位置调整时不必点火。

目前市面上许多仪器（如 HITACHI Z-5000、THEMO M6 等）都带有自动微调功能，由计算机自动完成空心阴极灯位置的调节。

（3）燃烧器位置的调整　调整燃烧器位置的目的在于使其缝口平行于外光路的光轴并位于正下方，以保证空心阴极灯的光束完全通过火焰并会聚于火焰中心而获得较高的灵敏度。

燃烧器的调整是首先在静态（未点火状态）下进行的。具体的调整方法为：常以铜灯（324.1nm）作光源，按前述调整好灯的位置，然后用仪器附带的透光检验工具插入燃烧器缝口里，通过调整燃烧器上下位置直至光斑位置与检验工具光斑重叠为止，或者可通过观察吸光度值调节至吸光度值最低。

当静态调整完毕之后，在点火的情况下吸喷铜标准溶液，通过调整燃烧器上下位置调整燃烧器的高度，测量不同位置时的吸光度。对应于最大吸光度的位置为最佳位置，但燃烧器不应挡光。燃烧器位置调整可通过转动旋钮来实现，有的仪器可在软件中操作，甚至可只点击一个图标全自动完成。

（4）雾化器的调整　雾化器是火焰原子化系统的核心部件，分析的灵敏度和精密度很大程度上取决于雾化器的质量。质量良好的喷雾器应是雾滴小、雾量多、喷雾稳，调整的关键主要取决于进样毛细管喷口和雾化器撞击球端面的相对距离和位置。调整的一般方法为：可通过吸喷相应的元素标准溶液测定吸光度来判断，调节雾化器旋钮，直至出现最大吸光度时即将位置固定下来。需要指出的是，任何时候绝对禁止在氧化亚氮-乙炔火焰中调节喷雾器，否则会发生回火。

（5）石墨炉原子化器的调整　与燃烧器位置调整类似，石墨管安装好后也须进行调整，调整方法与燃烧器位置调整基本一致，仪器一般可通过调节旋钮或通过软件操作实现。一般只需在静态（未点火状态）下进行，通过调整石墨炉上下和左右位置直至光方向与石墨炉同轴中心方向，或者可通过观察吸光度值调节至吸光度值最低。有些仪器带自动调节功能。

（6）进样针在石墨管中的位置调节

① 通过专用的观察方式观察石墨管取样孔位置，用不同的旋钮调节自动进样器头的左右位置和前后位置，使自动进样器自动进样针悬在石墨管取样孔的正中心位置（注：自动进样针拉出保护套管约 7～10mm 处）。

② 用自动进样器深度旋钮调节自动进样器进样针的深度，进样针的斜口在进入石墨管口时朝里，并尽最大可能将进样针与石墨管里面内口相切，但不要接触。调进样针进入石墨管的深度约 7/10 等份（通过固定在石墨炉右边的观察镜检查，将石墨管直径分 10 等份）。

6.4.3 主要技术指标

仪器出厂前需经质检部门按相应专业标准或企业标准检验。而实验室的仪器安装后或使用过程也需经计量部门按检定规程定期检定后方可使用，了解和掌握仪器的检定验收技术尤为重要。以下介绍有关原子吸收分光光度计主要技术指标，这些指标具体的测试和检定方法见后。

（1）波长示值误差（波长的准确度）与重复性　谱线的理论波长与仪器波长测定读数的差值称为波长示值误差。特定谱线波长的多次测定（一般用 3 次）中最大值与最小值之差为波长重复性。检定规程要求：原子吸收分光光度计波长示值误差应不大于 0.5nm，波长重复性应优于 0.3nm。

（2）分辨率　原子吸收分光光度计仪器的分辨率是鉴别仪器对共振吸收线与邻近的其它谱线分辨能力大小的一项重要技术指标。一般在规定的光谱通带下可用特定谱线的半宽度来衡量，也可通过观察是否实际可分辨某些元素的多条相邻的谱线。如，能够清晰分辨开镍元素 231.0nm、231.6nm、232.0nm 三条相邻的谱线，则该仪器的实际分辨率为 0.4nm；能够清晰分辨开汞 265.2nm、265.4nm、265.5nm 三条谱线，该仪器的实际分辨率为 0.1nm；能清晰分辨开锰 297.5nm、297.8nm 两条谱线，该仪器的实际分辨率为 0.3nm。

（3）基线稳定性　基线稳定性是仪器的重要技术指标，它反映整机稳定性状况。基线稳定性分静态和动态两种。

（4）灵敏度　灵敏度为原子吸收分光光度计仪器在单位浓度下获得的吸光度，亦即采用外标法定量分析中校准曲线的斜率。

一些标准规定，火焰原子吸收分析的灵敏度要求 $2\mu g/mL$ 的铜标准溶液测量所产生的吸光度不应小于 0.200A（塞曼型仪器为 0.06A）；对于石墨炉原子吸收分光光度计，进样 $20\mu L$ $20ng/mL$ 的铜标准溶液所产生的吸光度不应小于 0.08A。

火焰原子吸收分析也常用特征浓度来衡量仪器测定某元素的灵敏度，其定义为能产生 1%吸收（吸光度为 0.0044A）时所对应的元素浓度，特征浓度可用下式计算：

$$S = \frac{c \times 0.0044}{A}$$

式中 c——测试溶液的浓度，μg/mL；

A——测试溶液的吸光度。

石墨炉原子吸收法的灵敏度是以特征质量来表示的。特征质量为能够产生 1%吸收的分析元素的绝对量。计算公式为

$$m = \frac{c \times V \times 0.0044}{A}$$

式中 c——浓度；

V——进样体积；

A——吸光度。

检定规程规定，新制造和使用中的石墨炉仪器测镉的特征质量应分别不大于 1pg 和 2pg。

(5) 精密度（重复性）　精密度反映测量结果的重复性。相对标准偏差能较好地反映测量过程的精密度。因此，原子吸收分析的精密度是用相对标准偏差（RSD）来度量的。通常选取代表性元素在一定浓度水平下多次测定值的相对标准偏差为重复性。检定规程规定：对于使用中的火焰原子吸收仪器，精密度不大于 1.5%；对于石墨炉原子吸收来说，使用中的仪器的精密度不大于 7%。

(6) 检出限　检出限是原子吸收分光光度计最重要的技术指标。它只反映了在测量中的总噪声电平大小，是与仪器灵敏度和稳定性有关的综合性指标。检出限意味着仪器所能检出元素的最低浓度。按 IUPAC（1975 年）规定，元素的检出限定义为吸收信号相当于 3 倍噪声（吸收信号）所对应的元素浓度。

噪声 σ 是用空白溶液进行不少于 10 次测定的吸收值的标准偏差来表示，其计算公式为：

$$\sigma = \sqrt{\frac{\sum\limits_{i=1}^{n}(A_i - \overline{A})^2}{n-1}}$$

通常 $n=11$ 就可以了，也有标准规定为 7 次，较精确计算可取 $n=20$；$\overline{A}$ 为空白吸收值 n 次平均值，A_i 为空白溶液吸收值。

检定规程规定：对于使用中的火焰原子吸收仪器，铜检出限为不大于 0.02μg/mL；石墨炉原子吸收来说，使用中的仪器的镉检出限不大于 4pg。

(7) 背景校正能力　仪器背景校正的能力，一般用一定背景吸光度校正前后的比值来衡量，该比值越大，表明仪器背景校正的能力越强。一般仪器要求氘灯仪器在 1A 背景下的背景校正能力不小于 30 倍。塞曼仪器在 1A 背景下的背景校正能力

不小于 60 倍。

(8) 边缘能量及边缘波长噪声　原子吸收分光光度计的边缘能量，是指仪器整个波段范围两端波长上能量的大小。边缘能量非常重要，它直接影响仪器的性噪比、检测限、特征浓度、特征量和仪器的适用性等。边缘能量更能反映仪器的输出能量。

边缘波长噪声即仪器在边缘波长处的噪声，一般以砷 193.7nm 和铯 852.1nm 两条谱线作为边缘波长，测量这两条谱线的瞬时噪声，5min 内最大瞬时噪声（峰-峰值）应不大于 0.02A。

(9) 样品提升量和表观雾化效率　样品提升量指被吸入火焰原子化器的试样溶液的流量，也叫吸喷速率。通常仪器的样品提升量为 3～10mL/min。检定规程规定，仪器的样品提升量应不小于 3mL/min。

雾化效率高低对分析灵敏度有重要影响，所谓雾化效率，是指进入火焰的样品溶液的量占吸入火焰原子化器的总样品溶液的量的百分率。实际工作中，常以表观雾化效率来表示雾化效率。检定规程规定，仪器的表观雾化效率应不小于 8%。

6.4.4　主要技术指标测试方法

(1) 波长示值误差与重复性　以汞空心阴极灯作光源，仪器光谱带宽为 0.2nm，选取五条谱线，逐一做三次单向（短波向长波）测量，测定各谱线能量最大的波长示值为波长测量值，重复测量 3 次，按下式计算波长示值误差（$\Delta\lambda$）和重复性（δ_λ）：

$$\Delta\lambda = \frac{1}{3}\sum_1^3 \lambda_i - \lambda_r \qquad \delta_\lambda = \lambda_{max} - \lambda_{min}$$

式中　λ_r——汞（氖）谱线的波长理论值；

　　　λ_i——汞（氖）谱线的波长测量值；

　　λ_{max}——某谱线三次测量值中的最大值；

　　λ_{min}——某谱线三次测量值中的最小值。

JJG 694 计量检定规程和 GB/T 21187 标准中推荐使用汞和氖的谱线基本上都一致，包括以下波长：253.7nm，365.0nm，435.8nm，546.1nm，724.5nm（氖）和 871.6nm，从中均匀选取 3～5 条谱线加以测试。如果没有汞灯，可用其它砷的特定波长，但尽量在整个波长范围有不同的代表性波长点。

(2) 分辨率　2009 年版 JJG 694 计量检定规程将分辨率指标删除并增加了光谱带宽偏差的要求。

GB/T 21187 标准中推荐在 0.2nm 光谱通带下测量汞 253.7nm 的半宽度来表示。

(3) 基线稳定性

① 静态基线稳定性的测试　点亮铜灯，光谱通带为 0.2mm，量程扩展 10 倍，待仪器和铜灯预热 30min 后，在原子化器未工作的状况下，用瞬时测量方式测定

324.8nm 谱线的稳定性,即连续测定 30min 内吸光度最大漂移量(基线中心位置读数的最大值与最小值之差)和最大瞬时噪声(峰-峰值)。

② 动态基线稳定性的测试　动态基线稳定性即点火基线稳定性。其测定方法与静态基线稳定性的测试基本一致,所不同的是必须在点火状态下(空气-乙炔火焰)测量,且一般同时吸喷去离子水。

(4)灵敏度　灵敏度测量直接按定义测定规定浓度的标准溶液的吸光度即可,也可测定不同浓度标准溶液吸光度,按线性回归法求出校准曲线斜率,即仪器测某元素的灵敏度,一般用铜或镉元素为代表。根据测量结果按相应的公式可计算特征浓度或特征质量。

(5)精密度　对于火焰原子吸收仪器的检定一般用能产生 0.1~0.3 吸光度的铜标准溶液进行 7 次测定,求出相对标准偏差。对于石墨炉原子吸收来说,一般用 3.00ng/mL 镉标准溶液进行 7 次重复测定,求出相对标准偏差。

(6)检出限　检出限的测试方法如下:将仪器各参数调至最佳工作状态,分别对空白溶液、待测元素系列标准溶液测定,建立校准曲线。以空白溶液为样品,平行测定 11 次,求空白溶液 11 次测定标准偏差,扩大 3 倍即为检出限。

通常火焰原子吸收法检出限以 μg/mL 为单位,而石墨炉原子吸收法检出限以 pg 为单位。检定规程中规定火焰原子吸收分光光度计检出限以铜元素为代表,而石墨炉原子吸收分光光度计的检出限以镉元素为代表。

(7)背景校正能力　对于火焰原子化器的仪器,在 Cd 228.8nm 波长处,先用非背景校正方式测量。调零后,将吸光度约为 1(透光率为 10%)的滤光片插入光路,读下吸光度 A_1。再改为背景校正方式,调零后,再把该滤光片插入光路,读下吸光度 A_2。A_1/A_2 即背景校正能力倍数。

对于带有石墨炉原子化器的仪器,将仪器参数调到石墨炉法测镉的最佳状态,以峰高测量方式,先进行无背景校正方式测量。在石墨炉中加入一定量氯化钠溶液(5mg/mL)使产生吸光度为 1 左右的吸收信号,读下该值为 A_1。再在背景校正方式下测量等量氯化钠溶液的吸收值 A_2,读下吸光度 A_2。A_1/A_2 即背景校正能力倍数。

6.4.5　仪器校准方法

(1)计量校准依据　参考 JJG 694—2009《原子吸收分光光度计》和 GB/T 21187—2007《原子吸收分光光度计》。

(2)主要性能指标的要求　按照检定规程和仪器的说明书,在检定周期内对分光光度计进行有关关键指标的检查,以确保仪器性能正常。表 6-1 为原子吸收分光光度计的主要性能指标的参考要求。

(3)检定方法　仪器开机后,按空心阴极灯上规定的工作电流将汞灯点亮,待其稳定后按以下步骤检定。

表 6-1　原子吸收分光光度计的主要性能指标要求

检查项目	性能指标要求		检定方法
原子化器	火焰	石墨炉	
波长示值误差	±0.5nm		见(3)a
波长重复性	小于 0.3nm		
分辨率	大于 0.3nm		见(3)b
点火基线稳定性(30min)	±0.008A		见(3)c
检出限	0.02μg/mL	4pg	见(3)d
精密度	1.5%	7%	

a. 波长示值误差和波长重复性　光谱带宽 0.2nm，选取汞、氖谱线 253.7nm，365.0nm，435.8nm，546.1nm，640.2nm，724.5nm，871.6nm 中的 3～5 条逐一作单向（从短波到长波方向）依次重复测量 3 次，以给出最大能量的波长示值作为测量值，波长测量值的平均值与波长的标准值之差就是波长示值误差，测量波长的最大值与最小值之差就是波长重复性。

b. 分辨率　点亮锰灯，稳定后，光谱带宽 0.2nm，调节光电倍增管高压，使279.5nm 谱线的能量为 100，扫描测量锰双线，应该能够明显分辨出 279.5nm 和279.8nm 两条谱线，且两线间的峰谷能量应不超过 40%。

c. 基线稳定性　按测试铜的最佳条件，点燃乙炔-空气火焰，进去离子水10min 后，光谱带宽 0.2nm，量程扩展 10 倍，点亮铜灯，预热 30min，测定324.7nm 谱线的稳定性。

d. 检出限和精密度

火焰原子化：进样 0～3μg/mL 的铜系列混标溶液三次，取各点的平均值制作工作曲线，将标尺扩展 10 倍，连续 11 次测量空白溶液，以 11 次空白值的标准偏差的 3 倍所对应的浓度为检出限。选择某一浓度的铜标准溶液，使吸光度在 0.1～0.3A 的范围，进行 7 次测定，计算 7 次测量值的相对标准偏差（RSD）就是精密度。

石墨炉原子化：进样 0～3ng/mL 的镉系列混标溶液三次，取各点的平均值制作工作曲线，连续 11 次测量空白溶液，以 11 次空白值的标准偏差的 3 倍所对应的质量为检出限。对 3ng/mL 的镉标准溶液进行 7 次测定，计算 7 次测量值的相对标准偏差（RSD）就是精密度。

6.5　操作和使用

仪器在安装初始化时一般应进行安装设置，只要不改变硬件，以后应用无需重新设置。仪器操作应用一般包括仪器硬件系统和仪器软件系统的操作，不同的仪器其操作方法有所不同，但大同小异，以下将分别介绍 AAS 的操作通用步骤，具体的方法请参考仪器的软硬件说明书。

6.5.1　硬件的基本操作

（1）开机

① 检查仪器系统、排风设备、电源和气体是否正常，必要时，应对气体连接进行检漏。开启排风设备。

② 安装待分析元素的元素空心阴极灯。按仪器操作说明书开启仪器主机电源，如需用自动进样器，还应开启自动进样器电源开关等。

③ 开启仪器用的计算机的打印机、显示器及计算机主机电源。运行 AAS 工作软件，使元素空心阴极灯点亮，等待仪器主机系统及空心阴极灯预热稳定，一般需时约 0.5h。

④ 开启空压机，开启燃烧器，调整空气、燃烧气气压在仪器要求的压力范围。如调整空气气压在 0.3~0.4MPa；调整乙炔气气压在 0.07~0.08MPa，如需用笑气，还需开启笑气，调整笑气气压在 0.3~0.4MPa。

⑤ 将进样管提起使之离开液面，按下仪器点火按钮或在软件中执行点火命令将火焰点燃，仪器进入待分析状态。

⑥ 将进样管放回去离子水或 1％硝酸溶液中，仪器火焰点燃稳定 10min 后即可进行样品分析测试。

⑦ 石墨炉仪器步骤同火焰原子吸收类似，但无须开燃气调整空气和点火，一般需用开启氩气、循环冷却水和石墨炉电源。此外石墨炉仪器分析前还需注意检查及调整石墨炉自动进样器进样针扎入石墨管的位置。

（2）关机

① 正常分析情况下，分析结束后，进样系统要清洗一段时间，先用 5％硝酸清洗几分钟，再用蒸馏水清洗几分钟。

② 清洗完后，关闭空心阴极灯，按下仪器熄火按钮或在软件中执行熄火命令将火焰熄火，待燃烧头冷却后，进行必要的清洁。

③ 退出 AAS 工作软件及操作系统，关闭计算机主机、打印机、显示器电源。

④ 关闭自动进样器电源及仪器主机电源、空气及乙炔气等气体。

⑤ 关闭通风设备及空压机，排放空压机内冷凝水及压缩空气等。

⑥ 石墨炉系统仪器关机更简单，一般只需要在分析完成后，关闭光源（灯），即可退出分析工作站系统。再关闭主机电源、计算机，关闭氩气保护气，再关闭排风设备和冷却水。

6.5.2　软件的基本操作

（1）软件设置及新分析方法的编辑　对于新类型样品分析，一般应事先在仪器软件中设置好分析方法，分析方法一般设定分析的条件，主要包括测定元素、测量波长以及元素空心阴极灯灯电流、狭缝大小、火焰类型、燃烧气和辅助气流量、标准溶液的浓度、校正曲线的拟合方法等。测量条件的选择应结合有关资料和试验结果来确定，以获取最佳效果，建立好的分析方法一般可保存。对石墨炉原子化法主要参数还包括：原子化温度程序，即选择干燥、灰化、原子化及净化等阶段的温度和时间、标准溶液、稀释溶液、基体改进剂的进样量等。图 6-5 为某仪器操作软件的分析方法设定窗口界面。

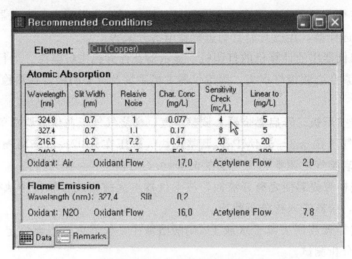

图 6-5　某仪器操作软件的分析方法设定窗口界面

　　(2) 样品分析软件操作　对已有方法的样品分析，一般只需将方法调用，按方法设定的空白溶液和标准溶液进行仪器校准，随后即可进行样品分析，样品分析时一般还需输入样品有关信息如样品名称、样品称样量、样品前处理定容体积以及稀释倍数等参数，仪器会依据有关参数进行计算最终样品含量。如采用自动进样分析，则还需在样品信息表中填入样品在自动进样器样品架中位置，并将样品放置在自动进样器样品架中相应的位置，运行该样品序列，仪器将自动分析。不同的仪器其操作方法有所不同，但大同小异，以下以美国 Perkin Elmer 公司的 AA 800 火焰原子吸收光谱仪操作规程为例，详细介绍其操作及维护保养步骤，其它仪器可参考仪器的软硬件说明书进行。

　　操作前首先按以下步骤设定当前需要操作的原子化技术：

　　在 Technique 中通过箭头 "▼" 选择分析技术 Flame 或 Furnace，如果不更换直接点击 "Menus and Toolbar" 即进入工作界面；如果改变分析技术，要确保火焰或石墨炉系统转变时没有阻挡。

　　(3) 火焰法（Flame）样品分析软件操作

　　① 按仪器操作规程开启仪器。

　　② 点击 "Lamp" 菜单，弹出 "Align Lamps" 窗口，检查待测元素的灯是否

安装。在该窗口"ON/OFF"上单击，预热待测元素的灯，在"Setup"单击，不但点亮测定元素的灯，同时仪器的波长狭缝等条件也被调节到设定状态。若改变灯电流等使用条件，在窗口下边单击图标"Repeak"即可。

③ 点亮灯后关闭灯窗口。

④ 调用相应的分析方法。测定一个元素的分析方法可以在 File 菜单中打开也可以在窗口中快捷菜单中"Method…"下打开原有的分析方法或新建分析方法，也可以在快捷菜单中选择"Method"新建方法。

⑤ 结果保存：点"Sample Information File："后的"Browse…"即可输入样品信息（要编辑，编辑方法见后面内容）文件名；点"Results Data Set Name"后的"Browse…"即可输入保存结果的文件名。

⑥ 点火：确定分析条件后，若火焰控制窗口的"Safety"中有绿色"√"便可以点火，观察火焰的颜色与稳定性，正常火焰应是蓝色没有锯齿状的，但乙炔流量大的是黄色。

⑦ 测定一个元素，若不知该元素的最佳测定条件，可以使用铜或镁优化后的燃烧头位置、雾化器吸喷量，至于气流量（即火焰状况，燃烧气与助燃气比例）应根据测定的元素具体调节。

⑧ 测定：先测标准空白，直到读数为零，再进行标准分析，浓度按从低到高顺序进行，建立校正曲线，标准的浓度必须是分析方法中设定的。也可以调用原有的校正曲线，但要进行重校。之后就可以进行样品分析。如果调用以前的校正曲线分析前，一定要先进行空白分析（因为第一次测定时，结果是一个很大的吸收值，第二次测定空白时才可以回到 0 值附近或为 0），若只有一个样品空白可以直接用来作为空白测定，若不止一个就可以用做校正曲线的空白作为空白，样品空白作为样品来测定，之后用样品测定结果减去样品空白得出测定结果。每测定一个样品，要用 5％的 HNO_3 或去离子水清洗一段时间，样品复杂时，清洗时间要求长一些。重新测定样品时，将样品测试的位置改变为该样品的位置（同一个样品有同样的样品信息）即可。

⑨ 打印报告：在"File"菜单下的子菜单"Utility"下的"Reporter"即可进入专用报告界面，调出保存的文件名，就可以选择需要的报告格式进行预览或打印。

(4) 石墨炉系统（Furnace）样品分析软件操作

① 按仪器操作规程开启仪器。进入石墨炉测定窗口后，可以先打开工作界面，在窗口中点击工作界面（Workspace），选择"Auto Analysis"，便会弹出保存的工作界面，若没有可以自己设定工作界面，即点击快捷菜单中的"Auto"、"Results"、"Flame"、"Cailb"图标，即可建立工作分析界面。

② 点灯：先关闭分析窗口（Auto），再点击"Lamp"窗口，预热测定元素的灯，特别是无极放电灯一定要预热，若不关闭分析窗口，"Lamp"菜单是灰色状态

不能打开。其它条件同火焰系统。灯点亮后若在反光镜中不能看到完整的光斑，需进行石墨炉位置优化；再打开分析窗口。点亮灯后关闭灯窗口。

③ 调用分析方法：同火焰系统操作。

④ 结果保存：同火焰系统操作。

⑤ 进样针位置的调节：分析前需校正自动进样针位置，保证进样到石墨管中且均匀，应该是连续的液滴状。

⑥ 测定：分析开始前，若长期未使用分析系统，要按分析方法的升温程序空烧石墨管至吸光度读数应小于 0.001A 才可测定。再将标准系列和样品以及稀释剂、基改剂放在方法和样品信息中设定的自动进样器位置上。对于自动进样系统，分析样品前，需将要测定的样品的位置在"Auto"窗口下的"Setup"中输入，如测定的样品位置在 11-30 位，就在"Use Autosampler Locations Listed Below"下的空格中输入"11-30"。若测定了浓的标准样品，最好空烧一次石墨管。分析样品时，如果进样位置设置的重现性良好，重复测定一次即可。样品信息文件名、结果文件名、分析样品位置设置完成后，点击"Auto"下的次级窗口"Analyze"，即可以在该窗口下选择分析"Analyze All"、"Calibrate"、"Analyze Samples"，分别是分析所有设置位置样品（标准和样品）、分析校正曲线（方法中设置的位置）、分析样品。之后进行标准分析，浓度按从低到高顺序进行，建立校正曲线，也可以调用原有的校正曲线，但需进行重校测定。

⑦ 打印报告：同火焰系统操作。

⑧ 分析完成后，若要关机，按仪器操作规程进行。

6.5.3　工作参数条件的选择

测定条件的优化与正确选择，对于保证测定结果的准确度和精密度是非常重要的。测定条件分为两类，一类是仪器工作参数：分析线、光谱通带、灯电流等，各参数之间交互效应较小；另一类是原子化条件：燃气与助燃气流量、测量高度、进样量等，各参数之间交互效应显著。

(1) 分析线的选择　分析线的选择要兼顾到测定灵敏度、精密度、校正曲线的动态范围、受其它谱线干扰的可能性等。通常选择元素的共振线（最灵敏线，但不是绝对的）作为分析线。当待测原子浓度较高时，为避免过度稀释和向试样中引入杂质，可选取灵敏度较低的非共振线（次灵敏线）作为分析线。此外，有些特殊情况也选非共振线作为分析线，如 Hg 185nm 比 Hg 254nm 灵敏很多倍，但前者处于真空紫外区，大气和火焰均对其产生吸收干扰而不便用于测定；共振线 Ni 232nm 附近 231.98nm 和 232.12nm 的原子线和 231.6nm 的离子线，不能将其分开，可选取 341.48nm 作分析线。

(2) 光谱通带的选择　光谱通带是单色器的倒线色散率与狭缝宽度的乘积，对于一台给定的仪器，单色器是固定的，光谱通带的改变是通过调节狭缝宽度来实现的。

原子吸收分析中，谱线重叠的概率较小，因此，可以使用较宽的狭缝，一般狭缝宽度选择在通带为 0.4～4.0nm 的范围内，以增加光强，降低检出限。在实验中，也要考虑被测元素谱线复杂程度，碱金属、碱土金属谱线简单，可选择较大的狭缝宽度；过渡元素如 Fe、Co 和 Ni 与稀土元素等谱线比较复杂，要选择通带相当于 1Å 或更小的狭缝宽度下测定。

（3）灯电流的选择 灯电流的选择应考虑辐射光源输出强度、放电的稳定性及灯的使用寿命。

空心阴极灯的发射特性取决于工作电流。灯电流过小，光强低且不稳定；灯电流大，能量就高，测试时稳定，但发射谱线变宽，导致灵敏度下降，灯寿命也缩短。选择灯电流时，应在保持光源稳定且有足够光输出的情况下，尽量选用较低的工作电流。一般商品的空心阴极灯都标有允许使用的最大电流与可使用的电流范围，通常选用最大电流的 1/2～2/3 为工作电流。实际工作中，最合适的电流应通过实验确定。空心阴极灯使用前一般需预热 10～30min。

（4）火焰原子化法原子化条件的选择 火焰原子化法原子化条件包括：火焰的选择、燃气和助燃气流量、燃烧器高度、样品提升量等。

① 火焰的选择是影响原子化效率的重要因素。对于低温、中温火焰，适合的元素可使用乙炔-空气火焰；在火焰中易生成难离解的化合物及难溶氧化物的元素，宜用乙炔-氧化亚氮高温火焰；分析线在 220nm 以下的元素，可选用氢气-空气火焰。

② 燃气和助燃气流量：火焰类型选定以后，需调节燃气与助燃气比例，以得到所需特点的火焰。易生成难离解氧化物的元素，用富燃火焰；氧化物不稳定的元素，宜用化学计量火焰或贫燃火焰。合适的燃助比应通过实验确定。

③ 燃烧器高度：燃烧器高度是控制光源光束通过火焰区域的。由于在火焰区内，自由原子的空间分布不均匀，随火焰条件而变化。因此必须调节燃烧器的高度，使测量光束从自由原子浓度最大的区域内通过，可以得到较高的灵敏度。

④ 样品提升量：一般情况下，样品提升量低，雾化效率较高，雾滴细。但由于进入火焰中待测元素的量较少，产生的基态原子数也少，则吸光度也受到影响。当吸喷速率过高时雾化不充分，雾滴大，影响后续原子化过程，使灵敏度受到影响。通常仪器的吸喷速率为 3～10mL/min。

⑤ 雾化效率是指进入火焰的待测元素的量与吸提的待测元素的量成比例，雾化效率高低对分析灵敏度有重要影响，一般应调节雾化器位置使其获得最大的雾化效率。

（5）石墨炉原子化法原子化条件的选择 石墨炉原子化法原子化条件包括：石墨炉温度程序（干燥、灰化、原子化和灰化的温度和时间的选择）、进样量、基体改进剂、载气与载气流量、信号测量方式、STPF（stabilized temperature platform furnace，恒温平台炉）技术等。以下重点介绍温度程序的设定。

① 干燥阶段的作用是除去样品溶液的溶剂（主要是水），加热升温使滴入石墨管的样品溶液蒸发除去溶剂，而不允许待分析元素的任何损失。一般干燥分两步：首先是将温度快速升至略低于沸点，再缓慢地升温到刚好高于沸点，如 105℃并保持一定时间。

② 灰化阶段作用是尽可能把样品中的共存物质（基体，尤其是有机质）全部或大部分除去，并保证没有待分析元素损失，在不损失待测原子时，使用尽可能高的温度和长的时间。

③ 原子化阶段的作用是使样品中待分析元素完全或尽可能多地变成自由状态的原子，气相物理化学干扰尽可能小等。原子化阶段是原子化过程的关键阶段。

④ 净化阶段的作用是在短时间（3～5s）内去除试样残留物，温度应高于原子化温度。

⑤ 升温模式由三个参数决定，即起始温度 T_0，要求达到的温度 T_1 和由 T_0 达到 T_1 的时间 Δt。干燥阶段一般采用斜坡升温模式，灰化阶段一般采用阶梯升温模式而原子化阶段大都采用温控升温或温控最大功率升温方式。

6.5.4　操作注意事项

(1) 使用乙炔等气体的注意事项　火焰原子吸收使用乙炔时，需使用乙炔专用的减压阀。由于乙炔与铜及其合金会产生金属的乙炔化物，在振动等情况下引起"分解爆炸"，因此乙炔气体管不得用铜管。另外，乙炔气钢瓶出口应装回火器，避免由于乙炔流量不够而引起回火。瓶内有丙酮等溶剂。经常检查乙炔的压力，如果初级压力低于 0.5MPa，就应该换新瓶，防止丙酮挥发进入管道而损坏仪器。

必须保证空气洁净、干燥。如果使用含湿气的空气，水汽有可能附着在气体控制器的内部，影响正常操作。如使用空气压缩机，最好在空气压缩机或空气钢瓶出口的管路中装一个除湿的汽水分离器。要用无油空气压缩机，否则容易损坏仪器内部气体通路或油上升到火焰，引起测定不稳定。

(2) 操作前的准备　在操作仪器之前，必须认真阅读仪器使用说明书，详细了解和熟练掌握仪器各部件的功能。在开启仪器前，首先应检查仪器电源系统、排风设备、电源、气体是否正常，必要时，应对气体连接进行检漏。使用火焰 AAS 时，要特别注意可燃气体的检漏，防止回火。检查时可在可疑处涂一些肥皂水，看是否有气泡产生，千万不能用明火检查漏气。经常检查 Ar 气、乙炔气和压缩空气的各个连接管道，保证不泄漏。长时间未用的仪器，还应注意检查雾室的废液管是否有水封。使用石墨炉 AAS 时，要特别注意先接通冷却水，确认冷却水正常后再开始工作。

(3) 操作过程中注意事项　在使用仪器的过程中，最重要的是注意安全，避免发生人身、设备事故。同时，严格按照仪器操作规程操作。

操作时必须注意检查仪器的性能。一般仪器需预热稳定，测定样品前首先应注意检查仪器的灵敏度和精密度。可查看某标准溶液的信号强度和多次测定的相对标准偏差是否满足要求。虽然仪器的灵敏度在一定范围内波动，但仍有一合理的波动范围，如信号强度或测量 RSD 异常应注意检查。

在 AAS 仪器上测量的样品应确保无沉淀或悬浮物，必要时应重新过滤，一些颗粒很细的胶体溶液应离心，以免发生雾化器堵塞。过高盐分的样品应适当稀释后才能测定。

批量样品的测定应注意样品间应用稀的酸或去离子水清洗，个别高含量的样品应稀释后重新测定，并注意清洗足够的时间，以避免污染下一个样品。仪器测量一定时间应插入一些已知浓度的质量控制样品进行中间检查，检查测量结果是否在一给定的结果范围，如测量结果误差较大，应根据情况重新做工作曲线或停机检查。

如在做火焰分析时，万一发生回火，应立即关闭燃气，以免引起爆炸，确保人身和财产的安全。然后再将仪器开关、调节装置恢复到启动前的状态，待查明回火原因并采取相应措施后再继续使用。在做石墨炉分析时，如遇到突然停水，应迅速切断主电源，以免烧坏石墨炉。仪器工作时，如果遇到突然停电，此时如正在做火焰分析，则应迅速关闭燃气；若正在做石墨炉分析时，则迅速切断主机电源；然后将仪器各部分的控制机构恢复到停机状态，待通电后，再按仪器的操作程序重新开启。

6.6 维护保养及其故障排除

6.6.1 维护保养

仪器的维护保养不仅关系到仪器的使用寿命，还关系到仪器的技术性能，有时甚至直接影响分析数据的质量。石墨炉 AAS 分析完后应对石墨炉自动进样器进样针进行 2~3 次清洗，必要时用洁净的滤纸小心擦洗进样针外壁，每天对石墨管周围进行必要的清洁。长期使用的仪器，因风扇过滤网积尘太多有时会进入仪器内部导致电路故障，应定期用洗耳球吹净或用毛刷刷净。长期不使用的仪器应保持其干燥，潮湿季节应定期通电。以下对不同部件详细介绍。

(1) 雾化燃烧系统

① 一般每天仪器分析完样品后应吸入 5% 的硝酸溶液几分钟，再吸入蒸馏水 5~10min，将其中残存的试样溶液冲洗出去，必要时应拆下雾化器用超声波清洗。若使用有机溶液喷雾，先喷与样品互溶的有机溶液 5min，再喷丙酮 5min，最后按水溶液样品同样方法先后用 5% 的硝酸和蒸馏水清洗。

② 燃烧器缝口会积存盐类，燃烧器的长缝点燃后火焰不均匀，影响测定结果，可把火焰熄灭后，先用滤纸插入缝口擦拭，也可以用刀片插入缝口轻轻刮除，但要注意不要把缝刮伤。

③ 必要时，要把燃烧头拆下来清洗。一般先用自来水冲洗，先后用刀片、纸片垂直平行地刮燃烧缝的两边，直到纸上的刮痕不那么黑为止。

④ 如果测定浓度很高的金属盐类样品时，使用上面清洗方法是不能达到清洗目的的。这时应使用5％盐酸浸泡（过夜），然后用上述方法清洗。

⑤ 预混合室、雾化室必须定期用水清洗。若喷过浓酸、碱溶液及含有大量有机物的试样后，应马上清洗。空气压缩机要经常放水。

(2) 石墨炉系统

① 要定期清洗石墨管和主机样品室两边石英窗，可先用中性洗涤剂的去离子水溶液清洗，然后用去离子水冲洗几遍，最后用氮气或氩气把水吹干。

② 石墨炉与石墨管连接的两个端面要保持平滑、清洁，保证两者之间紧密连接。如发现石墨锥有污垢要立即清除，防止随气流进入石墨管中，影响测试结果。

③ 当石墨管达到使用寿命或被严重腐蚀，应及时进行更换。当新放入一只石墨管时，特别是旧石墨管结构损坏，应当清洗石墨锥的内表面和石墨炉炉腔，除去碳化物的沉积；新的石墨管安放好后，应进行热处理，即空烧，重复3～4次。石墨炉测定的酸度不能过高，一般不能超过5％硝酸。

④ 每次样品测定之前，要检查自动进样器的进样针位置是否正确。

(3) 空心阴极灯

① 空心阴极灯如长期搁置不用，会因漏气、气体吸附等原因不能正常使用，甚至不能点亮，所以每隔2～3个月应将不常用的灯点亮2～3h，以保持灯的性能。

② 取、装元素灯时应拿灯座，注意防止通光窗口被沾污，导致光能量下降。如有污垢，可用脱脂棉蘸1+3的无水乙醇和乙醚混合液轻轻擦拭清除。

(4) 透镜　仪器外光路的透镜，要保持清洁，不应用手触摸，表面如落有灰尘，可用洗耳球吹去或用擦镜纸轻轻擦掉。如沾有污垢，可用乙醇-乙醚混合液清洗，不能用汽油等溶剂和重铬酸钾-硫酸液清洗。相对来说，石墨炉原子化器两端的透镜更易被样液污染，要经常检查清洗。

(5) 石墨炉自动进样器

① 毛细管进样头　如毛细管进样头变脏，可吸取20％的硝酸清洗；如果毛细管进样头严重弯曲或变形，可用刀片割去损坏部分或更换新的毛细管。

② 注射器和冲洗瓶　经常检查注射器有无气泡，如有，则应小心清除；经常清洗冲洗瓶，保持冲洗瓶干净。

(6) 维护保养频率

① 每天对燃烧头进行清洁，必要时应将燃烧头拆下，用5％硝酸溶液浸泡过夜，再用燃烧头清洗专用卡刷洗及蒸馏水超声波清洗。

② 每天用去离子水或1％硝酸溶液清洗雾化器，必要时应拆下雾化器用超声波清洗。

③ 每月或分析有机样品后应拆下雾化室刷洗及用超声波清洗。

④ 每月用擦镜纸蘸50％乙醇-水溶液清洁光学窗。

⑤ 每月检查玻璃撞击球及空气过滤器，如撞击球被腐蚀或损坏应更换。

⑥ 每年安排一次生产厂家专业工程师对仪器做全面预防性保养。

⑦ 垫圈及进样毛细管等消耗件根据需要及时更换。

6.6.2 故障排除

由于原子吸收光谱仪器结构、线路复杂，仪器型号繁多，要详细讨论仪器故障的排除方法十分困难。仪器出现故障，首先应分析原因，小心观察故障现象，认真检测和细致地分析比较，才能找出故障所在。对于仪器某些硬件的损坏，一般需要通知仪器生产商专业维修工程师来维修，但实验室有相当部分故障是由于仪器环境条件和进样系统造成，这种故障一般可由操作人员进行排除。以下主要从操作者角度就一些常见的故障问题作简要讨论，对于每一类故障，主要分析其可能的原因，操作人员应根据具体的故障现象，进行分析排查。

（1）火焰点不着火

① 乙炔没有打开或乙炔的压力太低（一般要求 $0.8kgf/cm^2$ 或 $0.08MPa$，如果气管太长则压力要更大一些）。

② 空气压力太低或空压机供气量不足，火焰原子吸收一般要求空气压力 $4\sim6kgf/cm^2$（$0.4\sim0.6MPa$），如果刚开机能把火点燃，但立即灭火，这可能是由于空压机供气量不足。

③ 检查燃烧系统的两个电插头有没有插好等。

④ 目前有些仪器可能由于水封的水蒸发干，仪器安全保护作用使得点不着火。

（2）火焰测定其它故障

① 火焰不稳定　可能由于废液流动不通畅，雾化室内积水或者雾化室内壁被油脂污染或酸蚀等，造成吸附于雾化室内壁上水珠被高速气流引入火焰，使火焰不稳定。前者可疏通废液管解决，后者可用酒精、乙醚混合液擦干雾化室内壁，减少水珠，稳定火焰。

② 回火　造成回火主要是由于供气气流速度小于燃烧速度造成的，其直接原因可能有：突然停电或空气压缩机出现故障使空气压力降低；废液排出口水封不好或没有水封；燃烧器的狭缝增宽；助燃气体和燃气的比例失调；用空气钢瓶时，瓶内所含氧气过量；用乙炔-氧化亚氮火焰时，乙炔气流量过小等。

（3）石墨炉测定故障

① 爆沸或溅射　可能是加热程序设定不合理，如干燥温度过高，产生爆沸；干燥时间保持太短，没有蒸干便转到高温的灰化温度，产生溅射；干燥和灰化阶段，斜坡升温时间太短，升温速率太快，产生溅射或冒大烟等。对于此类问题可通过设定合适的温度加以解决。

② 记忆效应　可能是由于测定了高吸光度的样品，或测定某些高温元素而产生，一般可空烧石墨管加以解决。

③ 石墨管已经被严重腐蚀　更换新的石墨管。

（4）空心阴极灯光源系统故障

① 空心阴极灯点不亮的可能原因 灯电源出问题或未接通；灯头与灯座接触不良；灯头接线断路；灯漏气。查处方法：分别检查电源、连线及相关接插件，若不是电路问题，再更换灯检查。

② 灯阴极辉光颜色异常故障 灯内惰性气体不纯。可在工作电流或大电流（80mA，150mA）下反向通电处理，直到辉光颜色正常为止。

③ 空心阴极灯内跳火放电 由阴极表面氧化物或杂质所致，通过加大灯电流到十几个毫安直到火花放电停止，若无效则需换新灯。

④ 空心阴极灯亮而高压开启后无能量输出 无负高压；空心阴极灯发光异常或位置不对；波长不准；阴极灯老化，灯能量弱；外光路调整不正；透镜或单色器被严重污染；放大器系统增益下降、光电倍增管衰老等。若是在部分波长范围内输出能量较低，则应检查灯源及光路系统的故障；若在全波长范围内较低，应重点检查光电倍增管是否老化，放大电路有无故障。如果是因波长示值超差，应重新校正波长。

（5）测定重现性差

① 预热时间不够。可按规定时间预热后再操作使用。

② 燃气或助燃气压力不稳定。注意检查气源是否不足或管路泄漏或流量不均等。

③ 火焰高度选择不当，光源照过原子化器区域的基态原子数波动大，致使吸收不稳定。

④ 光电倍增管负高压过大。增大负高压可以提高灵敏度，但噪声也增大，测量稳定性变差，因此，可适当降低负高压改善测量的稳定性。

⑤ 雾化器堵塞、雾化器质量差或雾化系统调节不好。应选雾化效率高、喷雾质量好的喷雾器或重新调节撞击球与雾化器的相对位置。

⑥ 由于燃烧缝口堵塞，使火焰呈锯齿形，可用刀片或滤纸清除燃烧缝口的堵塞物。

⑦ 火焰燃烧不稳。

（6）灵敏度低

① 空心阴极灯老化或空心阴极灯工作电流过大。灯工作电流过大，造成谱线变宽，产生自吸收。因此应在光源发射强度满足要求的情况下，尽可能采用低的工作电流。

② 雾化效率低：包括进样管路堵塞或是撞击球与喷嘴的相对位置没有调整好等都会导致雾化效率降低，必须疏通进样管路或调整撞击球位置使雾化效果最佳。

③ 燃烧器与外光路不平行：应使光轴通过火焰中心，燃烧器狭缝与光轴保持平行。

④ 光学元件积灰尘。

⑤ 燃气与助燃气之比等仪器工作条件选择不当。

（7）背景校正噪声过大

① 光路未调到最佳位置。重新调整氘灯与空心阴极灯的位置，使两者光斑重合。

② 原子化温度太高。可选用适宜的原子化条件。

③ 空心阴极灯老化或空心阴极灯工作电流过大。应及时更换光源灯或调低灯电流。

④ 狭缝过宽，使通过的分析谱线有较大的背景干扰。可减小狭缝。

参 考 文 献

[1]　武汉大学化学系编. 仪器分析. 北京：高等教育出版社，2001.

[2]　潘秀荣，贺锡蘅等编. 计量测试技术手册：第 13 卷　化学. 北京：中国计量出版社，1997.

[3]　柯以侃，董慧茹等编. 分析化学手册：第三分册. 第 2 版. 北京：化学工业出版社，1998.

[4]　华中师范大学，陕西师范大学，东北师范大学. 分析化学. 北京：高等教育出版社，2000.

[5]　邓勃，何华焜. 原子吸收光谱分析. 北京：化学工业出版社，2004.

[6]　中华人民共和国国家计量检定规程. JJG 694—90 原子吸收分光光度计.

[7]　中华人民共和国国家标准. GB/T 21187—2007 原子吸收分光光度计.

[8]　PerkinElmer Inc. AANALYST 800 ATOMIC ABSORPTION SPECTROMETER User's Guide.

[9]　PerkinElmer Inc. Burner System Atomic Abosorption Spectrometer User's Guide.

第7章 电感耦合等离子体原子发射光谱仪

7.1 概述

7.1.1 历史和进展

电感耦合等离子体原子发射光谱仪是基于电感耦合等离子体原子发射光谱法（ICP-AES）而进行分析的一种常用的分析仪器。ICP-AES 法是以电感耦合等离子炬为激发光源的一类原子发射光谱分析方法，它是一种由原子发射光谱法衍生出来的新型分析技术。

早在 1884 年 Hittorf 就注意到，当高频电流通过感应线圈时，装在该线圈所环绕的真空管中的残留气体会发生辉光，这是 ICP 光源等离子放电的最初观察。1961 年 Reed 设计了一种从石英管的切向通入冷却气的较为合理的高频放电装置，Reed 把这种在大气压下所得到的外观类似火焰的稳定的高频无极放电称为电感耦合等离子炬（ICP）。Reed 的工作引起了 S. Greenfield、R. H. Wenat 和 Fassel 的极大兴趣，他们首先把 Reed 的 ICP 装置用于原子发射光谱法（AES），并分别于 1964 年和 1965 年发表了他们的研究成果，开创了 ICP 在原子光谱分析上的应用历史。

1975 年美国的 ARL（Applied Research Laboratories）公司生产出了第一台商品 ICP-AES 多通道光谱仪，1977 年出现了顺序型（单道扫描）ICP 仪器，此后各种类型的商品仪器相继出现。至 90 年代 ICP 仪器的性能得到迅速提高，相继推出分析性能好、性价比有优势的商品仪器，使 ICP 分析技术成为元素分析常规手段。1991 年出现了采用 Echelle 光栅及光学多道检测器的新一代 ICP 商品仪器，开始采用电荷注入器件（charge injection device，CID）或电荷耦合器件（charge couple device，CCD）代替传统的光电倍增管（PMT）检测器，推出全谱直读型 ICP-AES 仪器。

我国于 20 世纪 80 年代开始 ICP-AES 的研究，多限于自己组装仪器，且多为摄谱法，ICP-AES 分析技术的发展及应用滞后于国外。目前国内生产 ICP 的厂家不多，且生产的都是单道扫描型光谱仪，采用光电倍增管传统检测器。随着国外高性能 ICP 仪器的引进，在 90 年代国内 ICP 分析技术应用得到迅速发展，ICP-AES 分析技术也逐渐成为国内各实验室元素分析的常规手段。

ICP-AES 仪器技术新进展及发展方向主要体现在：

① 分析的范围和能力不断扩展；

② 固态检测器和固态发生器的应用日益普遍；

③ 水平、垂直或双向观测技术不断提高；

④ 仪器控制与数据处理向数字化、网络化发展，操作软件功能日益强大和自动化等；

⑤ 小型化、智能化、多样化的适配能力、精确、简捷、易用，且具有极高的分析速度等。

7.1.2　特点

① 样品范围广，分析元素多。电感耦合等离子体原子发射光谱仪可以对固态、液态及气态样品直接进行分析，应用最广泛也优先采用的是溶液雾化法（即液态进样）。可以进行 70 多种元素的测定，不但可测金属元素，而且对很多样品中非金属元素硫、磷、氯等也可测定。

② 分析速度快，可多种元素同时测定。多种元素同时测定是原子发射光谱仪最显著的特点。可在不改变分析条件的情况下，同时进行或有顺序地进行各种不同高低浓度水平的多元素的测定。

③ 检出限低、准确度高、线性范围宽且多种元素同时测定等优点。电感耦合等离子体原子发射光谱仪对很多常见元素的检出限达到 $\mu g/L$ 至 mg/L 水平；动态线性范围大于 10^6，ICP-AES 法已迅速发展为一种极为普遍、适用范围广的常规分析方法。

④ 定性及半定量分析。对于未知的样品，等离子体原子发射光谱仪可利用丰富的标准谱线库进行元素的谱线比对，形成样品中所有谱线的"指纹照片"，计算机通过自动检索，快速得到定性分析结果，再进一步可得到半定量的分析结果。

⑤ 等离子体原子发射光谱仪的不足之处是光谱干扰和背景干扰比较严重，对某些元素灵敏度还不太高等。

7.2　工作原理

7.2.1　原子发射光谱的产生

原子发射光谱是原子光谱的一种，有关原子光谱的种类参见第 1 章节有关内容。原子发射光谱是处于激发态的待测元素原子回到基态时发射的谱线（参见图 7-1）。原子发射光谱法包括了 2 个主要的过程，即：激发过程和发射过程。

（1）激发过程　由光源提供能量使样品蒸发、形成气态原子、并进一步使气态原子激发至高能态。原子发射光谱中常用的光源有火焰、电弧、等离子炬等，其作用是使待测物质转化为气态原子，气态原子的外层电子激发过程获得能量，变为激发态（高能态）原子。

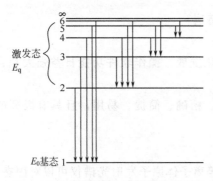

激发态 E_q

E_0 基态

图 7-1　原子电子能级跃迁结构示意图

（2）发射过程　处于激发态（高能态）的原子十分不稳定，在很短时间内回到基态（低能态）。当从原子激发态过渡到低能态或基态时产生特征发射光谱即为原子发射光谱。由于原子发射光谱与光源连续光谱混合在一起，且原子发射光谱本身也十分丰富，必须将光源发出的复合光经单色器分解成按波长顺序排列的谱线，形成可被检测器检测的光谱，仪器用检测器检测光谱中谱线的波长和强度。

7.2.2　定性原理

由于不同元素的原子结构不同，所以一种元素的原子只能发射由其 E_0 与 E_q 决定的特定频率的光。这样，每一种元素都有其特征的光谱线。即使同一种元素的原子，它们的 E_q 也可以不同，也能产生不同的谱线。此外，某些离子也可能产生类似的光谱，因此在原子发射光谱条件下，对特定元素的原子或离子可产生一系列不同波长的特征光谱，通过识别待测元素的特征谱线存在与否进行定性分析。

7.2.3　定量原理

试样由载气带入雾化系统进行雾化（对于溶液进样而言），以气溶胶形式进入炬管轴内通道，在高温和惰性氩气气氛中，气溶胶微粒被充分蒸发、原子化、激发和电离。被激发的原子和离子发射出很强的原子谱线和离子谱线。各元素发射的特征谱线及其强度经过分光、光电转换、检测和数据处理，最后由打印机输出各元素的含量。

由于在某个恒定的 ICP 等离子体条件下，分配在各激发态和基态的原子数目 N_i、N_0，应遵循统计力学中麦克斯韦-玻尔兹曼分布定律。

$$N_i = N_0 \times (g_i/g_0) \times e^{(-E_i/kT)}$$

而 i、j 两能级之间的跃迁所产生的谱线强度 I_{ij} 与激发态原子数目 N_i 成正比，即 $I_{ij}=kN_i$。因此，在一定的条件下，谱线强度 I_{ij} 与基态原子数目 N_0 成正比。而基态原子数与试样中该元素浓度成正比。因此，在一定的条件下谱线强度与被测元素浓度成正比，$I_{ij}=kc$，这是原子发射光谱定量分析的依据。

式中，N_i 为单位体积内处于激发态的原子数；N_0 为单位体积内处于基态的原子数；g_i，g_0 为激发态和基态的统计权重；E_i 为激发电位；k 为玻尔兹曼常数；T 为激发温度。

7.2.4　电感耦合等离子体的形成及工作原理

等离子体是指含有一定浓度阴离子、阳离子、自由电子、中性原子与分子在总体上呈中性能导电的气体混合物。等离子体作为一种光源是 20 世纪 60 年代发展起来的一类新型发射光谱分析用光源。通常用氩等离子体进行发射光谱分析，虽然也会存在少量试样产生的阳离子，但是氩离子和电子是主要导电物质。在等离子体中形成的氩离子能够从外光源吸收足够的能量，并将温度维持在一定的水平，使进一步离子化，一般温度可达 10000K。目前，高温等离子体主要有三种：电感耦合等离子体（inductively coupled plasma，ICP）；直流等离子体（direct current plasma，DCP）；微波诱导等离子体（microwave induced plasma，MIP）。其中尤以电感耦合等离子体光源应用最广。

电感耦合高频等离子体的工作原理为：当有高频电流通过 ICP 装置中线圈时，产生轴向磁场，这时若用高频点火装置产生火花，形成的载流子（离子与电子）在电磁场作用下，与原子碰撞并使之电离，形成更多的载流子，当载流子多到足以使气体（如氩气）有足够的导电率时，在垂直于磁场方向的截面上就会感生出流经闭合圆形路径的涡流，强大的电流产生高热又将气体加热，瞬间使气体形成最高温度可达 10000K 的稳定的等离子炬。感应线圈将能量耦合给等离子体，并维持等离子炬。

7.3　结构及组成

7.3.1　仪器的组成

以高频电感耦合等离子体（ICP）为光源的原子发射光谱装置称为电感耦合等离子体发射光谱仪，简称为 ICP 发射光谱仪或俗称 ICP。ICP 光谱仪一般包括四个基本单元：等离子体光源系统、进样系统、光学系统、检测和数据处理系统等。全谱直读 ICP 光谱仪构成如图 7-2 所示。

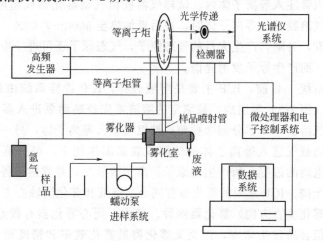

图 7-2　ICP 光谱仪结构示意图

(1) 等离子体光源系统　早期的原子发射光谱仪采用电弧和电火花光源，然而，随着等离子体光源的问世使其成为目前原子发射光谱仪最广泛使用的激发光源。其中以电感耦合等离子体光源应用最为广泛。电感耦合等离子体是一种原子或分子大部分已电离的气体。它是电的良导体，因其中的正、负电荷密度几乎相等，所以从整体来看它是电中性的。ICP 等离子体温度可高达 5000～10000K。ICP 等离子体光源系统由 RF 高频发生器、等离子炬管、气路系统等组成。

高频发生器是 ICP-AES 的基础核心部件，它为等离子体提供能量，通过工作线圈给等离子体输送能量，并维持 ICP 光源稳定放电，要求其具有高度的稳定性和不受外界电磁场干扰。根据等离子体炬安装方向与光学系统观测方向的方式不同，ICP-AES 目前主要使用轴向、径向、双向观测方式 3 种。

等离子炬管是 ICP 等离子体光源系统的重要部件，其结构示意图见图 7-3。它是由三层同心石英管组成。外管通冷却气 Ar 的目的是使等离子体离开外层石英管内壁，以避免它烧毁石英管。采用切向进气，其目的是利用离心作用在炬管中心产生低气压通道，以利于进样。中层石英管出口做成喇叭形，通入 Ar 气维持等离子体的作用，有时也可以不通 Ar 气。内层石英管内径约为 1～2mm，载气将试样气溶胶由内管注入等离子体内。试样气溶胶由气动雾化器或超声雾化器产生。当载气将试样气溶胶通过等离子体时，被后者加热至 6000～7000K，样品中的待测物质很快被蒸发，分解，产生大量的气态原子，气态原子还可进一步吸收能量而被激发至激发态，而产生原子发射光谱。

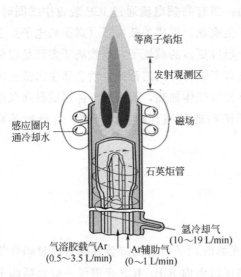

图 7-3　ICP 等离子炬管结构示意图

（图中标注：等离子焰炬；发射观测区；磁场；感应圈内通冷却水；石英炬管；氩冷却气 (10～19 L/min)；气溶胶载气 Ar (0.5～3.5 L/min)；Ar辅助气 (0～1 L/min)）

(2) 进样系统　目前，ICP 主要是溶液进样，ICP 进样系统由蠕动泵（图 7-4）、雾化系统（图 7-5）等组成，被测定的溶液首先经蠕动泵进入雾室，再经雾化器雾化转化成气溶胶，一部分细微颗粒的被氩气载入等离子体，另一部分颗粒较大的则被排出。随载气进入等离子体的气溶胶在高温作用下，经历蒸发、干燥、分解、原子化和电离的过程，所产生的原子和离子被激发，并发射出各种特定波长的光，产生发射光谱。ICP 常用的雾化器有同心（溶液和雾化同轴心方向）雾化器和交叉（溶液和雾化垂直方向）雾化器两种。其中，同心雾化器有较好的雾化效率，精密度较好，但容易发生堵塞，而交叉雾化器虽雾化效率和精度稍低，但可耐高盐，不易发生堵塞，且不易损坏。

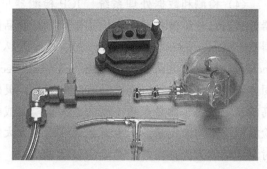

图 7-4　蠕动泵结构示意图　　　　图 7-5　ICP 光谱仪雾化系统结构示意图

除了溶液进样，将固体样品直接引入原子光谱分析系统一直是原子发射光谱研究的热点。直接固体进样可有效地克服试样分解过程所带来的缺陷，如外来污染、转移损失、分析时间长及试剂和人力的消耗等。目前主要方法有激光烧蚀、电热蒸发（ETV）试样引入、悬浮体进样、把装有试样的棒头直接插入 ICP 等，但固体进样相对溶液进样一般测定精密度较差。

（3）光学系统　　电感耦合高频等离子体原子发射光谱的光学系统相对比较复杂，但其作用与原理与其它光谱类似，即将复合光分解为单色光。原子发射光谱的分光系统通常由狭缝、准直镜、色散元件、凹面镜等组成。其核心部件是色散元件如棱镜或光栅两种。一般目前采用高分辨率的中阶梯光栅分光。中阶梯光栅光谱仪是采用较低色散的棱镜或其它色散元件作为辅助色散元件，安装在中阶梯光栅的前或后来形成交叉色散，获得二维色散图像。它主要依靠高级次、大衍射角、更大的光栅宽度来获得高分辨率的，这是目前较先进光谱仪所用的分光系统，配合 CCD、SCD、CID 检测器可以实现"全谱"多元素"同时"分析。也有采用中阶梯光栅的顺序扫描的光谱仪。相对于平面光栅，中阶梯光栅有很高的分辨率和色散率，由于减少了机械转动不稳定性的影响，其重复性、稳定性有很大的提高。而相对于凹面光栅光谱仪，它在具备多元素分析能力的同时，可以灵活地选择分析元素和分析波长。目前各厂家的"全谱"仪器基本都采用此类型，只是光路设计和使用光学器件数量上略有不同。中阶梯光栅可通过增大闪耀角、光栅常数和光谱级次来提高分辨率。由于 ICP 有很强的激发能力，发射谱线丰富，谱线干扰也较为严重，因此，提高仪器高分辨率有利于避开一些谱线干扰。ICP 光谱仪平面反射光栅光学系统如图 7-6 所示。

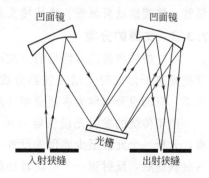

图 7-6　ICP 光谱仪平面反射光栅
光学系统示意图

（4）检测和数据处理系统　ICP 检测器早期主要用光电倍增管（PMT）检测器，目前已逐步被各种固体检测器代替。商品仪器固体检测器主要有电荷耦合检测器 CCD（charge-coupled detector）、电荷注入式检测器 CID（charge-injection detector）、分段式电荷耦合检测器 SCD（subsection charge-coupled detector），这些固体检测器，作为光电元件具有暗电流小、灵敏度高、信噪比较高的特点，具有很高的量子效率，而且是超小型的、大规模集成的元件，可以制成线阵式和面阵式的检测器，能同时记录成千上万条谱线，并大大缩短了分光系统的焦距，使多元素同时测定功能大为提高并成为全谱直读光谱仪。目前，ICP 全谱直读光谱仪可按设定的方法实现多功能数据处理，包括绘制工作曲线、进行内标法和标准加入法、自动进行背景扣除，不仅可实时计算，还可改变某些参数进行重处理等。不少软件还带有独特的多元谱图校正功能。

7.3.2　主要配套附件介绍

（1）冷却水循环系统　循环冷却水装置是加入蒸馏水后自循环的冷却系统，为等离子体线圈冷却用，由于 ICP 温度较高、功率较大，释放热量多，因此，一般用于 ICP 的冷却水循环系统也有较大制冷量。

（2）自动进样器　一般经蠕动泵提升溶液样品，并有一个清洗位，为克服长时间清洗，溶液变脏，可能污染样品，因此，不少公司自动进样器清洗溶液可自动保持新鲜。

（3）氢化物发生装置　主要用于汞、砷、碲、铋、硒、锑、锡、锗和铅等可生成氢化物元素的测定，可大大降低干扰，提高灵敏度。

（4）空气压缩机　有的公司的仪器采用空气来切割 ICP 尾焰，还需空气压缩机，一般应有一定的压力要求，且应带空气过滤器除去空气中的水分。

（5）自动稀释装置　许多 ICP 还可配置自动稀释装置，用于一些高浓度的样品的自动稀释后自动测定。

（6）消耗品　ICP 的消耗品较多，主要有石英炬管、雾化器、样品进样蠕动泵泵管、排液蠕动泵泵管、连接接头和进样管、石英窗、各种垫圈等。

7.3.3　仪器的分类

（1）按检测器读取信号的方式不同来分　从检测器读取信号的方式来区分，早期把等离子体发射光谱仪仪器分成同时型（simultanous）和顺序型（sequential）两类。有的也分别称为多通道型（多道）和顺序型（单道扫描）。

由于传统的发射光谱仪器是采用多个独立的光电倍增管 PMT 测定被分析元素，分析一个元素至少要预先设置一个通道。单道扫描型仪器从光源发出的光穿过入射狭缝后，反射到一个可以转动的光栅上，该光栅将光色散后，经反射使某一条特定波长的光通过出射狭缝投射到光电倍增管上进行检测。光栅转动至某一固定角度时只允许一条特定波长的光线通过该出射狭缝，随光栅角度的变化，谱线从该狭缝中依次通过并进入检测器检测，完成一次全谱扫描；而多道光谱仪则是多路独立的信号可同时检测，为了使光谱仪能装上尽可能多的检测器，仪器的分光系统必须将谱线尽量分开，也就是说单色器的焦距要足够长，但限于仪器的体积，多道一般道数在 50 以下。

1991 年随着新的中阶梯光栅固态检测器的问世，使仪器同时具有同时型和顺序型仪器的功能，这样形成了新一类的仪器，目前国内一般称为"全谱直读"型仪器。但从它的信号检出来看，由于这类仪器把中阶梯光栅等光学元件形成的二维谱图投影到平面固态检测器的感光点上，它与同时型仪器很接近，但目前国内习惯将"全谱直读"型仪器作为一类新的仪器，从仪器的硬件结构上，"全谱直读"型仪器可称为中阶梯光栅固态检测器等离子体发射光谱仪。

（2）按光学系统观测方向的不同来分　根据 ICP 炬管安装位置及光学系统观测方向的不同，等离子体发射光谱仪可分为轴向观测、径向观测和双向观测 3 种。

所谓径向观测也叫垂直观测，是指垂直放置炬管，水平方向观测光的测量方式。相对应的，水平放置炬管，水平方向（与炬管同轴方向）观测光的测量方式称轴向观测，也叫水平观测。两种观测方式各有优缺点，一般水平观测有较低的检出限和背景等效浓度，具有较高的信背比及较低检出限的优点；但存在尾焰背景干扰，需要进行等离子体尾焰消除技术来减少尾焰背景的影响，分析过程中基体干扰也更为严重，另外，容易使炬管沾污等。为了弥补上述两种观测方式各自的不足，仪器厂家开发了双向观测技术，他们在水平观测的基础上通过平面反射镜来实现垂直观测功能，比较好地融合了垂直和水平观测的特点，具有一定的灵活性，增加了测定复杂样品的适应性。

7.3.4　典型型号仪器介绍

国内生产 ICP 仪器的厂家不多，目前有江苏天瑞仪器股份有限公司、北京科创海光仪器有限公司（北京海光仪器公司）和北京普析通用仪器有限责任公司等，且生产的都是单道扫描型光谱仪，采用光电倍增管传统检测器。国外有许多公司生产等离子发射光谱仪，我国进口的等离子发射光谱仪主要产自美国、日本、德国等国，生产商主要有 Thermo 赛默飞世尔公司（美国）、Perkin Elmer 公司（美国）、LEEMAN 公司（美国）、HORIBA J-Y 公司（法国）、Varian 公司（美国）、SPECTRO 公司（德国）、Shimadzu（岛津）公司（日本）等。以下介绍一款典型型号仪器技术参数。

图 7-7 为 Perkin Elmer 公司 Optima 7300 DV 电感耦合等离子体发射光谱仪实物图。表 7-1 是美国 Perkin Elmer 公司的 Optima 7300 DV 全谱直读电感耦合等离子体发射光谱仪技术参数，典型元素的检出限见表 7-2。

图 7-7　Perkin Elmer 公司 Optima 7300 DV 电感
耦合等离子体发射光谱仪实物图

表 7-1　Perkin Elmer 公司的 Optima 7300 DV 全谱直读
电感耦合等离子体发射光谱仪技术参数

系　统	技　术　规　格
进样系统	组合式设计快速可拆卸进样系统,具有预恒温系统 耐腐蚀配置:50%(体积分数)HCl,HNO₃,H₂SO₄,H₃PO₄,20%(体积分数)HF,30%(质量浓度)NaOH 炬管喷射管:2.0mm 刚玉材料 雾化室:Ryton 材料耐腐蚀雾室 雾化器:正交雾化器,刚玉宝石喷嘴 蠕动泵:有 SmartRinse 智能冲洗功能
等离子体系统	专利的等离子体双向观测系统(U. S. Patent No. 5,483,337),计算机控制自动切换观测方式;轴向、侧向观测位置由软件控制自动优化。独立双开门等离子体腔室,具有恒温系统,实现等离子炬在线可调
检测器	双检测器:专利设计的 SCD 检测器(U. S. Patent No. 4,820,048) 紫外敏感元件无涂层问题
射频发生器	40.68MHz 自激式固态射频发生器,功率输出:750～1500W,增量 1W 稳定性:实际功率波动<0.1%(具有 TPC 真实功率控制专利) 能量传输:>81%能量传输效率 安全防护:符合 FCC 和 EC VDE 0871 Class B 标准 长寿命无消耗性部件
光学系统	中阶梯光栅双光路二维色散分光系统,165～403nm 中阶梯光栅＋交叉色散光栅;403～782nm 中阶梯光栅＋石英棱镜;中阶梯光栅面积:80mm×160mm,刻线密度:79 条/mm,闪耀角:63.4°。采用了消除色差像差的光学元件 分辨率:0.006nm(200nm 处)
气路控制系统	所有气体为全自动控制 雾化气由高精密质量流量控制器控制,流量 0～2.0L/min,增量 0.01L/min

表 7-2　典型元素的检出限 （3s, μg/L）

元素	波长/nm	检出限/(μg/L)	元素	波长/nm	检出限/(μg/L)
Al	308.215	0.2	Se	196.026	5
Cd	226.502	0.5	Pb	220.353	8

续表

元素	波长/nm	检出限/(μg/L)	元素	波长/nm	检出限/(μg/L)
Cu	324.754	1.5	Zn	213.856	0.4
Fe	259.940	0.9	Mn	252.610	0.03
Ba	455.403	0.03	Mo	202.030	0.5
Ca	312.993	0.3	Cr	262.716	1
Ni	231.604	2.1	Li	670.784	0.5
Na	588.995	0.15	K	766.491	0.3
B	249.677	0.1	P	213.618	10
Co	228.615	1	S	182.0	5
Si	212.412	3	Sr	402.771	0.01
V	310.230	0.5	As	189.042	1.5

7.4　安装调试和校准

7.4.1　安装的基本要求

不同电感耦合等离子体发射光谱仪仪器安装要求有所不同，但一般都主要包括对实验室环境、电源、通风、气体等方面的要求。

（1）实验室环境要求　环境要求主要包括环境温湿度、环境洁净状况、光及磁场干扰等。具体要求如下。

① 环境温湿度：一般室温要求维持在 10～25℃间的一个固定温度，温度变化应小于±1℃，最佳工作温度为（20±2）℃。实验室湿度要求在 20%～80%，无冷凝，仪器最佳工作湿度范围为 35%～50%。实验室最好配备空调等，在相对湿度较大的地区应配备去湿机。

② 实验室应该保持干净。每立方米的空气，大于 0.5μm 的灰尘颗粒应少于36000000 个。室内应无腐蚀性气体，以免腐蚀仪器。

③ 无强光干扰、振动及磁场干扰，实验室应无过多的振动，室内照明不宜太强，且避免直射日光的照射，仪器应尽量远离高强度的磁场、电场及发生高频波的电器设备，防电磁干扰等。

（2）电源要求　各个品牌的仪器以及其附件容许的电压范围和功率都有所不同，使用前务必按照说明书的要求进行配置。一般采用三相供电系统，其中一相供应主机，一相供计算机及打印机，一相供空气压缩机及循环冷却水装置等。为了保证 ICP 仪的安全运行，供电线路必须要有足够大的容量，并且供电线路不与大电机，如空调机、马弗炉等共享一条供电线路，以免在这些用电设备启动时，供电线路的电压大幅度的波动，造成仪器工作不稳定。此外，为保证仪器具有良好的稳定性和操作安全。必须具有良好的接地线，接地电阻要求小于 4Ω。以某品牌为例，仪器具体电源要求如下。

① 仪器主机　要求的供电电源为 200～240V 的稳定电源，20A，50Hz，单相，具备独立地线。应配备一单独控制仪器的断路器（建议使用空气开关）。如果用户电网电压变化过大，则用户应配置 5kW 以上的稳压电源。作为一台精密测量仪器，它还需要有相对稳定的电源，供电电压的变化一般不超过 5％，如超过这个范围，需要使用自动调压器或磁饱和稳压器，不能使用电子稳压器，后者在电压高时产生削波，造成电脉冲，影响电子计算机、微处理器及相敏放大器的工作。

② 计算机及打印机　消耗功率大约为 800W，单相。注意，计算机及打印机必须同仪器主机共用一条地线。用户应准备适合计算机及打印机使用的多用插线板，插线板必须能够接入独立地线。

③ 循环冷却水装置　电源要求：220/240V，50Hz，15A，单相。

④ 空气压缩机　电源要求：220/240V，50Hz，6A，单相。

(3) 排风要求　抽风系统对于电感耦合等离子体发射光谱仪实验室是非常重要的，因为电感耦合等离子体发射光谱仪等离子体部分一般会产生有害气体，抽风系统可以保护实验室工作人员健康，保护仪器不受由样品产生的腐蚀性气体的损害；同时，抽风良好，可以改善等离子炬的稳定性，排除仪器产生的热量。对于 ICP 原子发射光谱仪器抽风系统主要应考虑满足以下要求。

① 抽风系统材料应可能会承受的最高温度为 200℃，建议采用不锈钢的通风管道。

② 在通风管道末端通风罩处的流速，要求有较大的排风量，如 Perkin Elmer Optima ICP 排风量要求不小于 5600L/min。抽风系统的通风罩，应完全能够将仪器样品仓的排风口罩住，通风罩应安装在仪器样品排风口上端 5～10cm 处。

③ 在适当的通风情况下，仪器扩散到实验室的热量大约相当于 2200W。

(4) 气体要求

① 氩气　目前，电感耦合等离子体发射光谱仪一般采用氩气作为工作气体，仪器需要使用较大量的氩气，工作状态下氩气流量一般为 15～20L/min，一钢瓶氩气大约使用 5～6h，如经常需要连续开机操作，建议配备大型罐装液氩。此外，还应准备至少一块氩气减压阀及足够的氩气，减压阀的低压表显示的最大刻度值应为 2～4MPa。一般使用高纯氩气，纯度要求为 99.99％以上。

② 吹扫气体（有些仪器做紫外区波长需要通气对光学系统扫）　吹扫气用氮气或氩气，使用高流量时流量为 3L/min，正常使用时流量为 0.5L/min。气体纯度要求为 99.999％。如果用户需要进行光路吹扫，应准备一块气体减压阀及大约三瓶吹扫气体，减压阀的低压表显示的最大刻度值应为 2～4MPa。

(5) 实验室空间的要求　早期的 ICP 仪器一般为立式，随着仪器小型化发展，目前大多数为台式。仪器长宽高尺寸为 70～150cm，仪器净重 200～300kg，用户必须根据生产厂家提供仪器尺寸及重量，准备能够安全承载并适合长期放置仪器主机的工作台（可以采用耐腐蚀可承重仪器台或水泥工作台）。

放置仪器的工作台，前边应留有足够的空间进行仪器的操作，左边及后边应至少留出50cm的空间，右边应至少留出70cm的空间，以便进行调试及维修。计算机及打印机应在靠近仪器主机的旁边。由于循环冷却水装置和空气压缩机有一定的噪声，建议在实验室内建一隔断，将循环冷却水装置和空气压缩机与仪器主机分开放置。

7.4.2 安装调试

（1）仪器安装 在几类光谱仪器中，电感耦合等离子体原子发射光谱仪器的安装相对较为复杂，一般也是由仪器公司的专业安装工程师负责，实验室操作人员最重要的是按仪器安装的基本要求准备好相关的实验场地、水电、气体、排风等安装条件。

与其它仪器类似，电感耦合等离子体原子发射光谱仪器一般带较多附件和消耗的配件等。对于新采购的仪器，应与仪器公司厂家或其代理商的代表一起，开箱验收，对照仪器采购合同清单逐一查对仪器主机、附件、零配件消耗品和使用说明书等是否一致和是否齐全，同时要检查仪器表观是否有损伤。如发现问题及时向生产厂家提出。

配合仪器安装工程师将仪器主机、计算机、打印机、空压机、循环冷却水装置、自动进样器等，按说明书要求整体布局，连接好仪器的电路、气路和水路。然后安装进样系统，包括等离子体线圈、炬管、雾化器、雾室、泵管等。

仪器安装好后开机后点燃等离子体，进行有关初始化校正或调试。大多仪器需要进行暗电流校正、波长校正、观察高度位置的优化等，具体校正方法参考以下内容进行。

（2）暗电流校正 目前ICP仪器大多采用固体检测器，包括电荷耦合器件CCD、分段耦合器件SCD、电荷注入器件CID，这些检测器感光元件均存在暗电流，即在不曝光时在检测器上的电荷累加而形成，是电子由热过程产生的电流，与器件的温度有关，通常可用冷却检测器来降低暗电流。仪器暗电流校正一般仪器自动进行。

（3）波长校正 波长校准一般有两种方法，一种采用标准溶液进行校准；另外一种是利用汞灯波长进行校准。通常前者用于仪器新安装或环境条件有较大变化才要进行，而后者则主要用于波长漂移，一般可每间隔一定时间定期进行。无论哪种方法，一般仪器都是自动进行，所不同的是前者需要点火状态下收集一定元素的某些波长来进行。

对于Perkin Elmer Optima ICP仪器，采用标准溶液来对波长校准一般对紫外波长和可见波长段分开进行，因此，相应有两种专用的校准溶液。即紫外波长校正溶液，主要含有P，S，K，Mn，Mo，Ni，Sc，As，Na，La，Li，Ca，其中浓度为100mg/L的磷、钾、硫和20mg/L的砷、镧、锂、锰、钼、镍、钪、钠；可见波长校正溶液，主要含有 Ba，Ca，Mn，Na，La，Li，Sr，K（PE♯N9302946）波长校正溶液，其中浓度为 1mg/mL 的钡、钙和 10mg/L 的镧、锂、锰、钠、锶和 50mg/L 钾。具体的校准方法和步骤如下。

① 要启动仪器，按相应的操作规程开启光谱仪，点燃等离子体已至少一个小时。在"工具"菜单中，单击"光谱仪控制"，将显示"光谱仪控制"窗口。

② 要执行紫外光通道的波长校准，请执行以下操作：吸入紫外波长校正溶液，在"光谱仪控制"窗口中，选择"紫外光"，然后单击"波长校准"。在显示的对话框中，单击"确定"执行校准。

③ 对于检测器上具有可见光波长通道的光谱仪，要执行可见光通道波长校准，可执行以下操作：吸入可见光波长校正溶液，在"光谱仪控制"窗口中，选择"可见光"，然后单击"波长校准"。

汞灯重新校准（Hg-Realign）将内部汞灯的已知波长与检测器中的找到位置进行比较，并用于补偿光谱仪的漂移。在用于"波长校准"（"检查光谱"窗口）之前，执行此功能特别有用。此外，在利用自动进样器分析样品时，可在"自动分析控制"窗口中，指定在自动分析过程中以给定间隔进行（建议间隔为一个小时）汞灯重新校准（称为"自动波长重新校准"）；因为光谱仪对热效应敏感，所以对于 ICP 光谱仪，启动波长校准前，至少要在等离子体打开一小时后才能对仪器进行操作。也可在"工具"菜单中，单击"光谱仪控制"，将显示"光谱仪控制"窗口。单击"汞线重新校准"以显示"汞线重新校准"对话框。单击"确定"以启动汞线重新校准。此例程需要大约一分钟时间。

（4）炬管观察位置调整　在 ICP 仪器炬管不同观察位置观察，其灵敏度有很大差异，即早期仪器等离子体观察高度，目前 ICP 仪器无须手动设置仪器观察高度，而改为通过软件自动优化，寻找到仪器等离子体炬管最佳观察位置，从而获得最高的信号强度。

除了在仪器初次安装或被移动以外，在炬管被移动或更换、更换磁感线圈等操作也须要执行该程序，具体的操作调整程序步骤如下。

① 打开计算机，启动 ICP 软件。

② 在调整前点燃等离子体使炬管升温 30min。

③ 准备一个 10mg/L 和一个 1mg/L 的锰溶液。其中：10mg/L 锰溶液是用于 Radial View alignment（垂直观测），1mg/L 锰溶液是用于 Axial View alignment（水平观测）。

④ 在"Tools"菜单，点击"Spectrometer Control"。在分光计控制窗口选择"Axial"或"Radial"；要在程序运行时观察光谱图，打开"Spectra Display"窗口。

⑤ 在分光计控制窗口点击"Align View"，打开"Align View"对话框，选择"Manganese"——锰作为大多数分析物的代表性调整波长，设定"Ready Delay"

至 30s。

⑥ 吸取锰溶液，系统会在选定的波长测定强度，同时调整观察位置，在"Results"窗口，会有各个位置的强度报告。打印"Results"窗口的数据。

⑦ 系统自动改变"炬管观察位置"到有最高强度的位置。

7.4.3　主要技术指标

（1）波长示值误差及波长重复性　与原子吸收分光光度计等光谱仪器一样，ICP 光谱仪器谱线的理论波长与仪器波长测定读数的差值称为波长示值误差。但相对来说，ICP 光谱仪比原子吸收分光光度计等仪器要求更高的波长准确度，一般波长示值误差应不大于 0.05nm，波长重复性应优于 0.01nm。

（2）分辨率与最小光谱带宽　仪器的分辨率，是鉴别仪器对待测光谱线与邻近的其它谱线分辨能力大小的一项重要技术指标。一般可用仪器对某些典型的相邻的谱线分析情况来描述其实际分辨率，如能够清晰分辨开铁元素 263.105nm，263.132nm 两相邻的谱线，则该仪器的实际分辨率为 0.2nm。

最小光谱带宽实际上也是反映仪器的分辨率，最小光谱带宽越小，仪器的分辨率越高。最小光谱带宽一般用锰元素的 252.610nm 谱线的半峰宽来表示。

（3）检出限　仪器检出限是 ICP 光谱仪最重要的技术指标，是灵敏度和稳定性的综合性指标。检出限意味着仪器所能检出元素的最低（极限）浓度。一般用代表性元素的空白溶液测定结果标准偏差的 3 倍对应的浓度作为仪器的检出限。测定次数一般不少于 10 次。

（4）精密度（重复性）　重复性反映测量结果的精密度。测量相对标准偏差能较好地反映测量过程的精密度。因此，ICP 光谱仪的精密度是用相对标准偏差（RSD）来度量的。通常选取代表性元素在一定浓度水平下多次测定值的相对标准偏差为重复性。

（5）稳定性　稳定性是指仪器在一段相对长的时间内仪器的灵敏度变化程度。一般用选取代表性元素在一定浓度水平下在一段相对长的时间内间歇性多次测定值的相对标准偏差来表示。与重复性不同的是，稳定性多次测定是持续一段较长时间内间隔 15min 以上测定下一次；而重复性测试是较短时间内连续多次测定。可以理解为重复性反映仪器的短期稳定性，而稳定性反映仪器的长期稳定性，两者的测定和计算方式类似，一般后者大于前者。

7.4.4　几个主要技术指标测试方法

（1）波长示值误差及波长重复性　与紫外-可见吸收光度计和原子吸收光谱仪类似，ICP 光谱仪的波长示值误差及波长重复性测定也是用波长 3 次重复测量平均值与标准值之差来计算波长示值误差，用 3 次重复测量极差为波长重复性。有所不同的是，其测定波长方法和选择的代表性元素有些差异。通常 ICP 仪器波长测定方法为：首先点燃等离子体，将一合适浓度的某元素溶液分别引入等离子体炬焰中，获取该元素特定波长的扫描光谱图，以图示谱线峰值对应的波长作为波长测量值，各谱线分别测量 3 次，按上述方法计算波长示值误差及波长重复性。

(2) 最小光谱带宽与实际分辨率　最小光谱带宽可按以下方法测定：

设定仪器最小狭缝，首先点燃等离子体，将质量浓度约 5mg/L 的锰溶液引入等离子体炬焰中，获取 Mn 252.610nm 的谱线，计算其半峰宽。

也可采用下述任一种检定方法检定实际分辨率：

① 将质量浓度约 10mg/L 的 Fe 溶液导入等离子体炬焰中，扫描测试获取 Fe 263.105nm 与 Fe 263.132nm 的波长扫描图，检查其双线分辨情况；

② 以汞灯作光源，扫描测试获取 Hg 313.155nm 与 Hg 313.184nm 的波长扫描图，检查其双线分辨情况。

(3) 代表元素检出限　从不同波段（如低于 300nm，300～400nm，高于 400nm）各选择一个代表元素在特定波长下进行测定。

在点燃等离子体 30min 后，用代表元素的标准溶液（含 5％盐酸）对仪器进行标准化。然后将空白溶液（如含有 5％盐酸的去离子水）导入等离子体炬焰中，连续测量 10 次，此组数据不得任意取舍或补测。以空白溶液 10 次测定浓度结果的标准偏差（S）的 3 倍为元素检出限（DL）。

(4) 仪器短期稳定性　在点燃等离子体 30min 后，进行仪器的标准化，将一定质量浓度（一般为 mg/L 水平）的各代表元素的溶液导入等离子体炬焰中，连续测量 10 次，此组数据不得任意取舍或补测。用各元素溶液 10 次连续测量值的相对标准偏差（RSD）来表示仪器短期稳定性。

(5) 仪器长期稳定性　在点燃等离子体 30min 后，进行仪器的标准化，将一定质量浓度（一般为 mg/L 水平）的各代表元素的溶液导入等离子体炬焰中，每间隔 15min 以上测量一次，共计测量 6 次以上，此组数据不得任意取舍或补测。用多次间隔测量值的相对标准偏差（RSD）表示仪器长期稳定性。长期稳定性的检定与短期稳定性的检定方法基本一致，所不同的是测定间隔时间不同，前者是连续测定，后者间隔 15min 以上测定下一次，当然，由于时间较长，后者测定的次数可少些。

7.4.5　仪器校准方法

(1) 计量校准依据　参考检定规程 JJG 768—2005《发射光谱仪》ICP 光谱仪的有关内容进行。

(2) 主要性能指标的要求　按照检定规程和仪器的说明书，在检定周期内对分光光度计进行有关关键指标的检查，以确保仪器性能正常。表 7-3 为 A 级 ICP 光谱仪的主要性能指标的参考要求（B 级 ICP 光谱仪的检定方法可以见相关的检定规程）。

表 7-3　A 级 ICP 光谱仪的主要性能指标要求

检查项目	性能指标要求	检定方法
波长示值误差	±0.03nm	见(3)①
波长重复性	不大于 0.005nm	
最小光谱带宽	Mn 252.610nm 半峰宽 不大于 0.015nm	见(3)②
检出限	Zn 不大于 0.003mg/L Ni 不大于 0.01mg/L Mn 不大于 0.002mg/L Cr 不大于 0.007mg/L Cu 不大于 0.007mg/L Ba 不大于 0.001mg/L	见(3)③
重复性	0.5～2.0mg/L 的 Zn,Ni,Mn,Cr,Cu,Ba,测定 RSD 不大于 1.5%	见(3)④
稳定性	0.5～2.0mg/L 的 Zn,Ni,Mn,Cr,Cu,Ba,测定 RSD 不大于 2.0%	见(3)⑤

（3）检定方法　仪器开机进行基线扫描后按以下步骤检定。

① 波长示值误差和波长重复性　进样 5～20mg/L 的 Se，Zn，Mn，Cu，Ba，Na，Li，K 混标溶液，以其对应的峰值位置的波长示值为测量值，从短波到长波依次重复测量 3 次，波长测量值的平均值与波长的标准值之差即为波长示值误差，测量波长的最大值与最小值之差即为波长重复性。

② 最小光谱带宽　进样 5mg/L 的 Mn 标准溶液，用仪器的最小狭缝测量 252.610nm 的谱线，计算出谱线的半高宽即为最小光谱带宽。

③ 检出限　进样 0～5mg/L 的 Zn，Ni，Mn，Cr，Cu，Ba 系列混标溶液，制作工作曲线，连续 10 次测量空白溶液，以 10 次空白值的标准偏差的 3 倍所对应的浓度为检出限。

④ 重复性　连续进样 0.5～2.0mg/L 的 Zn，Ni，Mn，Cr，Cu，Ba 混标溶液 10 次，计算 10 次测量值的相对标准偏差（RSD）即为重复性。

⑤ 稳定性　在不少于 2h 内，间隔 15min 以上，进样 0.5～2.0mg/L 的 Zn，Ni，Mn，Cr，Cu，Ba 混标溶液测定 6 次，计算 6 次测量值的相对标准偏差（RSD）即为稳定性。

7.5　操作和使用

仪器在安装初始化时一般应进行安装设置，只要不改变硬件，一般以后应用无需重新设置。仪器应用设置一般包括仪器硬件系统和仪器软件系统的设置，不同的仪器其设置方法有所不同，但大同小异，以下以美国 PE OPTIMA 7300DV ICP 光谱仪为例，详细介绍其操作，其它仪器可参考仪器的软硬件说明书进行。

7.5.1　硬件的基本操作

（1）开机

① 检查仪器系统及其附属设备安装连接是否正常。确认有足够的氩气用于连续工作，确认废液收集桶有足够的空间用于收集废液。打开稳压电源开关，检查电源是否稳定等。

② 开启氩气，调整气压在 0.5～0.7MPa。

③ 开启循环冷却水泵，调整水压在 45psi±5psi，水温在 20℃±2℃。

④ 开启稳压器，按下仪器总电源开关开启仪器主机，随后开启自动进样器。

⑤ 开启打印机、显示器及计算机主机电源。运行 ICP WinLab32 工作软件，出现待机窗口，等待仪器预热稳定，需时约 2～3h。

⑥ 重新运行 ICP WinLab32 或在 System 菜单下 Diagostics 窗口各标签页上点击 Reconnect 重连接按钮，直至 Spectrometer 光谱仪、Plasma 等离子体系统和 Autosamper 自动进样器全部与仪器主机连接正常。

⑦ 开启空压机及通风设备，装配进样管和出样管，准备点炬。

⑧ 启动等离子体控制窗口，点击等离子体开关"ON"键，45s 后仪器自动点炬，同时仪器面板上红色紧急按钮指示灯亮。否则，查找原因，重新点炬。也可以在 Diagostics 正常状态下，通过软件"System"菜单下"Auto Startup/Shutdown"设置自动点炬的时间。

⑨ 仪器点炬稳定 30min 后即可进行分析测试。

（2）关机

① 点炬状态下用去离子水或 5% 硝酸溶液清洗进样系统。

② 点击等离子体控制窗口 Plasma 开关"Off"键关闭 Plasma，也可通过软件"System"菜单下 Auto Startup/Shutdown 设置时间，定时自动熄炬。如测试过程中出现紧急情况应立即按下仪器面板左侧红色紧急按钮键，熄灭等离子体。

③ 将进样管提出液面，并重新启动蠕动泵排空管内及雾化室里的残留液体，随后关闭蠕动泵，松开泵管。

④ 退出 ICP WinLab 软件及操作系统，关闭计算机主机、打印机、显示器电源。

⑤ 如保持仪器主机电源、冷却水及氩气开启状态下，重新开机需时 13min。

⑥ 关闭仪器主机电源、氩气及循环冷却水泵。

⑦ 关闭稳压器、仪器总电源及通风设备。

⑧ 关闭空压机，排放空压机内冷凝水及压缩空气。

7.5.2　软件的基本操作

与 AAS 类似，ICP 仪器一般有专用的软件控制和操作，不同仪器公司的软件设计不同，但重要的功能和步骤基本类似。仪器软件操作主要包括软件设置和样品测定的软件操作。

(1) 软件设置及新分析方法的编辑　软件设置也包括分析方法设置和样品设置，但 ICP 方法参数要复杂些，其中主要条件参数有：待测元素、分析波长、等离子体条件、标准溶液的浓度、校正曲线的拟合方法等。ICP 谱线干扰比 AAS 严重得多，一般需进行背景校正，而谱线干扰则需通过采用高分辨率模式或采用干扰系数校正法校正，越来越多的软件还带多元数学校正方法，可适用于某些较复杂的情况。以下介绍 ICP 主要方法参数。

① 选择待分析元素及分析波长：待分析元素及分析波长是分析方法设置中最重要的参数，ICP 可同时测定多元素，因此，可选择多个元素，同一种元素，也可选择多个分析波长进行测定。必须注意的是，有些元素的分析是用作内标，必须与待测元素区分开。

② 等离子体 Plasma 条件：可以设置等离子体气流、射频功率、观测距离、等离子体观测方向和光源稳定延迟等。

③ 对于具有轴向和径向两种观测方式的 ICP 还必须选择等离子观测方式。

④ 由于 ICP 光谱仪一般采用标准溶液绘制校准工作曲线校准仪器，因此，在方法设定时，一般需将校准用的标准溶液的浓度输入软件，以便仪器测定各标准溶液后能自动利用其谱线强度与其浓度绘制校准工作曲线。对于采用自动进样器进样，还必须特别注意输入校准溶液在自动取样器位置。

⑤ 仪器软件一般可提供多种校准曲线的拟合方法，可以选择要使用的校准方程式类型如：线性，计算截距、线性通过零点、线性，插入法、非线性，计算截距、非线性，插入法、线性加权等。其中最常用的为线性（最小二乘法）。

(2) 样品测定　现代 ICP 光谱仪软件均能将方法保存，某类型样品的元素测定方法建立好后，日常样品分析则可直接调用。测定方式有手动和自动两种。图 7-8 为电感耦合等离子体发射光谱仪样品手动分析控制软件操作窗口。样品测定一般包括以下步骤。

① 在测定前首先建立样品信息文件，输入欲分析的样品标识名、样品质量、样品制备体积，随后在每间隔二十个样品插入一个标准溶液作为质控样并保存文件。

② 启动手动分析控制窗口，打开欲分析样品信息文件，并键入分析结果欲保存的文件名。

③ 将进样管放入空白溶液中，在手动分析控制窗口中击"Analyze Blank"分析空白，再将进样管逐个放入标准溶液中，击"Analyze Standard"分析标准溶液，绘制标准校正曲线。待仪器标化完毕，检查各元素的谱线相对发射强度是否落在允许的范围（如 1mg/L Ba 相对强度是否大于 50000cps）以及校正曲线的线性是否大于 0.999。如谱线相对发射强度或校正曲线的线性不满足要求，应查明原因，重新分析。

图 7-8　电感耦合等离子体发射光谱仪样品手动分析控制软件操作窗口

④ 将进样管按样品信息文件中顺序逐个放入待分析的样品溶液中，击 Analyze Sample 分析所有样品，仪器软件将自动保存及打印分析结果。

⑤ 检查分析结果，对数据可疑样品应重新分析，对浓度过高样品应稀释后分析。

⑥ 分析完成后，按操作规程执行关机程序。仪器软件根据 ICP 测得样品溶液中元素的浓度及样品信息文件中样品重量及样品制备体积自动计算样品中元素的含量。

7.5.3　工作参数条件的选择

ICP-AES 仪器工作条件主要包括：分析波长、背景校正（可选）、等离子体参数（高频发生器功率、冷却气流量、辅助气流量等）、积分时间、进样速率等。由于各种仪器及等离子体激发源本身差异，不同的仪器条件不尽相同，难以给出统一的工作条件参数，一般应按仪器手册有关方法或通过实验优化来确定，以下重点介绍该仪器工作参数选择原则。

（1）分析波长　分析波长选择的基本原则是尽可能地选择灵敏度高而干扰少的分析线测定，为了选取灵敏而无干扰的分析谱线，应重点考察元素间相互干扰情况和基体元素对分析元素的影响，通过查阅文献资料或实验测定观察各元素的谱线的形状和相互间的干扰情况，如考察某样品铅的测定，选取 Pb 220.353nm 谱线作为分析波长，吸入 1000mg/L 的 Ca、Ba、Fe、Cu、Zn、Sr，为方便观察，同时收集 1mg/L 的 Pb 的光谱图，结果见图 7-9，观察图可看出，除高含量的 Cu 对 Pb 测定有干扰外，Pb 220.353nm 分析线轮廓清晰，不受 1000mg/L 的 Ca、Ba、Fe、Zn、Sr 干扰，此种情况下就可直接选用元素的最灵敏线 220.353nm 作分析线。

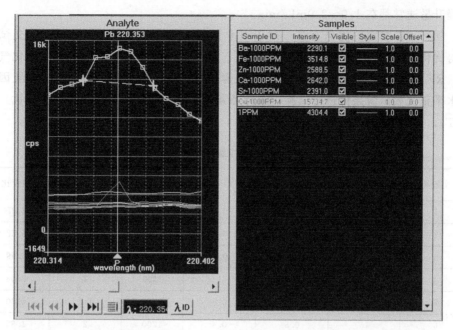

图 7-9　1000mg/L 的 Ca，Ba，Fe，Cu，Zn，Sr 对 Pb 220.353nm 测定元素的影响

　　（2）等离子体参数　ICP 仪器等离子体参数主要包括：RF 功率、等离子体气流量、辅助气流量、雾化气流量等，相对来说，RF 功率和雾化气流量两个参数对仪器测定灵敏度有较大影响，不同元素受各等离子体参数影响有所不同，一般应通过实验结果综合考虑选取最佳参数。

　　① RF 功率　大多数元素随功率的增加谱线强度增加，但功率增大到一定程度信背比反而下降，功率太低，影响待测元素的激发；功率太大，背景强度也增大，能源消耗大，同时也易烧掉炬管，应综合考虑选合适的功率。

　　② 辅助气流量　对大多数待测元素而言，辅助气流量对谱线强度的影响并不明显。随着辅助气流量的增大，各待测元素谱线强度均有下降的趋势，但辅助气流量太低不利于等离子体稳定。

　　③ 雾化器压力（有的仪器用雾化气流量）　大多数元素随雾化器压力的增加谱线强度增加，但雾化器压力增大到一定程度信背比反而下降，雾化器压力太低，影响待测元素的灵敏度，雾化器压力太大，影响雾化的效果。

　　④ 冷却气流量　冷却气流量低于 14L/min，火焰不稳定，且容易烧坏炬管；冷却气流量大于 18L/min，火焰不稳定，且容易熄火和浪费气体增加成本。综合考虑选 16L/min 较合适。

　　（3）样品提升量　随样品的提升量的逐渐增大，谱线强度一般先增大后减小，但变化幅度较小。样品的提升量太少，单位时间进入等离子体的雾化样品气量太少，检测的灵敏度不够，但如进样量太多，影响溶液的雾化效率且浪费样品，故样品提升量通常都在 1.0~2.0mL/min。

（4）工作参数的优化方法　由于 ICP 仪器参数比较多，一般可通过正交试验获得优化结果，以下以元素 As 为例说明。等离子气流量、辅助气流量、雾化气流量、RF 功率、试液提升量五个主要参数为因素并设定四个合适的水平，按五因素四水平正交表试验条件进行试验，统计各元素的各因素同一水平结果（信背比）之和 T_i，并计算其极差 R，结果见表 7-4。

表 7-4　元素 As 工作参数的正交试验结果

实验号	等离子气流量/(L/min)	辅助气流量/(L/min)	雾化气流量/(L/min)	RF 功率/W	试液提升量/(mL/min)	信背比
1	12	0.6	0.4	1100	0.5	1.35
2	14	0.8	0.6	1100	1	4.32
3	16	1	0.8	1100	1.5	5.59
4	18	1.2	1	1100	2	3.08
5	12	0.6	0.6	1200	1.5	4.30
6	16	0.8	0.4	1200	2	1.35
7	14	1	1	1200	0.5	3.07
8	12	1.2	0.8	1200	1	4.84
9	14	0.6	0.8	1300	2	6.63
10	12	0.8	1	1300	1.5	4.12
11	18	1	0.4	1300	1	1.25
12	16	1.2	0.6	1300	0.5	2.97
13	16	0.6	1	1400	1	4.69
14	18	0.8	0.8	1400	0.5	4.10
15	12	1	0.6	1400	2	4.06
16	14	1.2	0.4	1400	1.5	1.21
同水平 T_1	14.38	16.97	5.16	14.34	11.48	—
同水平 T_2	15.22	13.88	15.65	13.55	15.10	—
同水平 T_3	14.59	13.97	21.15	14.96	15.22	—
同水平 T_4	12.73	12.10	14.96	14.06	15.11	—
T_i 极差 R	2.49	4.87	16.00	1.41	3.74	

各元素统计结果表明，虽各 ICP 参数对结果的影响不同元素呈现出的规律略有不同，但不同元素的各因素同一水平结果之和 T_i 的极差 R 值均为雾化气流量因素的 R 值最大，且远大于其它因素，这表明雾化气流量是影响 ICP 的最主要参数，

其它因素影响均较小。此外，大多元素在相同水平有最大同水平 T 值，如辅助气流量，均为 T_1（0.6L/min）最大等，表明当辅助气流量为 0.6L/min 时，所有元素可获得最好的信背比。

7.5.4　操作注意事项

（1）确定样品是否适用于 ICP 分析　ICP 一般用于溶液样品中金属元素分析，且主要是水溶液，对于有机溶剂要采用特殊的进样系统和仪器工作条件。即使是对水溶液，也主要以常量和微量分析为主，在没有基体干扰的情况下，样品溶液中元素的含量一般不应小于 5 倍的 DL（检出限），在有基体干扰的情况下，样品溶液中元素的含量一般不应小于 20 倍 DL，样品必须消解彻底，不能有混浊，否则必须先用滤纸过滤，对于标准雾化器，要求样品溶液中固溶物含量（盐分含量）≤1.0%，否则，改用其它高盐雾化器，但盐分含量最高一般不得超过 10%。

（2）操作前的准备　在操作仪器之前，必须认真阅读仪器使用说明书，详细了解和熟练掌握仪器各部件的功能。在开启仪器前，应确保实验室环境符合要求。由于 ICP 仪器属于大型精密光谱分析仪器，为使仪器能正常运转和获取较好的分析性能，应确保实验室温湿度等条件在要求的范围，否则，仪器容易产生操作故障或数据不稳定等。如太高湿度会使 ICP 等离子产生难点炬等故障，太高温度不仅使波长漂移，同时也缩短某些部件的使用寿命。如果电网电压波动较大，仪器测量结果精密度变差。具体的要求参见仪器安装的基本要求。

此外，还应检查仪器电源系统、排风设备、电源，气体是否正常，必要时，应对气体连接进行检漏。检查时可在可疑处涂一些肥皂水，看是否有气泡产生。

（3）操作过程中注意事项　在使用仪器的过程中，最重要的是注意安全，避免发生人身、设备事故。同时，严格按照仪器操作规程操作。使用 ICP 时，要特别注意点炬时应确保冷却水水温、氩气压力正常，蠕动泵泵管安装正确，炬管和线圈干燥等才能点炬。

操作时必须注意检查仪器的性能。一般仪器需预热稳定，测定样品前首先应注意检查仪器的灵敏度和精密度。可查看某标准溶液的信号强度和多次测定的相对标准偏差是否满足要求。虽然仪器的灵敏度在一定范围内波动，但仍有一合理的波动范围，如信号强度或测量 RSD 异常应注意检查。

在 ICP 仪器上测量的样品应确保无沉淀或悬浮物，必要时应重新过滤，一些颗粒很细的胶体溶液应离心，以免发生雾化器堵塞。过高盐分的样品应适当稀释后才能测定。

批量样品的测定应注意样品间应用稀的酸或去离子水清洗，个别高含量的样品应稀释后重新测定，并注意清洗足够的时间，以避免污染下一个样品。仪器测量一定时间应插入测定一些已知浓度的质量控制样品进行中间检查，检查测量结果是否在一给定的结果范围，如测量结果误差较大，应根据情况重新做工作曲线或停机检查。

7.6 维护保养及其故障排除

仪器的维护保养不仅关系到仪器的使用寿命，还关系到仪器的技术性能，有时甚至直接影响分析数据的质量。对 ICP 仪器来说，一般每天仪器分析完样品后均需继续喷水 5～10min，将其中残存的试样溶液冲洗出去，必要时应拆下雾化器用超声波清洗。ICP 应定期用超声波清洗雾化室、雾化器、炬管、样品喷射管清洗蠕动泵的滚轴等。仪器的循环水冷却系统、光学系统、风扇过滤网也应定期维护保养。长期使用的仪器，因风扇过滤网积尘太多有时会进入仪器内部导致电路故障，应定期用洗耳球吹净或用毛刷刷净。长期不使用的仪器应保持其干燥，潮湿季节应定期通电。

7.6.1 维护保养

(1) 使用环境 等离子体光谱与其它大型精密仪器一样，需要在一定的环境条件下运行，否则，不仅影响仪器的性能，甚至造成损坏，缩短寿命等。根据光学仪器的特点，对环境温度和湿度有一定要求。如果温度变化太大，光学组件受温度变化的影响就会产生谱线漂移，造成测定数据不稳定；而如果环境湿度过大，仪器的光学部件，特别是光栅容易受潮损坏或性能降低。电子电路系统，特别是印刷电路板及高压电源上的部件容易受潮而短路或烧坏。此外，过高湿度有可能使等离子体不容易点燃，甚至高频发生器的高压电源及高压电路放电而损坏等。

除了应保持实验室温湿度条件外，尽量减少实验室灰尘对于 ICP 仪器的维护保养也显得十分重要。由于 ICP 仪器室一般都不具备防尘、过滤尘埃的设施，且需要采用排风机排除仪器的热量及其产生的有毒气体，仪器室与外部就形成压力差而产生负压，室外含有大量灰尘的空气流入室内，尘埃容易积聚在仪器的各个部位上，造成高压部件或接线短路、漏电等各种故障，因此，需要经常进行除尘，包括定期清洗仪器过滤网。必须注意的是，除尘应事先停机并在关掉供电电源下进行，对于需要拆卸或打开仪器的电子控制电路、高频发生器的除尘，一般应由仪器维修的专业人员进行。

(2) 气体控制系统 ICP 的气体控制系统是否稳定正常地运行，直接影响到仪器测定数据的好坏，如果气路中有水珠或其它固体杂质等都会造成气流不稳定，因此，对气体控制系统要经常进行检查和维护。首先要做气体密封试验，开启气瓶及减压阀，使气体压力指示在额定值上，然后关闭气瓶，观察减压阀上的压力表指针，应在几个小时内没有下降或下降很少，否则说明气路中有漏气现象，需要检查和排除。另外，由于氩气中常夹杂有水分和其它杂质，管道和接头中也会有一些机械固体杂质脱落，造成气路不畅通。因此，需要定期进行清理，拔下某些区段管道，然后打开气瓶，短促地放一段时间的气体，将管道中的水珠、尘粒等吹出。应定期检查或更换气体过滤芯，确保通入仪器的气体为干燥、洁净的气体。

（3）雾化器　ICP 雾化器是进样系统中最精密、最关键的部分，需要很好地维护和使用。由于雾化器喷嘴出口很小，容易受样品溶液中盐分或其它不溶物堵塞，容易造成气溶胶通道不畅，常常反映出来的是待测元素谱线测定强度下降等。应定期对其清理，特别是测定高盐溶液之后，雾化器的喷嘴会积有盐分，更应注意清洗。

除交叉雾化器之外，一般同心雾化器都是用硼硅酸盐玻璃或石英制造，因此使用时需要特别小心，以免破碎，任何时候均勿对其施加很大机械力，特别是雾化器喷嘴，切勿在超声波池中洗刷雾化器。切勿尝试使用导线或探头去除雾化器堵塞，这样做很可能造成损坏。在不用时应加以保护。

① 每次开始和结束使用同新雾化器时，先送入微酸度空白溶剂，然后喷入去离子水几分钟。这样可确保当溶剂在雾化器内变干时，不会形成样品沉积或晶粒。

② 如果同心雾化器被堵塞，可使用稀硝酸或盐酸（也可两者的混合酸）浸泡，但必须注意不可对玻璃或石英使用 HF（氢氟酸）。必要时还可加热清洗，目前，也有专用的酸雾化器清洗工具，如 Eluo 雾化器清洗器可用来定期清洗和维护雾化器。

（4）ICP 炬管　石英炬管由石英制成，因此应小心对待，不要施加较大的机械力，尤其是在连接气体导管或装到炬管架内的时候。请勿使用金属或陶瓷刷或刮擦工具，以免造成损坏。同样，请勿在超声波清洗器内清洗石英炬管。炬管上积尘或积炭都会影响点燃等离子体焰炬和保持稳定，也影响反射功率，因此，要定期用酸洗，如将炬管在 10% 的 HCl 内浸泡，可以去除大部分盐沉积，然后水洗，最后，用无水乙醇洗并吹干，经常保持进样系统及炬管的清洁。

采用酸难清洗的污染，有时也可通过高温方法消除。可将炬管放入 450℃ 的马弗炉内烘烤 30min，这种方法可以很好地去除有机样品导致的碳沉积。

炬管清洗后重新安装，其安装位置很重要，如炬管位置不正确，容易导致等离子体无法点炬或炬管熔化。此外，如果氩气流量设置不正确，或是流量中断，又或是氩气管路内出现裂缝，也可能会引起炬管熔化。当然，随着炬管点燃时间的推移，炬管靠近等离子体一端的石英容易不再透明（析晶现象）。主要是由于石英表面污染，如样品盐分或油的沉积，这些污染物在高温下会导致石英快速析晶。因此，应避免裸手操作石英炬管防止人体的油脂在炬管表面沉积，加速石英的析晶并显著减少炬管的使用寿命。

（5）雾化室　避免接触雾化室内部表面的任何地方，否则可能破坏其湿润特性。

有些仪器可配置塑料材质的雾化室，如 SCOTT 雾化室，这种雾化室非常结实，可用于 HF 分析，但大多数仪器一般用玻璃或石英特制的旋流雾化室，因此需要小心使用。特别是当连接引流管和喷雾管或雾化器时，切勿对其施加很大机械力，切勿将玻璃雾化室撞到硬物，或在不用时不加任何保护。切勿使用金属或陶瓷刷或刮擦工具。切勿在超声波池中洗刷雾化室，或使用 HF 来清洗，否则很可能造成损坏。

如果雾化室的内部表面上有小滴积聚，或雾化室被样品沉积物所污染，应将其浸泡在清洁溶液（例如 Glass Expansion 公司提供的 25％强度 Fluka RBS-25 溶液）中一整天或更长。如果这样做仍无法去除污染，可以使用其它酸来浸泡，但不能使用氢氟酸溶液（塑料雾化室除外）。

一个好的日常维护做法是，在每次开始和结束使用玻璃喷雾室时，先送入稀酸空白溶剂几分钟。这样可确保当溶剂在雾化室内变干时，不会形成样品沉积或晶粒。

(6) 其它　光学玻璃观察窗：仪器在使用过程中，元素的谱线强度随着时间的推移持续缓慢地下降。这是因为接收光信号的石英窗凸透镜有污点，需拆下来用清水冲洗或用 20％硝酸浸泡后再用二次水冲洗干净即可。

(7) 维护保养频率　在仪器正常使用中，维护保养是一项经常性工作，更强调的是日常操作中的维护和保养。因此，应制定仪器的操作规程和维护制度，按照仪器说明书做到定期保养与定期检查，实行仪器操作登记使用制度，这对于提高仪器使用寿命，保证检验工作的正常进行是非常重要的。以下维护保养频率供参考：

① 每月用超声波清洗雾化室、炬管、样品喷射管；

② 每月用硝酸浸泡雾化器；

③ 每月清洗蠕动泵的滚轴；

④ 每三个月取下石英窗，用无水酒精擦拭；

⑤ 每四个月检查循环水过滤网，更换循环水，清洗水循环系统；

⑥ 每四个月更换光谱仪上的风扇过滤网；

⑦ 测试有机样品后用软布清洁炬室，防止有机成分沉积；

⑧ 进样管、蠕动泵管、废液管、垫圈等消耗品根据使用情况及时更换；

⑨ 每年根据仪器公司提供的日常维护条款对仪器做全面保养。

7.6.2　故障排除

ICP 光谱仪常见故障可分为：等离子矩光源熄火或难点火故障、进样系统故障、机械扫描单色器故障及环境因素造成的故障、气路系统故障、循环水冷系统故障及环境因素造成的故障等。仪器内部部件出现故障一般要通知仪器生产商专业维修工程师来解决，但实验室也有相当的仪器外部条件或进样系统简单的故障可由操作人员预先进行排除。以下从几种常见故障可能的原因来分析，仪器操作人员可结合实验室实际对这些故障进行排除。

(1) ICP 等离子体无法点亮

① 点火时无反应，应检查氩气纯度是否达到规定的纯度 99.99％以上。

② 点火时按"IGNITE"键后，即有一类似环形火焰绕在铜线圈上。这种现象表明矩管使用时间过长，需要更换清洗。

③ 在操作中，若发现炬管内有螺旋状放电现象，则有可能是矩管内有水汽，需更换干燥的矩管；也可能是矩管过热，进样系统（如雾化器的前端喷嘴）发生堵塞等。因此，应仔细检查，确定原因后，采取相应措施。

④ 循环水冷系统是否有充足的冷却液，否则仪器也会出现不点火的情况。

⑤ 点火时，按点火（IGNITE）键，仅听见点火器发出的轻微响声，但点不着火；不加高压 RF，现象仍相同。则可初步判定为 RF 发生器无输出功率，需联系仪器专业工程师维修。

（2）ICP 使用过程中熄火

① 排风系统排风不畅或不连续，等离子矩区域的热量无法及时排出，影响等离子炬的稳定。因排风故障造成的熄火一般在仪器连续使用 30min 后才会出现。

② 炬管的安装位置对于等离子炬的稳定至关重要，但其对仪器的启动影响更大，会造成等离子炬无法正常点火或点火后无法持久等现象。

③ 功率、雾化气、冷却气等操作参数对等离子体炬的稳定都有一定影响。

④ 炬管外围的铜线圈外壁结垢、管内部结垢、循环系统渗漏及管道过滤器堵塞等原因导致循环水量不足以及风冷效果不佳（与室内温度有直接关系）均会影响循环水冷却的效果。

⑤ 大功率管老化，运行不稳定。

⑥ 气源压力过低而导致的自动保护，或者载气（氩气）纯度不够，仪器等离子炬不稳定。

⑦ 检查循环水冷器是否正常工作，如可能由于冷却水温度过高。

⑧ 其它的人为操作问题，如触动联锁控制点（开关等），造成熄火。

⑨ 是否高频发生器发生故障。

（3）仪器无信号

① 检验中，突然没有数据输出，则可能是雾化器的进样管或载气管脱落而造成的。

② 检验时采集不到积分的数据，也可能是光学系统控制异常，如光栅转动异常导致所选用的某一元素的一些谱线不能准确地照射到出射狭缝上。这时可以暂时中断当前的分析，再重新进行一次波长校正。如果同时进行的是多元素的测定，则只需对检测不到的元素进行波长校正，然后再进入分析状态继续进行检测。

（4）信号很不稳定

① 如果发现 RSD 变大，但雾化室并无故障迹象显示，请检查雾化器和氩气导管的接口及其密封性。Tygon 或其它聚合物导管用了有时会变硬，丧失其柔韧的气密性。在许多 ICP 分析作业中，即使 1% 的氩气损失都可以产生几个百分比的改变。还需检查雾化器，避免有少量空气进入。

② 检验中发现元素扫描强度突然降低，或短期精密度达不到要求，应检查雾化器及进样管，如任何一方堵塞，此时可更换或清洗雾化器。如雾化器雾化效率较

低，则可以确定是雾化器前端喷嘴破损，此时可更换雾化器。工作中发现载气流量大大低于正常设定值，无论怎么调节载气流量也没多大变化，此时说明雾化器很有可能堵塞或破损。

（5）环境因素造成的故障　若检测过程中，发现仪器性能很不稳定、短期精密度较高（如果不是因为仪器预热时间不够），则检查实验室内温度及湿度是否达到要求。该仪器工作温度范围在 $15\sim35℃$ 为最佳，且温度变化不应大于 $1℃/h$，相对湿度较大时，不容易一次点火成功。

（6）气路系统故障

① 点火时发现等离子气流量不足，调节流量器没有多大变化。此时初步判定为气路泄漏或气路堵塞，处理方法按气体管路接头分段排查。

② 点火时发现等离子体发出"劈啪"声音，而且不易点着。此时初步判定为氩气含水分过高或气体纯度不够，更换高纯氩气即可。

参 考 文 献

［1］　武汉大学化学系编. 仪器分析. 北京：高等教育出版社，2001.

［2］　潘秀荣，贺锡蘅等编. 计量测试技术手册：第 13 卷　化学. 北京：中国计量出版社，1997.

［3］　柯以侃，董慧茹等编. 分析化学手册：第三分册. 第 2 版. 北京：化学工业出版社，1998.

［4］　华中师范大学，陕西师范大学，东北师范大学. 分析化学. 北京：高等教育出版社，2000.

［5］　辛仁轩. 等离子体发射光谱分析. 北京：化学工业出版社，2005.

［6］　中华人民共和国国家计量检定规程，JJG 768—2005. 发射光谱仪.

［7］　PerkinElmer Inc. Optima 7100，7200 and 7300 Series Hardware Guide.

［8］　PerkinElmer Inc. Concepts，Instrumentation and Techniques in Inductively Coupled Plasma Optimal Emission Spectrometry.

［9］　Varian Inc. Varian 700-ES Series ICP Optical Emission Spectrometers Operation Manual.

第8章 直读光谱仪

8.1 概述

直读光谱仪，又称光电直读光谱仪，称为直读的原因是相对于摄谱仪和早期的发射光谱仪而言，是由光电检测器（如光电倍增管）代替了眼睛和感光板。由于在 20 世纪 70 年代以前计算机技术还没有得到应用，所有的光电转换出来的电信号都用数码管读数，然后在对数转换纸上绘出曲线并求出含量值。计算机技术应用于光谱仪后，数据的处理大多由计算机完成，可以直接计算出含量，所以比较形象地称之为"直接可以读出结果"，简称为直读光谱仪，这个名称一直沿用至今。在国外没有"直读"这个概念，这从各个国外品牌的仪器的英文名称可以看出，Thermo ARL 公司的直读光谱仪称为（Spark）Optical emission，Ametek Spectro 公司的直读光谱仪称为 Metal analyzers，OBLF 公司的直读光谱仪称为 Spark spectrometry（Spark OES），Oxford Instrumnets 公司的直读光谱仪称为 Optical emission spectroscopy（OES），Shimadzu 公司的直读光谱仪称为 Optical emission spectrometers 等。

8.1.1 发展简史和进展

最早的直读光谱仪产生在第二次世界大战末期，战争中建造了大量的飞机，而飞机用特殊钢、铝镁合金等金属材料的湿法检测工作的繁琐分析，迫使一些人着手于研究多条光谱线同时测定的光谱仪，并于 1944 年美国应用实验室（ARL）研制成第一台光电直读光谱仪的样机，1956 年该公司直读光谱仪中使用真空技术，可同时测定金属元素和 C、P、S 等非金属元素。随着计算机、电子技术的发展，到 20 世纪 70 年代直读光谱仪几乎 100% 采用计算机控制，这不仅提高了分析精度和速度，而且对分析结果的数据处理和分析过程控制实现了自动化。80 年代后期，以美国 BAIRD 公司为代表的国外多个公司的光电直读光谱仪相继进入我国的分析仪器市场。

20 世纪 90 年代初，冶金系统已成功用上全自动直读光谱仪。所谓全自动，是将光谱仪及其附属设备，如切样机、磨样机、机械手等安装在同一个大箱子内，组成一个移动式光谱实验室。此种全自动光谱仪多放置在炼钢炉旁。工作时，只需人工将样品置于一个专用窗口的抽屉内。以后的全部分析过程无需人工干预，全由计算机的预定程序自动完成。

目前商品化的仪器主要是固定多道式光电直读光谱仪，一般采用高刻线的光栅或中阶梯光栅与棱镜交叉色散两种方法来提高仪器的色散率及分辨率。进入 21 世纪以来仪器的数字控制技术已取代模拟控制技术，固体检测器（如 CCD、CID）有取代 PMT 的趋势也越来越明显，使仪器向小型化、精密化发展。

8.1.2 分类

直读光谱仪按照不同系统的不同特征可以有多种划分方法：按样品的激发方式仪器可以分为电火花、电弧和辉光放电三种类型，应用较为广泛的是电火花光源的仪器，本章仅介绍这类仪器；按检测器的种类，可以分为光电倍增管（PMT）和固体检测器；根据使用波长的范围不同，可分为真空型和非真空型直读光谱仪；根据仪器结构的不同，又可分为同时型多道直读光谱仪和扫描型单道直读光谱仪；按仪器的大小可以分为固定式和便携式等。

8.1.3 特点

直读光谱仪具有以下特点。

① 自动化程度高、选择性好、操作简单、分析速度快，可同时进行多元素定量分析。从炉中取的样品只要打磨掉表面氧化层，固体样品即可放在样品台上激发，免去了化学分析钻取试样的麻烦。对于铝及铜、锌等有色金属样品而言，可用小车床车铣去表面氧化层即可。从预燃样品到得到最终的分析结果仅需 20～30s，速度非常快，有利于冶炼控制，降低成本。特别是对那些容易烧损的元素，更便于控制其最后的成分。样品中所有分析元素（几个甚至十几个）可以一次同时分析出来。

② 元素测试范围宽。由于 PMT 或半导体检测器对信号的放大能力很强，对于强度不同的谱线可以选用不同的放大倍率的 PMT 或固体检测器（在使用不同谱线的情况下相差 4 个数量级，比如普碳钢中的铬含量一般为万分之一水平，而不锈钢中的铬含量在 10% 以上）。因此可以采用同一分析条件对样品中含量相差悬殊的很多元素从高含量到痕量可同时进行测定。

③ 分析精度高，能有效控制产品的化学成分，可将昂贵的合金成分控制到产品规格的中下限，以节省相应合金的消耗。

④ 检测限低。直读光谱法的灵敏度与光源性质、仪器状态、试样组成及元素性质等均有关。一般对固体金属、合金采用火花源时，检出限可达 $0.1～10\mu g/g$，对 C、S、P 等非金属元素也具有较好的检出限。

⑤ 在某些条件下，可测定元素的存在方式，如测定钢铁中酸溶铝、酸不溶铝等。

⑥ 测量范围广，几乎所有金属材料都可以检测，检测的基体有铁基、铝基、铜基、镍基、钴基、钛基、镁基、锌基、铅基、锡基、金基、银基、铂基、钯基、钌基等。

不足之处在于，直读光谱分析仍是一种相对的分析方法，试样组成、结构状态、激发条件等难以完全控制，一般需用一套基体成分基本相同的标准样品进行匹配，有些情况下标准样品的获得几乎是不可能的，因此使直读的分析应用受到一定限制；对元素的价态测量无能为力，有待于与其它分析方法配用；它是一种表面分析仪器，仅能分析金属表面 1mm 以内的样品，适合于均相样品检测对元素含量分布不均的样品（如偏析），若需得到能够代表样品的检测结果只能在样品的前处理方面变通，比方说样品钻屑后在保护气氛下重新熔融制成均匀性试样等，往往用在样品前处理上的时间远远大于检测的时间。因为有上述一些缺点，在大多数情况下它不是一种仲裁分析方法，一旦贸易双方对货物的品质有疑义，需要采取其它方法来获得最终的结果。

但是，从技术角度来看直读光谱分析，可以说至今还没有比它能更有效地用于炉前快速分析的仪器，所以世界上冶炼、铸造以及其它金属加工企业均大量采用这类仪器，以保证产品质量，提高经济效益。

直读光谱仪广泛应用于铸造、钢铁、金属回收和冶炼、军工、航天航空、电力、化工、高等院校、质检等材料分析单位。

8.2　工作原理

8.2.1　直读光谱的产生

原子光谱是原子内部运动的一种客观反映，原子光谱分析是利用各种元素原子结构彼此不同来确定物质的组成。直读光谱仪器是原子发射光谱仪器的一种，因此它的光谱产生原理与其它原子发射光谱没有本质的区别，都是试样中气态原子（或离子）的外层电子受激发后跃迁到较高的能级，由于外层电子处于较高能级的原子（或离子）是不稳定的，在受激发原子（或离子）跃迁回基态或较低能级时把能量以光辐射的形式发射出来，产生特征的原子光谱，与其它原子发射光谱相比，仅仅是激发的具体方法和应用对象不同而已。

8.2.2　光谱定性、半定量分析

光谱定性分析的任务主要是判断试样中含有哪些元素或是否存在指定的元素，并粗略地估计这些元素的大致含量。直读中主要根据样品中受激后发射的特征谱线来确定元素的存在，因而正确辨认元素谱线是发射光谱定性分析的关键。在进行光谱定性分析时，并不需要找出元素的所有谱线，一般只需找出一根或几根灵敏线即可。

光谱半定量分析方法介于定性分析和定量分析之间，可以给出含量近似值。半定量分析是以谱线数目或谱线强度为依据，常用的光谱半定量分析方法有谱线比较法、谱线呈现法、均称线对法和加权因子法等。

因大多数商品化直读光谱仪器是固定多道式光电直读光谱仪，直读的光谱定性或半定量应用并不广泛。

8.2.3　光谱定量分析

光谱定量分析就是根据样品中被测元素的谱线强度来准确确定该元素的含量。

8.2.3.1 光谱定量分析的基本关系式

元素的谱线强度与元素含量的关系是光谱定量分析的依据，可用赛伯-罗马金经验公式式表示：

$$I = Ac^b \tag{8-1}$$

式中 I——谱线强度；

$\quad\quad A$——发射系数；

$\quad\quad c$——元素含量；

$\quad\quad b$——自吸系数。

实际上试样在激发过程中，其单次光谱的发射是不稳定的，从检测器输出的电流强度也会波动，为了解决这方面的稳定性问题，通常采用把输出的电流信号向积分电容器充电的方法来测量谱线的平均强度，常用的有直接测量积分电容器电压法、放电持续时间测量法、分段测量法等。

8.2.3.2 内标法光谱定量分析的原理

在直读光谱分析过程中为了提高定量分析的准确度，通常测量谱线的相对强度。即在被分析元素中选一根谱线为分析线，在基体元素或定量加入的其它元素谱线中选一根谱线为内标线，分别测量分析线与内标线的强度，然后求出它们的比值。该比值不受实验条件变化的影响，只随试样中元素含量变化而变化。这种测量谱线相对强度的方法，称为内标法。在分析时，测得试样中线对的相对强度，即可由校准曲线查得分析元素含量。

但是并不是任何元素均可作内标，对于内标元素、内标线和分析线对的选择还必须具备一些条件，如分析线对应具有相同或相近的激发电位和电离电位，内标元素与分析元素应具有相近的熔点、沸点、化学活性及相近的原子量等。

8.3 结构及组成

原子发射光谱分析过程主要分三步，即激发、色散和检测，对应的仪器主要结构为：激发系统、色散系统、检测系统和计算机控制与软件系统。直读光谱仪也不例外。以下作具体介绍。

8.3.1 激发系统

激发系统是直读光谱仪中一个极为重要的组成部分，它的作用是给分析试样提供蒸发、原子化或激发的能量。在光谱分析时，试样经预燃后的蒸发、原子化和激发之间没有明显的界限，这些过程几乎是同时进行的，而这一系列过程均直接影响谱线的发射以及光谱线的强度。样品中各组分元素的蒸发、离解、激发、电离、谱线的发射及光谱线强度除了与试样成分熔点、沸点、原子量、化学反应、化合物的解离能、元素的电离能、激发能、原子（离子）的能级等物理和化学性质有关以外，还跟所使用的光源特性密切相关，不同的激发光源对不同样品和不同元素具有不同的蒸发行为和激发能量，因此要根据不同的分析对象，选择与之相应的激发光源。

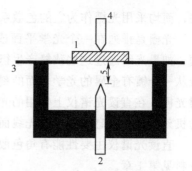

图 8-1　电火花激发光源示意图
1—导电样品电极；2—钨（或银）对电极；3—样品台；4—电源联结体；5—分析间隙

直读光谱常见的激发光源有电弧光源、电火花光源、辉光放电光源等。本章仅介绍直读光谱仪器中最常用的电火花激发光源。

电火花放电是通过两电极间施加高电压而产生间歇性的周期振荡放电。其中一个电极由待测样品组成，另一个电极一般由钨棒（或银棒）制成（图 8-1）。

火花放电是一种电极间不连续的气体放电，是一种电容放电，它是一个包含有电感 L、电阻 R 和放电间隙线路上的电容器 C 放电所产生，也即存在 RLC 线路，其放电能量 W 为：

$$W = \frac{1}{2}CV^2 \tag{8-2}$$

式中　C——电容器的容量；

　　　V——电容器充电所达到电压。

从式(8-2)可以看出，采用高电压（12000V）和大电容（$10 \sim 1000\mu f$）都可以产生较大能量的火花放电。

典型的电火花持续时间在几微秒数量级。电极间的空间为分析间隙，一般为 $3 \sim 6mm$。根据发生器原理和特性，电火花有许多类型，按充电电压的高低分为高压火花（$10 \sim 20kV$）、中压火花（$500 \sim 1500V$）、低压火花（$300 \sim 500V$）。高压火花能自身点火，而中、低压火花则通过与火花频率同步的外部高压脉冲点火。当增加电压时精度可获改善，但检出限受损。因此，低压火花似乎是一个较好折中。近年来经过直读光谱仪器设计者的不断改进，常用的有可控波高压火花光源、低压火花高速光源和高能预火花光源。

由于紫外辐射能透过氩气，并且氩气不与电极发生反应，所以通常以氩气替代空气充满火花电极台，每放电一次，样品就产生一个新斑点。经多次放电，可得到多次测量的平均值，从而可以提高分析信号的精密度。

高压火花激发发出的主要是离子光谱，它的谱线较原子光谱简单。由于放电稳定性好，适用于低熔点、易挥发物质或难激发元素和高含量元素的定量分析。但由于其电极头温度低，蒸发能力低，绝对灵敏度低，不适用于痕量分析。

8.3.2　色散系统

色散系统是光谱仪器的核心，其作用是把不同波长的复合光进行色散变成单色光。根据色散元件的不同分为棱镜色散系统和光栅色散系统，由于棱镜材料受到来源、线色散率、分辨率等因素的限制，目前在定型的商品直读光谱仪中已经不再使用，而均采用光栅作为它的色散系统。

光栅是排列在一个光学平面或凹面上的许多等距、等宽相互平行的狭缝或刻槽。如果光线通过这些狭缝产生衍射和干涉现象，这一类光栅称透视光栅；如果光线从一个镀有金属的光学表面的刻槽上反射产生衍射和干涉现象，这一类光栅称反射光栅。在直读光谱仪上使用的光栅均属反射光栅。按光栅刻制方式的不同，可分为机刻光栅和全息光栅，按光线面形状不同又可分为平面光栅和凹面光栅。

直读光谱仪主要性能有角色散率、线色散率、分辨率和集光能力，详细公式和资料见第1章。

帕邢-龙格装置是火花直读光谱仪中应用得最广泛的凹面光栅装置，是以罗兰圆为基础的装置，其光路特点是光源、狭缝与凹面光栅固定在罗兰圆上，并在罗兰圆上安排许多出口狭缝和相应的光电倍增管，一次记录很宽的波长范围。为了减少 $200\sim450nm$ 波长范围内的像散，通常采用 $27°$ 左右的入射角。现代的仪器几乎都采用 $0.75\sim1m$ 的焦距，2400条/mm以上的光栅。以满足 $0.3\sim0.4nm/mm$ 的线色散率倒数。在帕邢-龙格装置中，为了能测至 $450\sim800nm$ 波长范围的谱线，通常需另加一块光栅，并以原级光栅的零级光为入射光进行色散（见图8-2）。

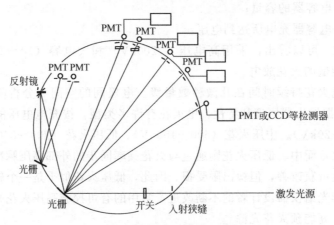

图8-2 帕邢-龙格装置示意图

8.3.3 检测系统

检测系统的核心部件是检测器，常见的检测器为PMT（光电倍增管）和固体检测器。

（1）PMT PMT是一种真空光电器件，它的工作原理是建立在光电效应、二次电子发射和电子光学的理论上的，工作过程为：光子入射到光电阴极上产生光电子，光电子通过电子光学输入系统进入倍增系统，电子得到倍增（增益可达 $10^6\sim10^7$），最后阳极把电子收集起来形成阳极电流或电压。

选择PMT时需从量子效率、放大倍数、灵敏度、光谱特性曲线和暗电流等几方面来考虑。

（2）固体检测器 传统的直读光谱仪器是采用衍射光栅，将不同波长的光色散并成像在各个出射狭缝上，光电检测器则安装于出射狭缝后面。为了使光谱仪能装上尽可能多的检测器，仪器的分光系统必须将谱线尽量分开，也就是说单色器的焦距要足够长。即使采用高刻线光栅的情况下，也需 0.5～1.0m 长的焦距，才有满意的分辨率和装上足够多的检测器。所有这些光学器件均需精确定位，误差不得超过几个微米；并且要求整个系统有很高的机械稳定性和热稳定性。由于振动和温度湿度等环境因素的变化，导致光学元件的微小形变，将使光路偏离定位，造成测量结果的波动。为减少这类影响，通常将光学系统安置在一块长度至少 0.5m 以上的刚性合金基座上，且整个单色系统必须恒温恒湿。这就是传统光谱仪器庞大而笨重，使用条件要求高的原因。而且，由于传统的光谱仪是使用多个独立的光电倍增管和电路对被分析样品中的元素进行测定，分析一个元素至少要预先设置一个通道。如果增加分析元素或改变分析材料类型就需要另外安装更多的硬件，而光室中机构及部件又影响了谱线的精确定位，就需要重新调整狭缝和反射镜，既增加投资又花费时间，很受限制。

随着微电子技术的发展，固体检测元件的使用和高配置计算机的引入，直读光谱仪器进入全新的发展阶段。国外已有很多厂家推出新型的直读光谱仪，主要采用中阶梯光栅分光系统与面阵式固体检测器和采用特制全息光栅与线阵式固体检测器相结合两种方式，而且使光谱仪器从结构上和体积上发生了很大变化，出现了新型的全谱直读光谱仪、小型台式或便携式的直读光谱仪以及可用于现场分析的光谱仪，给发射光谱仪器的研制开拓了一个崭新的发展前景。目前常用的固体检测器有：CID，电荷注入式固体检测器；SCD，分段式电荷耦合固体检测器；CCD，电荷耦合固体检测器。

由于一个检测器可同时记录几千条谱线，在测定多种基体、多个元素时，不用增加任何硬件，仅用电路补偿，在扫描图中找到新增加的元素，就可进行分析。由于光室很小，所以无需真空泵，用充氩或氮气就可以满足如碳、磷、硫等紫外波长区元素的分析。另外由于减少了体积不会出现传统光谱仪常遇到的位阻问题，离得很近的谱线也能同时使用，也无需选择二级或更高谱级的谱线进行测量。这就极大地减小了仪器的体积和重量，使光谱仪器可以向全谱和小型轻便化发展。其性能与传统的实验室直读光谱仪器差别不明显，在大多数情况下可以满足检测需要。

这些仪器可以按照具体样品和用户的要求进一步制作工作曲线，以满足特殊工艺或材质的要求。作为料场合金牌号鉴别、废旧金属分类、冶金生产过程中质量控制和金属材料等级鉴别的一种有效工具，可以携带到需要做金属鉴别或金属分类的任何地方，适合于现场金属分析，是一种新概念的金属分析仪。

8.3.4 典型型号的仪器

常见的一些直读光谱仪的主要性能参数见表 8-1。

表 8-1　常见直读光谱仪

序号	制造厂/国别	型号	操作环境	激发系统	色散系统						检测器	特点	尺寸[L×W×H]/mm³/重量(kg)	应用范围	网站
					通道数	色散元件类型	光栅参数	线色散率/(nm/mm)	波长范围/nm	焦距/mm					
1	Ametek Spectro/德国	SPECTRO LAB	15~35℃ 相对湿度<80%	低压高能激发光源,不需水冷	108 (PMT)	充Ar光室 帕邢-龙格 光栅材料:微晶石英	全息光栅 3600(线/mm) 2924(线/mm)	主光学系统 3600线/mm 0.37(1级光谱) 2924mm光栅 0.46/0.23(1/2级出谱) 第三光学系统 2400线/mm;1.04(1级光谱)	120~780	750,罗兰圆 400(第三光学系统)	PMT和CCD[共22块(加第三光学系统共37块)CCD],共CCD 3800像素	多光学系统,每台仪器设置3个光学系统;数字控制激发光源;TRS时同解析光谱技术;SSE单火花测量技术,每火花分析金属的夹杂物;有自动氩气冲洗可清除样品激发残留粉尘	1674×771×1409/520	铁、镍、钴、铜、镁、钛、锡、铝、锌、铅、银、铅、钯、钌等基体	www.spectro.com.cn
2	Ametek Spectro/德国	SPECTRO MAXx	15~35℃ 相对湿度<80%	半导体控制放电,放电电流1~80A;放电参数可调					140~670		CCD	自动描迹,可现场扩展分析程序;	730×615×480/70 台式 730×615×1370/115 落地式	铁、铝、镍、钴、铜、镁、钛、锡、铅、锌等基体	www.spectro.com.cn
3	Oxford INSTRUMENTS/英国	Foundry master compact	15~35℃ 相对湿度<80%	高能预燃,频率100~400Hz,电压300~500V		帕邢-龙格	2400线/mm	0.9(1级光谱)	185~590	400	CCD	"空气"冲洗式光学系统,确保对185nm以上波长的准确测定		铁、铝、铜、镍、钛、铅、锌等基体	www.oxinst.com

续表

序号	制造厂/国别	型号	操作环境	激发系统	色散系统					检测器	特点	尺寸[$L\times W\times H$)/mm³]/重量(kg)	应用范围	网站
					通道数	色散元件类型	光栅参数 线色散率/(nm/mm)	波长范围/nm	焦距/mm					
4	Oxford IN-STRUMENTS /英国	Foundry master UV flyer	15~35℃,相对湿度<80%	高能预燃,频率100~400Hz,电压300~500V		帕邢-龙格	3000线/mm ; 0.9(1级光谱)	160~800	350mm	CCD	自动光路校准,不受温度漂移影响;自动谱库寻址,免除繁项的波长扫描工作;可随时增加分析材料种类及分析元素;开放式电极架,适用于各种形状和尺寸的样品分析	680×410×640/60	铁、铝、铜、镍、钛、镁、锌等基体	www.oxinst.com
5	Oxford IN-STRUMENTS /英国	Foundry master pro	15~35℃,相对湿度<80%	100~500Hz 100~500V		帕邢-龙格		130~800		CCD CCD像素6pm 分辨率6pm	喷射电极(Jet-Stream)技术,可检测小型及复杂几何形状样品	368×889×635/70	铁、铝、铜、镍、钛、镁、锌等基体	www.oxinst.com
6	OBLF/德国	GS1000	10~40℃,Ar;3bar,4.8bar或更高;230V,50/60Hz,1.5kV·A	GDS(Gated discharge source),火花放电频率最高为1000Hz	32	真空室	刻线数可依据用户分析要求而定		500mm	CCD	免维护的激发光源,真空系的开启时间同小于仪器全部运行时间的5%	1130×720×840/160(不包括真空系)		www.oblf.de

171

续表

序号	制造厂/国别	型号	操作环境	激发系统	色散系统						检测器	特点	尺寸[L×W×H]/mm³/重量(kg)	应用范围	网站
					通道数	色散元件类型	光栅参数 光栅/mm	线色散率/(nm/mm)	波长范围/nm	焦距/mm					
7	OBLF/德国	QSN 750			60	真空光室	2400	0.55(1级光谱)		750mm	PMT	独特的自清洁开放式激发台,没有静态氩,在等待样品以不用时可以不用氩气保护,对于多基体分析,无需更换激发板即可分析不同基体的材料;适合多基体元素分析	600×1050×1210/300	单基体	www.oblf.de
8	OBLF/德国	QSG 750			60	真空光室	2400	0.55		750mm	PMT	采用GISS单火花脉冲积分技术,更合适高纯金属分析	1040×1300×900/550		www.oblf.de
9	岛津/日本	PDA-7000		电压300/500V可选,频率:40～500Hz,可任选3种频率	最大64	凹面全息离子刻蚀光栅	2400条/mm	0.55	120～589	600	PMT		1040×900×1300/550		www.shimadzu.com.cn

续表

序号	制造厂/国别	型号	操作环境	激发系统	色散系统						检测器	特点	尺寸[(L×W×H)/mm³]/重量(kg)	应用范围	网站
					通道数	色散元件类型	光栅参数/mm	线色散率/((nm/mm)	波长范围/nm	焦距/mm					
10	岛津/日本	PDA-5500S		电压:可选300/500 V 频率:40-500Hz,可任选3种频率	最大64	凹面全息离子刻蚀光栅	2400条/mm	0.55	120~589	600	PMT	标准配置岛津独创的PDA(脉冲光法),可大幅提高多种元素的分析精度。基于内标法控制,可以自动消除因样品的缺陷而引起的分析误差。PDA(脉冲分布同时分析法),结合时间分解法,可以对酸溶铝和非酸溶铝以及其它元素的不同状态分析,进行铝(Al)、钛(Ti)、硼(B)等元素不同状态分析。电极自动清洗功能,可大幅提高分析稳定性及操作维护便捷	1550×620×1330/500kg	铁、铜、镍、铝、锌等基体	www.sh-imadzu.com.cn

续表

序号	制造厂/国别	型号	操作环境	激发系统	色散系统						检测器	特点	尺寸[L×W×H)/mm³]/重量(kg)	应用范围	网站
					通道数	色散元件类型	光栅参数	线色散率/(nm/mm)	波长范围/nm	焦距/mm					
11	ARL/瑞士	4460	16~30℃;相对湿度20%~80%;接地电阻<1Ω;Ar>99.996%,其中O₂<5μL/L;高纯硅试样<2μg/g	电流控制光源(CCS)技术、解析光谱技术(TRS),只接收对分析最有用的信号部分	最多60	Paschen-Runge真空装置 初级狭缝:20μm;次级狭缝:25,37.5,50,75μm	1080/1667/2160	取决于刻线、次级狭缝和光谱级数		1000	PMT	电流控制光源(CCS),峰值放电电流可达250A,火花频率可达1000Hz和时间解析光谱(TRS)技术的有机结合,可有效改进仪器的准确度,检测限等性能;需要抽真空	1690×910×1220/540		www.thermo.com.cn
12	ARL/瑞士	3460			最多60	Paschen-Runge真空装置 初级狭缝:20μm;次级狭缝:20,25,37.5,50,75,100,150μm	1080/1667/2160	取决于刻线、次级狭缝和光谱级数		1000	PMT	PMT安装在真空室内,捅座在外,不易引起弧光;PMT前加适当滤光片;连续少干扰;需要抽真空	1665×910×1190/450		www.thermo.com.cn

第8章 直读光谱仪

续表

序号	制造厂/国别	型号	操作环境	激发系统	色散系统						检测器	特点	尺寸[L×W×H)/mm³]/重量(kg)	应用范围	网站
					通道数	色散元件类型	光栅参数	线色散率/(nm/mm)	波长范围/nm	焦距/mm					
13	ARL/瑞士	QUANTRIS	Ar>99.996%（其中O₂＜5μL/L，分析高硅样品需O₂＜2μL/L，分析低碳、氮和氧，Ar需＞99.9997%	CCS		初级狭缝：10、15 μm	590/1105/3240	VUV：8pm/像素；Basic：24pm/像素；Optinal al-kaline：43pm/像素	VUV：130~200；Basic：200~410；Optinal alkaline：410~780	200	3×8640像素线性CCD	不受通道及基体限制，增加新的基体和分析元素方便	1000×780×1190/330		www.thermo.com.cn
14	ARL/瑞士	Quant-Desk	15~30℃；相对湿度30%~80%；接地电阻＜1Ω；Ar99.998%	Hi-Rep condens ed Arc 100, 200, 400, 600Hz		狭缝宽度 10μm	755	30pm/像素	170~410	200	8044像素线性CCD	简单易用，安装数小时后即可投入使用，无真空泵和小型排气过滤装置	398×444×750/45		www.thermo.com.cn

8.4 安装调试和校准

8.4.1 安装前的准备和安装注意事项

一般仪器厂商在安装前会发送预安装要求，按照预安装要求对实验室进行必要的装修。通用要求如下。

① 放置仪器的理想实验室应该恒温、恒湿、防振、防尘，且有足够的空间。仪器的工作温度一般在 10～40℃，在我国大多数地区这不是容易满足的条件，因此实验室通常需要一台冷暖空调；仪器通常需要在相对湿度小于 80% 的情况下工作，南方等地的实验室应配置除湿机；实验室应远离振源，地面振幅应小于 $10\mu m$；不同仪器要求的空间大小不一样，需根据仪器的具体情况予以调整；大型光谱仪的尺寸超过一般客运电梯的最大尺寸，在安装前需确认和做好相应的人工安排。

② 放置附属设备的房间，如氩气瓶、制样设备等。

③ 合适纯度和合适压力的氩气，如氩气纯度无保证需配一台氩气净化器，压力不合适需准备相应的减压阀。

④ 专用地线，对地电阻小于 1Ω。接地电阻的大小与土壤的散流电阻（取决于土壤性质及含水量）、接地体表面与土壤的接触电阻（取决于土壤的性质及其与接地体接触的紧密程度及有效接触面积）以及接地体与接地引线的电阻有关，其中起决定作用的是散流电阻和接触电阻。由于各地区的土质不同且难以改变，为了降低接地电阻所能采用的方法一般只有增大接地体的有效面积（长度）、加大接地体的埋设深度、使用降阻剂、良好的接地体及接地引线材料以及合理的施工方法。

⑤ 制样设备。一般有色金属等试样需要小车床制备，钢铁等黑色金属需要砂轮机或磨样机制备。有些制样设备的电机是需三相电源，电机的旋转有正反之分，需要注意。

⑥ 仪器验收及日常工作需要的标准物质。

⑦ 过压、过流和断电保护。过压保护，如接 3～5kW 稳压电源；过流保护，如装过流保护器 15A 左右或刀闸；断电保护，如加装交流接触器及复位开关。

⑧ 如有必要，可选购清洁火花台的专用吸尘器。

8.4.2 性能指标的测试及验收

仪器的主要技术指标有检出限、灵敏度、分析精度、稳定性、分析范围、校准方法等。仪器的检出限是灵敏度和稳定性的综合指标，只有具有较高灵敏度和较好的稳定性时，才有好的检出限。

一般仪器软件已给出通过回归曲线计算得到的相应元素的检出限，可作为仪器性能的理论参数。元素的实测检出限可采用高纯度金属标准物质（如高纯铁）作为空白进行测量，计算得出各元素测量 10 次的标准偏差，3 倍的实验标准偏差即为实测对应元素检出限。在不同含量水平的标准偏差要求不同，同一含量水平的测量标准偏差受到标准物质的均匀性影响，可能会超出所要求的标准偏差和相对标准偏差，因此，对于一些非"有证标准物质（CRM）"的样品用于仪器测试，首先要判断出样品本身的均匀性是否满足检测要求。

不同的样品、光源条件、谱线选择、工作曲线的影响，实际检出限有较大差距。特别是受到空白样品的纯度、均匀性、稳定性影响很大，实测检出限通常高于理论检出限。比如钢铁中 Al 的实测检出限很可能明显高于理论检出限，这是由于铝在钢铁中分布的均匀性不好，尤其是痕量铝的相组织由酸溶铝和酸不溶铝两种形态组成，因此对全铝的检出限影响很大。通过实测检出限，可以对不同的光谱仪进行一种相对方便的实际性能的比对。由此判断仪器的灵敏度和稳定性是否满足检测要求。

对光谱仪的调试和验收，第一，对仪器的硬件系统（光学室、光栅、光源、控制系统、氩气系统等）的技术参数验证考核；第二，对仪器分析性能的技术指标（检测限、精度、准确度、稳定性、测量范围和分析时间等）实际检测考核；第三，分析软件的功能（操作便捷、控制功能强大、校正方法是否准确等）、质量数据控制功能等调试；第四，查验仪器的外观、火花台设计、操作是否安全、快捷；第五，仪器维护、环境要求等情况也要给予考虑。

验收时要将仪器的资料、光盘等与装箱清单一一比对，待仪器培训完毕后验收才算完成。

总之直读光谱仪验收要做到下面四个方面：

① 仪器主机、零部件、附件与标书、采购合同完全符合；
② 技术资料、图纸齐全，无遗漏；
③ 技术指标合格，达到标书和采购合同的要求；
④ 人员培训合格。

8.4.3 仪器检定方法

仪器的检定一般按照 JJG 768—2005《发射光谱仪检定规程》中进行直读光谱部分进行，首次检定需鉴定外观、绝缘电阻、波长示值误差及重复性、检测限、重复性和稳定性；后续检定需检定外观、波长示值误差及重复性、检出限、重复性和稳定性；使用中检验检出限、重复性和稳定性，具体的性能要求见表 8-2。因各仪器使用的同一元素的谱线不同，所以检定规程中并没有规定各检定元素的详细波长。

检定需要使用的标准物质有：低合金钢光谱分析标准物质或碳钢、碳素工具钢光谱分析标准物质；铝合金光谱分析标准物质或铜基、铅基等光谱分析标准物质；纯铁光谱分析标准物质。

表 8-2 直读光谱仪的主要检定项目及计量性能要求

级别	A级	B级
波长示值误差及重复性	各元素谱线出射狭缝的不一致性不大于±10μm 示值误差±10nm 重复性≤0.02nm	
检出限/%	C≤0.005,Mn≤0.003,Ni≤0.005,Si≤0.005,Cr≤0.003,V≤0.001	C≤0.02,Mn≤0.02,Ni≤0.02,Si≤0.02,Cr≤0.01,V≤0.01
重复性/%	C,Si,Mn,Cr,Ni,Mo(含量为0.1%~2.0%)≤2.0	C,Si,Mn,Cr,Ni,Mo(含量为0.1%~2.0%)≤5.0
稳定性/%	C,Si,Mn,Cr,Ni,Mo(含量为0.1%~2.0%)≤2.0	C,Si,Mn,Cr,Ni,Mo(含量为0.1%~2.0%)≤5.0

8.4.3.1 检出限的检定

在仪器正常工作条件下,连续 10 次激发纯铁(空白)光谱分析标准物质,以 10 次空白值标准偏差 3 倍对应的含量为检出限。计算公式为式(8-3) 和式(8-4):

$$S = \sqrt{\frac{\sum_{i=1}^{n}(x_i - \overline{x})^2}{n-1}} \qquad (8-3)$$

式中 S——标准偏差;

x_i——单次测量值;

$\overline{x}$——测量平均值;

n——测量次数,$n=10$。

$$DL = \frac{3S}{b} \qquad (8-4)$$

式中 DL——元素检出限,%;

S——标准偏差;

b——工作曲线斜率。

8.4.3.2 重复性的检定

在仪器正常工作条件下,连续激发 10 次测量某个低合金钢光谱分析标准物质中代表元素的含量,计算 10 次测量值的相对标准偏差(RSD) 为重复性。计算公式为式(8-5):

$$RSD = \frac{1}{\overline{x}} \sqrt{\frac{\sum_{i=1}^{n}(x_i - \overline{x})^2}{n-1}} \times 100\% \qquad (8-5)$$

式中 RSD——相对标准偏差;

x_i——单次测量值;

$\overline{x}$——测量平均值;

n——测量次数,$n=10$。

8.4.3.3　稳定性的检定

仪器开机稳定后，激发某个低合金钢光谱分析标准物质，对代表性元素进行测量。在不少于 2h 内，间隔 15min 以上，重复 6 次测量。计算 6 次测量值的相对标准偏差（RSD）为稳定性。计算公式同式(8-3)，但 $n=6$。

8.4.3.4　检定说明

若仪器只做铝合金、铜合金、铅合金等，可采用相应光谱分析标准物质并参照相关技术指标和检定方法进行检定。

8.4.3.5　检定周期

检定周期一般不超过 2 年。在此期间，当仪器搬动或维修后，应按首次检定要求重新检定。

8.5　操作和使用

8.5.1　开关机步骤

不同品牌、不同型号的光谱仪器，开关机步骤不完全一样，但基本都是电源→主机→真空→氩气→计算机→软件这个顺序，下面仅介绍几种常见机型的开关机步骤。

8.5.1.1　ARL3460

（1）开机顺序（从停电状态→工作状态）

① 首先打开磁力启动器开关（绿色按钮为开，红色为关）；

② 打开稳压电源开关（向上为开，向下为关）；

③ 打开光谱仪电源，打开顺序为光谱仪的主开关→真空泵开关→循环冷却水泵开关→电子系统开关→高压系统开关；

④ 依次打开电脑显示器开关、打印机开关、计算机主机开关。

（2）关机顺序

① 退出"WinOE"主菜单，关掉"WinOE"主程序；

② 依次关闭计算机、显示器和打印机开关；

③ 关闭光谱仪开关（注意：与开机顺序正好相反，先开后关，后开先关）；

④ 关掉稳压电源开关"ON-OFF"；

⑤ 按红色按钮，关闭磁力启动器开关。

注意：如果从突然停电状态过渡到开机状态，应该注意以下几项：

（1）首先依照关机顺序依次关掉整个系统开关；

（2）等来电 5～10min 后，再依照开机顺序依次打开仪器的各个开关。

8.5.1.2　SPECTRO LAB M9

① 合上电源闸，启动稳压器，待电压稳定到工作电压；

② 将仪器后面板的红色开关由"OFF"位置扳到"ON"的位置（每次开机后

仪器应稳定 2h 再开始试样的测量工作）；

③ 将氩气一级压力（气瓶）调到约 0.5MPa，二级压力（氩气净化器）应大于 0.5MPa；

④ 按下仪器后面板的"STANDBY"待机开关，然后按下仪器后面板的"SOURCE"光源开关；

⑤ 依次打开显示器电源、打印机电源和计算机电源，进入 WINDOWS 操作系统；

⑥ 双击"Spark analyzer"图标，启动光谱仪分析软件；

⑦ 关机顺序和开机顺序相反。

8.5.1.3　SPECTRO MAXx

① 依次打开断电保护器、稳压器、光谱仪主机的 SOURCE 按钮、计算机开关；

② 打开 99.999％高纯氩气，调至输出压力为 0.6～0.7bar（1bar＝10^5Pa）；

③ 按开机的相反顺序可以关闭光谱仪。

8.5.1.4　SPECTRO LAB M10

① 合上电源闸，按下稳压器启动按钮，待电压稳定到 220V；

② 将仪器后插头接上稳压器；

③ 打开气路开关，将分压表调整到 0.6MPa；

④ 按下仪器面板上的"SOURCE"开关（红色的指示灯亮）；

⑤ 开计算机、显示器、打印机；

⑥ 关机与开机过程相反；

⑦ 当仪器不使用时，抬起样品夹，用遮尘板盖好激发台。

8.5.2　光谱定量分析方法

由于直读光谱是一种相对的分析方法，必须先绘制出可靠的标准曲线才可能得到可靠的分析结果。标准曲线的制作可以有多种方式，常见的有校准曲线法、控制试样法、持久曲线法等。

（1）校准曲线法　校准曲线法一般多采用拟合（二次或三次方程）来近似表示，也有用折线法。

a. 当元素的含量较低时，可用 V-c 或 $\dfrac{V_x}{V_s}$-c_x 制作校准曲线。对较高浓度范围的元素，可用双对数 $\lg V$-$\lg c$ 或 $\lg \dfrac{V_x}{V_s}$-$\lg c_x$ 制作校准曲线获得比较好的分析准确度和精密度。一般要求至少三个标准物质，因此又称为三标准试样法。

b. 二次方程组或三次方程组。现代的直读光谱一般都配备计算机，谱线强度与分析物浓度的关系可直接根据实验曲线进行拟合，并用多项式表示。在含量较低时，分析物浓度与电压的关系，可用下式表示：

$$c = \alpha + \beta V + \gamma V^2 \qquad\qquad (8-6)$$

式中　c——元素浓度；

　　　V——积分电容器电压读数；

α, β, γ——待定常数，可通过实验用三个标样来确定，即 c 和 V 为已知后解三元
　　　　　一次方程组。

当曲线为非平滑曲线时，可用三次或更高次方程拟合。

c. 折线法。指用折线方法来近似给出一条平滑曲线，很显然，折线越多，越能与实际曲线接近。一般采用 5～10 段就可满足。

（2）控制试样法　在实际工作中，由于分析试样和标准物质的冶金过程（标准物质多为锻造和轧制，而分析试样多为浇铸状态）和某些物理状态的差异，常使校准曲线发生变化。为避免试样冶金状态变化给分析带来的影响，常用一个与分析试样的冶金过程和物理状态相一致的控制试样，用于控制分析试样的分析结果。即把校准曲线通过控制试样平移。

（3）持久曲线法　使用三标准试样法方法虽然能保持分析条件完全一致，分析结果准确可靠，但每次分析都需激发一系列标准样品，重新绘制校准曲线，不仅费时费力，标样损耗也大，因此常采用持久曲线法。持久曲线法就是待测元素的工作曲线预先准备好以后，就认为工作曲线是持久不变的。实际上，工作曲线受很多因素的影响，造成曲线的移动和转动，如外界环境的变化（如温度、湿度、氩气压力等变化），会使谱线发生位移；在直读光谱仪器中，电极状态的变化、电源波动等会使校准曲线发生平移或转动。为了把标准曲线恢复到原来工作曲线上来，需要用标准化样品对仪器进行标准化校正。

通常在每天分析前需要进行标准化，即使仪器性能稳定，每天至少也要进行标准化。对中低合金钢而言，8h 标准化进行一次；对高合金钢而言，每冶炼分析一炉钢时，必须事前进行标准化。

标准化分为两点标准和单点标准。当分析工作中，以低浓度区为主时，就使用两点标准化，因为背景可能占信号一部分。如果分析工作中，其背景不占主要因素的浓度区，一点标准化就可以了。两点标准化样品中的元素含量，在曲线上、下限附近的两点，能够校正工作曲线的斜率或截距。而单点标准化样品，要求各元素的含量接近曲线的上限。但只能校正曲线的斜率变化。

在实际工作中两点标准化就是用两块标钢（高标、低标）进行校正。高标和低标之间的含量相差要大一些，否则容易带来标钢不稳定造成曲线的转动和移动。对于很多钢种使用单点标准化是非常简单的，因为单点标准样品在日常生产中容易得到，也比较方便。

（4）其它方法　对于一些高合金（如黄铜、不锈钢等）试样，即使是使用控制内标线强度来进行自动曝光测量的方法，也会因为基体成分变化大，使结果发生偏离，因此常采用基体校正法、100％总和校正法、诱导含量法等方法进行校正。在

无标准样品的情况下，直读光谱的定量是困难的。

8.5.3 工作参数条件的选择

8.5.3.1 光源参数

直读光谱的准确度和灵敏度与光源条件密切相联。日常分析中，只有对光源条件进行实验后，才能确定选择出各材料的最佳分析条件。在光源条件中，电容、电感、电阻这三个电学参数对分析元素的再现性是很重要的，现在生产的光谱仪其光源参数（尤其是电容、电感、电阻）已经调整到位，这一部分在制作工作曲线时可不进行选择，也无法进行选择。

8.5.3.2 电极的选择

电极选择主要考虑两方面内容：激发电极种类和电极间距。

（1）激发电极种类的选择　发射光谱分析用的激发电极种类很多，有碳、铜、铝、钨、银等，一般根据分析方法、分析对象不同而选用不同的激发电极。其原则是所选用的电极种类在分析结果上要有较好的分析精密度；被分析的元素不应在激发电极材料中；电极侵蚀要小；日常分析时，还要连续多次使用，以便提高分析速度。例如，在作钢铁分析时，钢铁中一般不含也不用分析银，用银作激发电极其分析结果的精密度比较高，银电极头应为圆锥体，顶端成 $90°$ 角。又例如，用单向放电的激发光源，在放电时激发电极易被侵蚀，因此采用钨棒作激发电极，用钨电极一般不容易长尖，连续使用数百次也不用清理电极。

（2）电极间距的选择　电极间距的大小对分析精度有很大影响。电极间距过大稳定性差，又难于激发，精度差；电极间距过小，虽然容易激发，但是随着放电次数的增加，辅助电极凝聚物质增加，容易造成长尖，也会影响分析精度，特别是对间距变化敏感的元素，其分析精度更差。所以电极间距不能过大也不能过小，一般分析间距采用 $4\sim5mm$。电极间距一般也是不能选择的。

8.5.3.3 冲洗、预燃和曝光时间的选择

（1）冲洗和预燃　冲洗的目的是尽量减少样品激发台内的空气，特别是对激发有不利影响的 O_2、H_2O 等。一般分析铝等有色金属可用 2s，分析黑色金属时可用 3s。冲洗时间不宜过长，以免过多消耗氩气，延长分析时间。

金属和合金的光谱分析过程中，在火花光源的作用下，物质由固态到气态是一个极其复杂的过程，这种过程表现在试样中各元素的谱线强度并不在试样一经激发以后立刻达到一个稳定不变的强度，而是必须经过一段时间以后，方能趋于稳定，这是由于试样表面各成分在放电时进入分析间隙的程度随放电的时间而发生变化，因此在光谱定量分析时，必须等待分析元素的谱线强度达到稳定以后才开始曝光，这样才能保证分析结果的准确度，从光源引燃至开始曝光这一段时间称为预燃时间。不同材料、不同元素的预燃时间是不一样的，中低合金钢的预燃时间可选 $4\sim6s$，高合金钢的预燃时间可选 $5\sim8s$，易切削钢的预燃时间可选 $10\sim30s$，铝合金的预燃时间可选 $3\sim10s$。

　　预燃是一个非常重要的阶段，可使试样表面局部加热精炼以消除大部分冶金缺陷，从而使各元素的发射光强升至最大并基本稳定。对不同的试样在不同的光源下其预燃时间是不一样的，这主要取决于试样在火花放电时的蒸发过程，它不仅与光源的能量、放电气氛密切有关以外，还与试样组成、结构状态、夹杂物种类、大小等密切相关，这一切均可影响光源对样品的侵蚀，改变样品表面局部熔融和表面均匀化的时间，使预燃时间发生变化。

　　预燃曲线是表示分析线对强度比随时间变化的曲线。在现场分析中承担新品种分析，一定要制作各元素的预燃曲线，以确定分析线对强度稳定的时间，选好预燃时间是提高分析结果精密度的必要条件。尤其是灰口铸铁和球墨铸铁的分析。

　　对金属元素进行分析时，若有氧的存在，其试样的激发斑点成为白色，放电中心与边缘无明显分界，是扩散放电的特有的轮廓，这是直读光谱分析所不希望遇到的情况，见图 8-3。若没有氧的存在，其激发斑点的边缘呈黑色，俗称"熊猫眼"，中心为呈麻点状的因侵蚀冷凝的有金属光泽的均匀金属层，见图 8-4，是浓缩放电时试样表面特有的痕迹，这是直读光谱分析过程中期望的情况。

　　扩散放电的产生主要是由于在放电的激发斑点上形成表面氧化层，因而使其在放电过程中与夹杂物的影响具有相同的效应。当放电间隙存在足够的氧气时，每次放电新形成的氧化物比激发侵蚀时所破坏的氧化物的可能性要大，为此，激发将保持扩散状态，因而预燃时间不能结束，试样表面形成不了重熔的均匀层。

　　在含氧量相同的情况下，试样表面产生氧化物的量取决于试样材料对氧的亲和力，对于铜、镍合金它们比较稳定，不易在表面形成氧化膜，易产生浓缩放电，且每次放电时侵蚀的金属量较大；而对铝、硅、铬、钼、钛、钒等元素，它们对氧的亲和力较大，因而在放电时表面易形成氧化膜，使产生扩散放电。

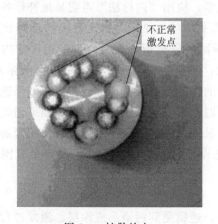

图 8-3　扩散放电

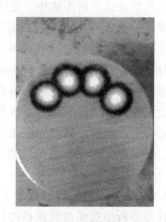

图 8-4　浓缩放电

　　为了消除样品在放电过程中所释放出的氧，可通过提高样品表面的氩气流量来冲洗。

（2）曝光时间　曝光时间主要取决于激发样品中元素分析再现性的好坏，曝光过程是光电流向积分电容中充电（也称积分）的过程。积分的结果可认为是取光电流的平均值，所以积分时间不要过短。为了保证分析精度，火花放电的总次数应在2000～3000次，使铁与分析元素的光强值和比值比较适中。正常分析时，曝光时间一般采用3～5s。但必须指出，曝光时间长短与光源的能量大小有关。

在日常分析中，一般都要做冲洗时间、预燃时间、曝光时间的条件实验来确定各自的时间。采用描迹法作出各元素的冲洗、预燃、曝光曲线时，要综合兼顾每个元素达到光强稳定的时间，以确定共同的冲洗、预燃、曝光时间。

8.5.3.4　氩气流量的选择

发射光谱分析的准确度和灵敏度与分析间隙中的激发气氛有很大关系。火花室中的空气（主要是 O_2、N_2 和水蒸气）对紫外光有强烈的吸收作用，使谱线的强度变弱、分析灵敏度下降，同时在激发过程中由于选择性氧化和产生第三元素的影响，也使分析再现性变差。激发过程中产生的大量金属蒸气，容易污染聚光镜和火花室，也会影响分析精度。例如，为了在分析各种合金元素时，同时分析碳（C）、磷（P）、硫（S）元素，它们的分析波长分别为 C 193.1nm、P 178.3nm、S 180.7nm，为避免空气的影响，激发放电过程要在惰性气体氩气中进行，激发过程中生成的金属蒸气要排出火花室。材料不同，对氩气纯度、氩气流量的要求不同，氩气的流量、压力不仅要合适而且要稳定，否则得不到满意的分析结果。若氩气流量过小，则不能排除火花室中的空气和试样激发分解出来的含氧化物，结果会引起扩散放电；若氩气流量过大，使激发样品的火花产生跳动，同时浪费氩气。一般大流量冲洗为 5～8L/min，激发流量为 3～5L/min，惰性流量为 0.5～1L/min。

8.5.3.5　内标元素线及谱线条件的选择

在发射光谱分析方法中，变化因素很多，应用"内标法"可明显地补偿各种变化因素，提高分析精密度。内标法原理参见 8.2.3.2，内标元素线的选择比较简单，分析对象不同，选择的内标元素也不同。分析铜合金时，可采用铜为内标元素；分析镍合金时，可采用镍为内标元素；分析铝合金时，可采用铝为内标元素。不同谱线有不同的灵敏度，要根据所分析的含量范围来选择分析谱线，如果选择不当，会造成错误的分析结果。在条件选择时，需要调节光电倍增管，如果谱线强度较低，可更换灵敏度高的光电倍增管，如果谱线强度较高，可在光电倍增管前加遮光网。在实际分析中，由于仪器的谱线已设定好，一般只需要根据含量范围选择谱线。

8.5.3.6　高低标试样的选择

日常分析中造成曲线漂移的因素很多：透镜受到污染形成涂层、激发过程中电极长尖会使曲线显示背景增大，氩气流量、压力、纯度和室温环境的变化等原因会造成曲线的漂移，因此，经常校正工作曲线是非常重要的。选择一组标准化样品是不易的，其中包括所有要分析元素的高含量和低含量，这些标准化样品必须均匀一致，激发光谱分析的数据重复性必须很高。同时，标准化样品的数量应尽可能少些，因为标准化样品价格昂贵，且对每个样品的操作又需要额外时间。

在单点标准化中，只需要高或低含量的标准。如果样品覆盖的含量范围较宽，又要在低含量时有较高的精度，此时才需要两点标准化，这时要有两种标样，一为高标，一为低标。或者每个标样中包含一些高浓度元素和另一些低浓度元素，只要它们能包括所有元素就行。

8.5.3.7 入射狭缝的定位和描迹

由于温度变化及其它因素的影响，可能引起谱线漂移，为保证谱线和出射狭缝稳定重合，应定期用描迹的方法进行调整，使所有出射狭缝调整到较理想的位置上。描迹的方法是转动入射狭缝的手轮，描迹一条谱线，找出其峰值的位置，然后将手轮转到该峰值的位置，使各个分析元素谱线对准各自的出射狭缝。制作工作曲线时，应该进行描迹。

8.5.3.8 光电倍增管负高压的选择

测量光谱线的光电元件主要是光电倍增管，其具有光特性、光谱特性、伏安特性、频率特性、温度特性等基本特性。光电倍增管的负高压在光谱仪出厂前已经设置好了，由于选择涉及光学、电学，故建议在专业维修工程师的指导下进行选择。

以上就日常标准曲线制作所遇到的一些条件选择进行了解析，在实际工作中，还要根据光谱仪的功能、分析试样的种类、结构等情况并结合生产实际作出标准曲线，标准曲线作出后，还要对曲线线性、分析结果、控样修正等问题进行讨论，这些都是非常重要的工作。

8.5.4 测试质量控制

直读光谱仪的出现给金属分析工作者提供了快捷、方便的测量手段，减轻了劳动强度，并极大地提高了工作效率，仪器操作变得越来越简单，分析者只需几天或几个小时便可掌握仪器的基本操作。这往往使人产生一种错觉，认为只要激发几次样品，分析结果便可获得，然而想得到准确的分析结果，先进的仪器只是仅仅一个条件，还需在下面几个方面进行质量控制。

8.5.4.1 仪器设备的安装、调试与验收

直读光谱仪的安装、调试和验收见 8.4.2。

8.5.4.2 仪器的检定

直读光谱仪投入使用前应经检定，并规定检定周期，详细见 8.4.3。

8.5.4.3 仪器的使用与管理

使用仪器的人员应经考核，持上岗证者，才可上机操作。虽然直读光谱仪操作简单，无需多少专业知识便可掌握，但要获得准确的分析结果，分析人员首先必须全面系统地学习本专业的理论知识，全面了解分析方法的特点和仪器的性能，以及影响测量准确度的各因素。仪器使用前应检查状态是否正常，并认真做好记录；不得使用不正常的仪器作检验；使用仪器严格按照其操作规程。如仪器规程规定每天

需标准化后方能进行检测工作，那么标准化之前的检测工作都属于不可靠的数据。

8.5.4.4 标准物质的选择与正确使用

直读光谱分析法为相对分析，验证方法或分析测定都需要使用标准物质，标准物质应尽量使用国家标准物质。要使用好标准物质，标准物质不仅可以用来绘制校准曲线，还可以用来监控测量结果。

8.5.4.5 试样

样品应具有代表性，能真实反映产品整体性能。取样大小应大于火花台激发口，适合激发的情况。样品内部应无夹杂、裂纹、气孔等问题。黑色金属样品表面应磨制出顺纹（朝向同一方向的纹路）且表面应粗糙，切忌磨纹交叉，不可过于细密，不得抛光。样品表面如有氧化物等影响导电的因素存在时，将激发面正对的另一面打磨除去影响导电的因素，使样品可以正常激发。制备后样品表面应平整干净，不得有油污、水及其它杂物或污染。样品制备完成后严禁以手或其它物质接触样品待测面，制备完的样品应放入样品袋内，避免把制备好的试料久置空气中。尽量了解试样的加工工艺和组织结构，以便选择合适的测量曲线和控样。

8.5.4.6 分析方法的选择

分析方法应采用满足客户需求并适用于所进行的检测方法。应优先采用国际、区域或国家发布的方法，并确保使用标准的现行有效。当客户未指定所用方法时，实验室应从国际、区域或国家标准中发布的，或由知名的技术组织或有关科学书籍和期刊公布的，或由直读光谱仪指定的方法中选择合适的方法。实验室知道的或采用的方法如能满足预期用途并经确认，也可使用。对检测方法的偏离，仅应在该偏离已被质量文件规定、经技术判断、授权和客户接受的情况下才允许发生。

常用的直读光谱标准分析方法有：

① GB/T 4336—2002 碳素钢和中低合金钢 火花源原子发射光谱分析方法（常规法）；

② GB/T 11170—2008 不锈钢 多元素含量的测定 火花放电原子发射光谱法（常规法）；

③ GB/T 7999—2007 铝及铝合金光电直读发射光谱分析方法；

④ GB/T 4103.16—2009 铅及铅合金化学分析方法 第 16 部分：铜、银、铋、砷、锑、锡、锌量的测定 光电直读发射光谱法；

⑤ GB/T 13748.21—2009 镁及镁合金化学分析方法 第 21 部分：光电直读原子发射光谱分析方法测定元素含量；

⑥ SN/T 2083—2008 黄铜分析方法 火花原子发射光谱法；

⑦ YS/T 464—2003 阴极铜直读光谱分析方法；

⑧ YS/T 482—2005 铜及铜合金分析方法 光电发射光谱法；

⑨JIS G 1253—2002 Iron and steel-Method for spark discharge atomic emission spectrometric analysis；

⑩ ASTM E415—08 Standard Test Method for Atomic Emission Vacuum Spectrometric Analysis of Carbon and Low-Alloy Steel；

⑪ ASTM E485—94（2005） Standard Test Method for Optical Emission Vacuum Spectrometric Analysis of Blast Furnace Iron by the Point-to-Plane Technique；

⑫ ASTM E1999—99（2004） Standard Test Method for Analysis of Cast Iron Using Optical Emission Spectrometry；

⑬ ASTM E1009—95（2006） Standard Practice for Evaluating an Optical Emission Vacuum Spectrometer to Analyze Carbon and Low-Alloy Steel；

⑭ ASTM E634—05 Standard Practice for Sampling of Zinc and Zinc Alloys for Optical Emission Spectrometric Analysis。

8.5.4.7 常用质控方法

保证分析结果的可靠是实验室领导层的工作重心之一，需要不同层次的方方面面的配合合作，首先需要制定合适的质量控制程序，这种监控应有计划并加以评审，直读光谱常用的质量控制方法有：

① 定期使用有证标准物质（参考物质）进行检测质量监控或使用次级标准物质（参考物质）开展内部质量控制；

② 不定期参加各级有资质机构组织（如 CNAS）的实验室的比对或能力验证计划；

③ 使用相同或不同方法进行重复性检测，如 C、S 元素的测定结果可以与 CS 测定仪的测定结果比对，Mn、P 等元素的测定结果可以与化学法或电感耦合等离子体方法的测定结果进行比对；

④ 对留存物进行再检测，如间隔一个季度后将样品再重新制样检测，以观察两次的检测结果之差是否在容许范围内；

⑤ 应用统计技术对检测结果进行审查，及时分析质量控制的数据，当发现质量控制数据将要超过预先确定的判据时，应采取有计划的措施来纠正出现的问题，并防止报告错误的结果。

8.6 维护保养和故障排除

8.6.1 维护保养

光电直读光谱仪是光和电结合的精密仪器，正确地使用和维护保养是机器正常运行、延长使用寿命、保持高性能和高指标的关键。

在实验室的设计和选择过程中需考虑到仪器的防振、防尘、防潮和保持恒温。如果放置仪器的房间离振源较近或受到碰撞，整个系统的同轴性及其相对位置就可能遭到破坏。温度的变化使仪器的内部件、元件的温度系数产生变化；由于仪器零部件、元件的温度系数随温度变化的大小不同，导致各部件的相对位置产生变化；由于温度的变化引起仪器内部光学元件折射率、色散元件的折射率、光栅常数的变化，造成光栅色散率的变化，导致光谱线（入射狭缝的像）偏离出射狭缝的中心位置，影响光谱线的清晰度或强度。从光源发出的光，经分光器到探测器窗口经过的光学有效空间、透射面、反射面都会受到灰尘、手印、潮气、油污、霉斑等的污染，使信号因吸收、反射、散射损失而减弱，有的变得使背景增大，增加了噪声水平。电学元件（尤其是高压高频元件），也会因灰尘、潮湿、油污、温度过度，使介质损耗增大，绝缘降低，暗电流增大，重者击穿、损坏、漏电，轻者也会使仪器的稳定性变坏，增大热噪声电子，使信噪比降低。一般常见的光学元件如水晶、铅膜、银膜等反射镜、光栅反射面上经过一段时间的使用以后，反射率和透过率都有一定的降低。长期放置在大气中会产生这种现象，严重的会产生霉斑。因为霉菌的生长发育温度在10～40℃，大于70%的相对湿度和尘埃（尘埃本身就是有机物和霉菌），以及仪器内部引入的有机垫片、涂料、有机油类、黏合剂等都是霉菌生长发育繁殖的营养。所以光电直读光谱仪尽量选择内控温度的仪器室；一般要求室内控制温度在23℃左右。

下面列举几种常用的直读光谱仪的维护方法。

8.6.1.1　ARL 3460 日常维护

① 激发完毕样品后，清理火花台，用电极刷轻刷电极和用软纸擦净样品台（一般在每次分析前）。分析完一个样品清理激发台表面。实验室可以备一些纱布或卫生纸，用来清理激发台表面，刷电极时要避免电极刷碰到激发台孔的边缘。

② 每周要清理火花室，注意不要碰坏激发台里的玻璃杯。购买多基体的用户，在更换基体时（例如，Al 基换成 Fe 基）必须进行清理。请使用吸尘器进行清理，清理后用量具调整好电极的位置后再使用。

③ 每天要观察真空泵运行情况和油位，要及时添加、更换。

④ 每天要观察冷却水泵运行情况和水位，要及时添加、更换。

⑤ 清理氩气回路及过滤器。清理仪器背面的换气过滤片，经常清理有助于降低电子柜的温度，保持电子柜的清洁。每月用吸尘器清理一次。过脏时可用水洗，加适量去污剂，可上下挤压，不要揉搓或刷洗。完全晾干后使用。某些基体的粉尘可能会自燃，请小心。清理氩气出气口过滤器时先慢慢旋开过滤器，在空气中放置几分钟后再用吸尘器清理过滤器芯。一般每周清理一次，可视工作量的大小，延长或缩短清理的周期。

⑥ 每月要清理一次绝缘体和火花架。

⑦ 每月要擦一次透镜。

⑧ 每月至少要做一次全标准化。

⑨ 每三个月要作一次描迹，调整光路系统。

8.6.1.2　SPECTRO LAB M10 日常维护

（1）清理火花台　检测样品时，会在火花台内产生黑色粉状物质，这些物质可导致电极和火花台之间发生短路，为避免这种情况，火花台应做定期清理。清理前，请确认光源开关已关闭。松开火花台板的四个固定螺钉，将台板及密封垫圈移开，小心取出石英套管及石英垫片，用吸尘器或毛刷清理火花台内部及火花台板内侧面。清理完毕后，复原火花台板，并用氩气冲洗回路 2～3min。

（2）维护过滤系统　当仪器使用一段时间后，滤芯表面会被一层黑色物质覆盖，滤瓶内的水会变成黑色，此时需要对过滤系统进行维护。旋转取下滤芯，将滤芯用明火灼烧后，轻轻击打滤芯后将过滤系统复原。

（3）清理空气过滤网　空气过滤网位于仪器的两侧通风处，及时更换能保证电子元件能够充分冷却。过滤网罩可用吸尘器清理也可用水＋洗涤剂清洗，整个过程应在仪器断开电源的情况下进行。

（4）更换和维护电极　打开火花台下的小门，旋下火花台正面的极距规，用专用内六角扳手逆时针旋下钨电极，电极的两端均可使用，但一端未用过时，将上下颠倒即可。磨损的电极可在磨床或车床上加工成 90°锥角即可。放上电极，装好火花台板后，用中心规将电极固定在中间，待四个螺钉紧固后，再将极距规倒过来使用，调整电极与火花台板的距离。

（5）清理石英窗　当内标线的发射强度呈亮蓝色时，仪器提醒需清理石英窗。移开仪器前的弧形罩，逆时针将石英窗卸下，用擦镜纸、脱脂棉将镜片擦拭干净并复原。

8.6.2　常见故障排除方法

8.6.2.1　分析数据不稳定

数据不稳定是最常见的故障之一，常见处理办法［其中⑥和⑦仅适用于部分仪器］如下。

① 检查激发点好坏，激发点不好无法给出稳定的数据，如激发斑点无问题，使用一块标准样品重新激发几次判定是否样品本身均匀性不好，存在偏析现象。

② 检查分析表面是否平整，是否存在裂纹、沙眼等影响分析结果的缺陷，激发声音是否异常。

③ 检查氩气的质量。一般情况下铸铁、铸铝及高纯金属等材质需使用99.999％的氩气。使用氩气净化器的情况下，请检查净化器是否失效，失效的氩气净化器将严重影响氩气的质量，请将净化器再生或在气路上短接后，重新打点；没有使用净化器的情况下，请更换氩气，以判断氩气质量是否有问题。

④ 检查电极与样品之间的距离是否为符合要求。

⑤ 清理激发台，排除污染物对分析的影响。

⑥ 进行狭缝校正。

⑦ 进行疲劳灯试验，从数据的稳定性如何，可以判断仪器光电系统是否能够稳定工作。注意，疲劳灯在工作半小时后，才能给出稳定的光强。

8.6.2.2 ARL 3460 常见故障的排除

① 仪器突然停电，来电后分析软件无法打开，重装操作系统和分析软件可以解决该问题。

② 按"开始分析"键后，仪器提示硬件出错，可打开仪器左侧面板，找到 ICS 板，按上面的复位键，并重启分析软件。

③ 仪器激发后，分析结果均为"0"，可从下面三个方法着手：

a. 重启计算机和分析软件；

b. ICS 板复位；

c. 仪器数据盘恢复。

④ 仪器强度突然下降很多（1/3 以上），可检查 $1\mu F$ 电容，可能被击穿，更换。

⑤ 按"开始分析"键后，仪器无任何反应和错误提示，可能是分析软件故障，可重装分析软件。

⑥ 负高压总是降低，检查负高压模块。

⑦ 出现"ICS：instrument vacuum out ICS：instrument temperature out"提示，检查：

a. 真空度超标，可以检查 Vacuum Pump 是否正常，是否有漏油或渗油现象，内部的修理包耗材是否换过，正常分析要低于 11Pa 才行；

b. 光室的恒温加热器坏了，或者加热继电器故障；

c. 温度超标，检查加热板、继电器、循环风扇。

8.6.2.3 OBLF GS1000、QSN750、QSG750 常见故障的排除

① 激发光源不激发，可结合气动压头的动作来判断

a. 火花台联锁开关无闭合。将火花台外壳卸开，清洁火花台后装入，外壳左边的突出部分应将火花台后部的微动开关压住，激发光源即可处于准备工作状态。此故障仅限于 GS1000。

b. 按下"START"键后气动压头无下压夹持样品动作，此现象可能为氩气压力不足，检查氩气压力。

c. 按下"START"键后气动压头将样品夹持住后即抬起，此现象可能为样品与气动压头接触面导电性不好，应重新处理样品。

d. 按下"START"键后气动压头将样品夹持住后在氩气冲洗阶段样品向上跳起，此现象为氩气废气管严重堵塞，应清洁氩气废气管。

e. 在激发样品时，仅有很微小的断续放电声音无正常激发声音，激发完成后，样品被激发面无放电斑痕，此现象为有导电异物进入激发台。

② 标准化系数偏高（短波元素或基体元素 Factor 系数＞1.4），检查下面 4 个

因素

a. 透镜被污染，仔细检测和擦洗透镜。

b. 氩气纯度偏低或压力不足（氩气进气压力低于 0.3MPa）。

c. 随机配备高低标校准样品表面处理不当。

d. 入射狭缝被污染。

③ 分析数据全部为零或接近零，可从下面 4 个方面排查

a. 清理透镜后未将透镜后的球阀扳回原位，球阀遮住光路（此故障现象只限于 QSN750，QSG750）。

b. 清理透镜后未等仪器真空达到规定值即进行测试工作，此时仪器负高压电源自动断开，清理透镜后等待至真空状态正常后方可测试。

c. GS1000 仪器上盖处于开启状态。

d. 检查负高压为零或负高压不正常，检查控制器相应指示灯，并作进一步处理。

④ 激发点不好的检查

a. 激发点不好主要是由于激发时氩气不纯造成的。检查仪器是否刚通入氩气，一般在通入氩气数小时后才会有正常的激发点。

b. 氩气质量是否可靠。火花直读光谱分析对氩气有较高的要求。一般必须使用 99.995％以上的氩气（视不同基体而定）。注意氩气更换后各连接口要不发生漏气而且在换气过程中要确保没有空气进入所使用的氩气净化器。

c. 试样表面是否平整，是否盖住激发台的圆孔。

d. 检查激发台是否密封好，是否干净。尤其是激发台的两个密封圈是否安放好。

e. 检查电极安装是否正确。

f. 检查分析程序是否选择正确。

8.6.2.4　PDA 7000 常见故障的排除

① 在检查故障前，需进行仪器基本项目的确认，包括

a. 各项电源是否打开，是否按开关机规程启动仪器，光谱仪主机和真空泵是否启动。

b. PMT 负高压是否打开。

c. 直读光谱内真空度是否达到规定要求。

d. 光室的温度是否在 40℃±1℃。

e. 火花台门是否已经关闭。

f. 是否使用试样固定架正确放置试样。

g. 氩气的纯度和流量是否合格。Ar 要求：纯度＞99.999％，流量 10L/min（分析期间）或 1L/min（待机时），含氧量＜1μg/g。

② 真空度显示不能变为"OK"，请检查聚光圈的"O"形圈安装是否得当，

真空泵油是否被污染或分子筛被污染而抽真空能力不足。

③ 光室温度不稳定或达不到设定温度，确认仪器室环境温度是否为规定的 23℃±5℃。

④ 分析精度低，检查分析期间氩气是否有泄漏、电极尖头是否附着有污染物、试样放置位置是否正确。

⑤ 光室内温度超过 60℃，蜂鸣器发出报警声音。确认仪器室环境温度为 23℃±5℃，关闭开关面板上的 AIRCON 电源开关，待显示的光室实际温度低于设定温度后再重新接通；确认温度控制器是否正常。

8.6.2.5　SPECTRO LAB M10 常见故障及排除

① 错误提示"Argon Low"，当按照开机顺序将仪器打开或在使用中出现了上述错误信息，说明分压表的压力没有达到规定的 0.5MPa 或者氩气传输管道有泄漏，请重新调整分压表上的压力和检查管道。

② 错误提示"Clamp Up"，在激发样品前，为确保安全就需要将样品放在火花台上后，用样品夹压好，因为样品在激发过程中作为负极。当样品表面的氧化层过厚或粘有胶水、纸时，都不能形成导电。请将样品顶部的氧化皮打磨，胶水、纸擦掉。

③ 错误提示"Door Open"，在仪器前面的面罩上有一个弧形罩，这是光源的电缆，所以在激发过程中，一定要将此罩与仪器前面板贴紧以安全保护。如果没有贴好就会出现上述信息。请将弧形罩取下，重新安装。

④ 错误提示"Source Off"，请检查光源开关是否按下。

⑤ 错误提示"No Dongle"，SPECTRO 分析软件是受密码保护的，在计算机的并口安有 Dongle，如果没有解密狗，就无法应用分析软件，请安装 Dongle，或检查是否接触不良。

⑥ 错误提示"No communication，No data received，please check hardware"，计算机与光谱仪没有通信。光谱仪的所有工作都是由计算机控制的，所以开机后，计算机会与光谱仪进行通信。如果开机后出现上述信息，就需检查通信电缆线与计算机的 COM 口的接触和电缆线与光谱仪后面板处口的接触。

⑦ 错误提示"Reference intensity above limit for channels：Fe1"，参比线强度低于设置的强度值，仪器在出厂时，给出了参比线的强度范围，例如 Fe1，但随着仪器的不断使用和其它条件的变化，如氩气、制样等的变化，参比线的强度值有可能低于或高于原来的设置。请检查激发的斑点是否正常。在"Program development"（扩展程序）中用"Ctrl＋3"键的"Calibration limit"（校正范围）进行调整。

⑧ 错误提示"SATEUS"，是"Sample test of usefulness"的缩写，实际的中文意思是"无用的样品检测"，用于预燃阶段判断样品的均匀性，有无气孔、沙眼、裂纹等。请重新磨样或重新取样。

⑨ 错误提示"SETEME",是"Security test of measurement"的缩写,用于积分阶段判断样品的好坏。请重新磨样或重新取样。

⑩ 错误提示"SEREPS",是"Self regulated prespark time"的缩写,用于预燃阶段来判定单位时间内的有效放电次数。请重新磨样或重新取样。

⑪ 错误提示"Error communication,No data received",通信错误,没接到数据。一般是信号线没接好或接错,接好后,若还出现,就可能改变 C:\SPECTRO\Status\Inst_sta.asc 中 settings 中 baud rate=115200。

参 考 文 献

[1] 岛津发射光谱仪 PDA-7000 使用手册.

[2] SPECTRO LAB 用户手册.

[3] SPECTRO MAXx 用户手册.

[4] ARL4460/FAA 型金属分析仪.

[5] ARL3460/MA 型金属分析仪.

[6] ARL 直读光谱仪培训资料.

[7] 张海,贺卫刚,郭徐俊. 现代仪器,2007,(5):59-60.

[8] 周国栋. 理化检验-化学分册. 2008,44 (3):284-285.

[9] 罗小燕. 轻合金加工技术. 2008,36 (12):31.

[10] 吕化鹏. 光谱实验室. 2009,26 (3):678-679.

[11] 刘伟明,李洪,孙琳琳等. 光谱实验室. 2009,26 (3):25-26.

[12] 光电光谱分析. 光谱实验室,1993,10 (增刊).

[13] 徐秋心,李国华等. 实用发射光谱分析. 成都:四川科学技术出版社,1993.

[14] JJG 768—2005. 发射光谱仪.

[15] 辛仁轩. 等离子体发射光谱分析. 北京:化学工业出版社,2005.

[16] 杨航飞,胡水江,李生初等. 福建分析测试,2009,18 (4):90-91.

第9章 原子荧光光谱仪

9.1 概述

原子荧光光谱法（atomic flurescence spectrometry，AFS）是 20 世纪 60 年代中期提出并迅速发展起来的一种新型光谱分析方法，是原子光谱法中的一个重要分支。它是一种基于测量原子蒸气吸收特定辐射被激发后去激发所发射出的特征谱线强度进行定量的元素痕量分析方法。

9.1.1 发展简史和最新进展

1964 年，Winefordner 和 Vickers 等人提出并论证了原子荧光光谱法可作为一种新的化学分析方法。自 20 世纪 70 年代以来，国内外许多专家、学者、企业共同致力于原子荧光光谱商品化仪器的研制和开发。

美国 Technicon 公司于 1976 年生产出世界上第一台原子荧光光谱仪 AFS-6，它采用脉冲调制空心阴极灯作光源，以计算机作控制和数据处理，能同时测定 6 个元素。20 世纪 80 年代初，美国 Baird 公司研制出 AFS-2000 型多道无色散原子荧光光谱仪，它采用电感耦合等离子体（ICP）作原子化器，可 12 道同时检测。此后，国外原子荧光商品化仪器的发展非常缓慢。直到 1993 年，才有英国 PSA 公司生产的蒸气发生-无色散原子荧光仪器，它能同时检测 As、Sb、Bi、Hg、Se、Te 等 6 种元素。90 年代末，加拿大 Aurora 公司推出一款氢化物发生-无色散原子荧光仪（HG-AFS）。21 世纪初，美国 Leeman Labs 公司和德国 Analytik Jena 公司分别研制并推出原子荧光测汞仪。

我国从 20 世纪 70 年代中期开始研制原子荧光光谱仪器，原子荧光技术及其商品化仪器在我国得到飞速发展和普及推广。1975 年，西北大学研制出以低压汞灯作光源的冷原子荧光测汞仪；同期，中科院上海冶金研究所研制出用高强度空心阴极灯作光源、氩隔离空气-乙炔火焰作原子化器的双道无色散 AFS 仪。1979 年，西北有色地质研究院成功研制了以溴化物无极放电灯作激发光源的 HG-AFS 仪，为原子荧光光谱仪在我国成功实现商品化奠定了重要基础；该院随后研制开发了 WYD、XDY-1 等双道 AFS 仪。1987 年，刘明钟等人成功研制了脉冲供电特制空心阴极灯，这种高性能激发光源为 HG-AFS 仪在我国的普及推广创造了条件；在此基础上研制生产的 XDY-2 无色散 HG-AFS 仪以屏蔽式高温石英炉作原子化器，手动进样、双道同时检测、微机控制，堪称为我国 AFS 发展史上具有里程碑意义的仪器。1996 年我国推出了第一款全自动 AFS-230 型 HG-AFS 仪，采用断续流动进样装置，实现了氢化物发生反应的自动化。随后，我国相继研制生产出 AFS-610、AFS-230、SK-800、AFS-2202、AFS-830、AFS-9800、SK-锐析、AFS-930、AFRoHS-400 等高灵敏商品化原子荧光仪，使得我国 HG-AFS 仪的研制和应用水平，一直处于国际领先地位。

近年来，随着环境科学、生命科学等领域对元素形态和价态分析的要求，原子荧光联用技术，特别是与色谱的联用，已成为原子荧光分析研究的热点。比如，我国自主研制的 SA-10、LC-AFS9800、AF-610D2 等仪器，就是基于 HPLC 和 AFS 联用的形态分析仪，能够有效地分离和检测不同形态和价态的 As、Hg、Se、Sb 等元素。

9.1.2 分类

原子荧光光谱仪分为色散型和无色散型两类。其基本结构都包括四个部分：激发光源、原子化器、光学系统、检测系统，结构简图如图 9-1 所示。

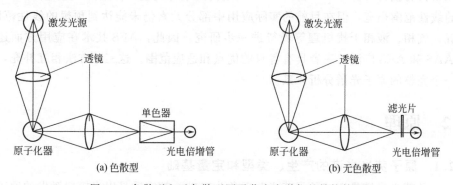

(a) 色散型 (b) 无色散型

图 9-1 色散型和无色散型原子荧光光谱仪的结构简图

两类仪器的区别在于色散型仪器多了一个单色器，而无色散仪器在检测系统前只需加一个光学滤光片。两类仪器的优缺点比较见表 9-1。

表 9-1 色散型与无色散型优缺点比较

系统	优　点	缺　点
色散型	1. 波长范围较为广泛 2. 分离散射光的能力较强 3. 灵活性较大，转动光源即可选择分析元素 4. 可以采用灵敏、宽波长范围的光电倍增管	1. 价格较高 2. 必须调整波长 3. 有可能产生波长漂移 4. 与无色散型相比，接收荧光的立体角较小
无色散型	1. 仪器结构简单、便宜 2. 不存在波长漂移 3. 有较好的检出限	1. 需采用日盲光电倍增管 2. 较易受到散射干扰和光谱干扰 3. 对激发光源的纯度要求较高

在目前的商品化原子荧光仪中，绝大多数是无色散型，而氢化物发生-无色散原子荧光光谱仪是当前应用最为广泛、技术最为成熟的原子荧光仪器，是本章介绍的重点。

9.1.3 特点

原子荧光光谱仪（AFS）与原子吸收光谱仪（AAS）和原子发射光谱仪（AES）相比，主要特点是：①检出限低，灵敏度高，采用新的高强度光源可进一步降低检出限；②谱线简单，干扰少，对 ICP-AFS 来说，几乎没有光谱干扰和基体干扰，其选择性甚至优于 ICP-MS；③分析线性范围宽，可达 3～5 个数量级；④由于原子荧光发射的空间多方性，比较容易制造多道仪器，实现多元素的同时测定；⑤仪器结构简单，价格便宜，易于普及。

尽管原子荧光分析法有许多优点，但第一，由于荧光猝灭效应的存在，致其在测定复杂基体样品和高含量样品时，还有一定的困难；第二，原子荧光具有固有的散射光干扰，使得其对激发光源和原子化器有较高的要求，从而导致在现有技术条件下，原子荧光光谱分析理论上所具有的优势在实际中难以充分发挥出来；第三，除 HG-AFS 在测定 As、Sb、Se 等易于生成氢化物的元素以及 Hg 等易于生成蒸气的元素具有独特的优势外，目前 AFS 测定的元素种类较少；第四，理论上 AFS 分析的线性范围很宽，但在目前的实际应用中部分元素仍未能达到预想的线性范围；第五，气相、液相干扰机理等尚待进一步研究。因此，AFS 技术在应用方面还不如 AAS 和 AES 广泛，三者具有各自的优点和适应范围。这三种方法相互补充，构成一个完整的原子光谱分析体系。

9.2 原理

9.2.1 原子荧光光谱的产生、类型和定量基础

原子荧光光谱是以"原子荧光"现象为基础，其实质是以光辐射激发的原子发射光谱。处于基态的气态自由原子，当吸收外部光源一定频率的辐射能量后，原子的外层电子由基态跃迁至高能态，即激发态；处于激发态的电子很不稳定，在极短的时间（$\approx 10^{-8}$ s）内自发返回到基态，并以辐射的形式释放能量，所发射的特征光谱就是原子荧光光谱，如图 9-2 所示。

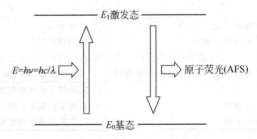

图 9-2 原子荧光光谱原理图

原子荧光的类型多达 14 种，应用在分析上的主要有共振荧光、直跃线荧光、阶跃线荧光、敏化荧光和多光子荧光等。共振荧光因其跃迁概率大且用普通线光源

即可获得相当高的辐射密度而应用最多。

根据朗伯-比耳定律及有关函数推算，当仪器和工作条件一定、且待测元素浓度很低时，荧光强度与浓度成正比，测定原子荧光的强度即可求得样品中该元素的含量。

9.2.2　荧光猝灭和荧光量子效率

激发态的原子从高能态跃迁回基态时发射出原子荧光。但是，受激原子在原子化器中可能与其它粒子发生非弹性碰撞而丧失能量，在这种情况下，荧光将减弱甚至完全不产生，这种现象称为荧光猝灭。荧光猝灭类型主要有：与自由原子碰撞、与分子碰撞、与电子碰撞、与自由原子碰撞后形成不同的激发态、与分子碰撞后形成不同的激发态、化学猝灭反应等。荧光猝灭的程度取决于原子化器的气氛。

荧光量子效率（Φ）用于衡量荧光猝灭程度，它表示原子在吸收光辐射后究竟有多少转变为荧光，定义为 $\Phi = \Phi_F/\Phi_A$（其中，Φ_F 为单位时间内发射的荧光能量，Φ_A 为单位时间内吸收的光能）。有研究表明，许多元素在氩气中的荧光量子效率最高，即荧光猝灭最小。在原子荧光仪器设计中应力求荧光量子效率接近于1。

9.2.3　氢化物发生-原子荧光光谱法（HG-AFS）

氢化物发生进样法，是利用合适的还原剂或化学反应，将样品溶液中的待测元素还原成挥发性共价氢化物或原子蒸气，由载气流导入原子光谱分析系统进行检测。其主要优点是：待测元素容易与样品基体分离，减少了干扰；与溶液直接喷雾进样相比，能将待测元素充分富集，进样效率接近 100%；利用不同条件实现不同价态元素的氢化物转变，从而可进行价态分析；氢化物发生装置易于实现自动化。

原子荧光光谱法最成功的应用是分析易形成氢化物的十种元素（As、Sb、Bi、Ge、Sn、Pb、Se、Te、Cd、Zn）和易形成蒸气的 Hg。这些元素氢化物（蒸气）发生的反应条件和原子荧光谱线见表 9-2。

表 9-2　部分元素氢化物发生的反应条件和原子荧光谱线

元素	价态	反应酸介质	谱线/nm	元素	价态	反应酸介质	谱线/nm
As	+3	5%HCl	193.7	Se	+4	20%HCl	196.0
Sb	+3	5%HCl	217.6	Te	+2	15%HCl	214.3
Bi	+3	10%HCl	306.8	Cd	+2	2%HCl	228.8
Ge	+4	20%H_3PO_4	265.1	Zn	+2	1%HCl	213.9
Sn	+4	2%HCl	286.3	Hg	0	5%HNO_3	253.7
Pb	+4	2%HCl	283.3				

注：五价的 As 和 Sb 也可与硼氢化物反应，但反应速度较慢；六价的 Se 和 Te 不与硼氢化物反应；Pb 的氢化物为 PbH_4，但在溶液中 Pb 以二价存在，所以应加入氧化剂。

9.2.4　工作原理

图 9-3 是氢化物发生-无色散双道原子荧光光谱仪的原理示意图。

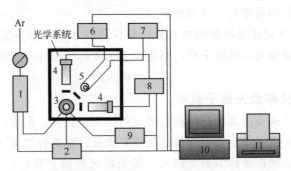

图 9-3 氢化物发生-双道原子荧光仪原理示意图

1—气路系统；2—氢化物发生系统；3—原子化器；4—激发光源；5—光电倍增管；6—前置放大器；
7—负高压；8—灯电源；9—炉温控制；10—控制及数据处理系统；11—打印机

样品从引入到得出最终结果的流程如下：

待测元素的酸性溶液引入氢化物发生系统中，在还原剂（一般为硼氢化钠或硼氢化钾）的作用下生成氢化物或蒸气。气态氢化物或蒸气与反应产生的过量氢气和载气（氩气）混合，进入原子化器，氢气和氩气在特制点火装置的作用下形成氩氢火焰，使待测元素原子化。待测元素的激发光源（一般为空心阴极灯或无极放电灯）发射的特征谱线通过聚焦，激发氩氢火焰中待测原子产生原子荧光；荧光信号被日盲光电倍增管接收、放大，然后解调转变为电信号，再由数据处理系统得到结果。

9.3 组成

原子荧光光谱仪的基本结构与原子吸收仪相似，但激发光源与其它部件不在一条直线上，以避免激发光源发出的光辐射对原子荧光检测信号的影响。下面对 HG-AFS 仪的主要构件作逐一介绍。

9.3.1 氢化物发生系统

氢化物发生系统由氢化反应装置、气流调节控制模块、气液分离装置和自动进样器（全自动仪器）等部分组成。氢化反应装置用于实现待测元素反应生成氢化物或蒸气。氢化物发生的实现方法主要有间断法（手动）、连续流动法、流动注射法、断续流动法（间歇泵法）和顺序注射法等。图 9-4 是间歇泵进样氢化物发生装置示意图，目前国内许多中档 HG-AFS 仪采用了这种氢化物发生进样装置。

图 9-4 中蠕动泵的上部放置所有的泵管。样品管用于将样品和载流通过固定体积的样品环，泵入混合反应块中，还原剂管将还原剂泵入反应块中，两根排废管连接气液分离器。进样及反应过程：由蠕动泵泵入的样品（载流）、还原剂在反应块中混合，气液混合物进入第一级气液分离器，气液分离后，废液由泵管排出，载气

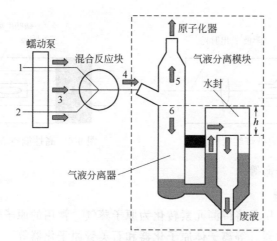

图 9-4　间歇泵进样氢化物发生装置示意图
1—样品（载流）；2—还原剂；3—载气；4—氢化物（气液混合）；
5—氢化物（或蒸气）；6—废液

和反应生成的氢化物（或蒸气）及多余氢气则通过管路进入原子化器内管，被石英炉芯端口外特制的电点火炉丝点燃，形成氩氢火焰，使氢化物（或蒸气）原子化。

9.3.2　激发光源

激发光源是原子荧光光谱仪的重要组成部分，其性能指标直接影响分析的检出限、精密度和稳定性。在原子荧光光谱分析中，用作激发光源的有空心阴极灯、无极放电灯、等离子体、激光等。在一定状态下，荧光强度与激发光源的发射强度成线性关系，一个理想的光源要求满足以下条件：①发射的强度大，不产生自吸；②发射的谱线窄，纯度高；③稳定性好，噪声小；④价格合理，使用寿命长；⑤操作简便，对外接电源要求不苛刻；⑥根据实际需要，能制造出各种元素的同类型的灯，以适应多元素分析。

目前，商品化原子荧光仪使用的激发光源基本上都是空心阴极灯（包括高性能空心阴极灯）。空心阴极灯（HCL）是一种产生原子锐线发射光谱的低压气体放电管，其阴极形状一般为空心圆柱，由被测元素的纯金属或其合金制成；其阳极是一个金属环，通常由钛制成，并兼作吸气剂用，以保持灯内气体的纯净。外壳为玻璃筒，窗口由石英或透紫外线玻璃制成，管内抽成高真空，充入几百帕的低压惰性气体（通常是氖气或氩气）。其结构简图如图 9-5 和图 9-6 所示。

原子荧光用的空心阴极灯是特制的高强度灯，它与一般原子吸收用空心阴极灯有较大的不同：一是它要适应短脉冲大电流的冲击而不会发生自吸现象；二是其特殊的短焦距设计适应荧光仪器的结构。在具体操作中，灯的脉冲调制信号由计算机控制，在空闲时间采用小脉冲供电；灯启动时，以集束脉冲方式供电，这样更有利于延长灯的使用寿命并保证灯的稳定性。灯的特性参数主要有：工作电流、预热时

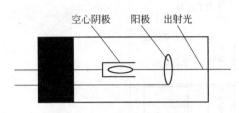

图 9-5　空心阴极灯结构简图

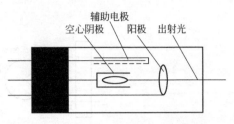

图 9-6　高性能空心阴极灯结构简图

间、背景和使用寿命等。

9.3.3　原子化器

　　原子化器的作用是将待测元素转化为原子蒸气。常用的原子化器有火焰原子化器、石墨炉原子化器、等离子体原子化器和石英管原子化器等。一个理想的原子荧光原子化器必须具有下列特点：原子化效率高、均匀性和稳定性好、在检测波长处的背景辐射低、没有物理或化学干扰、荧光量子效率高、猝灭效应低、待测原子在光路中有较长的寿命、操作简便等。

　　图 9-7 是目前 HG-AFS 仪中使用较为广泛的屏蔽式石英炉原子化器。该原子化器的特点是结构简单、记忆效应小、使用寿命长，它由一个电点火双层石英炉芯及其夹紧机构和外层金属保护套构成。电点火炉丝是一个缠绕在石英炉芯口上的细电热丝，在正常使用时，会加热发红并可以点燃氢气和氢化物的混合物，并形成一个炬状火焰。石英炉芯是一个屏蔽式双层结构，其中外层为屏蔽层，屏蔽气（氩气）切向进入并呈螺旋形上升，在管口上端的氩氢火焰外围形成氩气屏蔽层，阻止了周围空气进入管中心试样原子化区，从而降低了待测元素被周围空气氧化的概率，大大提高了原子化效率和分析灵敏度。

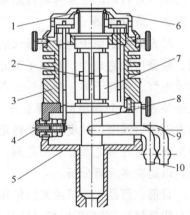

图 9-7　屏蔽式石英炉
原子化器示意图

1—电点火炉丝；2—石英炉芯夹紧螺钉；
3—原子化器外壳；4—电点火炉丝
电源线连接柱；5—原子化器底；
6—原子化器上盖；7—石英炉芯
固定块；8—石英炉芯；9—载气
与氢化物入口；10—屏蔽气入口

9.3.4　光学系统

　　从图 9-1 看出，色散型仪器光学系统中多了单色器。由于原子荧光发射强度较弱，谱线较少，因此对单色器的分辨率要求不高，但却要求有较强的集光能力。

　　无色散型仪器的光学系统不需要单色器，只需要一些聚集透镜、光学滤光片，对于仅检测日盲区内元素的仪器甚至连光学滤光片都不需要，而直接由日盲光电倍增管检测原子荧光，因此其光学系统相对简单。空心阴极灯发出的光束分别经各自聚光透镜会聚在石英炉原子化器的火焰中心，激发产生的原子荧光，以与入射光线成一定角度射向光电倍增管聚光镜，以1∶1 的成像关系会聚成像在光电倍增管的光阴极面上。

9.3.5　检测系统

检测系统包括光电信号的转换及电信号的测量。前者采用的检测器件有各种光电倍增管、光电管、光敏二极管、光敏电阻等。最常用的是日盲光电倍增管（见图9-8），它由光阴极、若干倍增极和阳极三部分组成。在原子荧光光谱分析中，电信号的测量是属于弱电流信号的检测，检测系统必须考虑到将分析信号和仪器的光学元件所产生的干扰信号（散射、反射、非特征的热发射等）相区别，还要和光电倍增管的噪声相区别。检测器与激发光束成直角配置，以避免激发光源对原子荧光信号检测的影响。

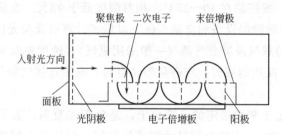

图 9-8　日盲光电倍增管原理图

检测电路包括前置放大器、主放大器、积分器和 A/D 转换电路。前置放大器的主要作用是将光电倍增管输出的电流信号转变成电压信号，以便于后续电路进行信号处理；主放大器是将前置放大器输出的电压信号进一步放大；积分器和 A/D转换电路主要功能包括背景扣除、积分、峰值保持、A/D 转换等。

9.3.6　数据处理系统

目前，原子荧光仪大多采用计算机控制，仪器主机通过 RS-232 或 USB 串口电缆与计算机进行通信，通过专用工作站，可以方便地设置仪器条件、测量条件、样品参数，进行数据处理等，并能实现仪器自诊、分析处理数据、错误提示、打印测量结果等操作。

9.3.7　气路系统

HG-AFS 仪的气路主要是提供载气和屏蔽气。载气用于将产生的氢化物（或蒸气）、氢气及少量的水蒸气带入原子化器中原子化，屏蔽气作为氩氢火焰外围的保护气，可防止原子蒸气被周围空气氧化，且起到稳定火焰形状的作用。所用气体一般为氩气或氮气，相对于氮气而言，许多元素在氩气气氛中的荧光强度要高得多。气路控制模块一般采用电磁阀控制模块和质量流量计，整个气路控制（包括流量设置）都可由计算机完成。

9.4 安装调试和校准

9.4.1 安装的一般要求及注意事项

原子荧光仪的连接和安装通常由厂家专业技术人员完成。不同的原子荧光仪对环境、设施可能有不同具体的要求，这里只介绍一般安装要求和注意事项。

① 仪器室需有稳定的电力供应。在电力供应不稳定或周围有其它高耗电设备的仪器室，应配备足够功率的稳压电源，其输出端应配有一个多用插座盒，并有良好接地。

② 应安装强制排风系统，用于有效抽走原子化过程中产生的有毒气体。排风口安装于仪器烟囱上方约30cm处，但又不能与烟囱直接相连。

③ 环境温度一般控制在10～35℃、相对湿度低于75%。在湿度、温度较高的地区，应配有必要的除湿设备和空调系统，以保证计算机及荧光仪的正常工作。

④ 具有稳定的载气及屏蔽气源（一般采用氩气），纯度要求99.9%以上，并带氧气减压表。使用高压钢瓶时，应避免阳光直射。安装连接气路管道后，应进行必要的检漏。

⑤ 仪器应放置于坚固稳定的实验台上，避免阳光直射。实验台应具有防酸和绝缘保护（如橡胶垫）；实验台面尺寸应满足仪器、计算机及辅助设备（包括氢化物发生装置、自动进样器、打印机等）的放置要求，台面后部距墙或其它设备应有至少30cm的空隙，以便于仪器的连接和维修。

⑥ 仪器室内保持良好的通风，无腐蚀性气体。

⑦ 仪器应远离强磁场、强电场及高频发生源。

⑧ 准备调试时所需要的试剂，包括还原剂（硼氢化钠或硼氢化钾）、优级纯盐酸、硫脲和抗坏血酸（用于测As、Sb用）、待验收测试元素的标准储备溶液。

9.4.2 主要性能指标

原子荧光光谱仪是我国少数具有自主知识产权的科学仪器之一，我国已在原子荧光技术应用方面建立了40多项国家和行业标准，这些标准的建立，使原子荧光光谱仪在地质、冶金、食品、水质、环境、轻工、电子等领域的应用起到了很好的促进作用。据了解，加拿大Aurora公司生产的AI3300型HG-AFS仪是国内销售的唯一一款进口原子荧光仪，而我国HG-AFS仪的技术性能和市场占有率都具有较大的优势。目前，氢化物发生-无色散原子荧光光谱仪的一般技术指标如表9-3所示；表9-4是SA-10型在线色谱分离-原子荧光形态分析仪的主要技术指标。

下面简要介绍两款氢化物发生-无色散原子荧光仪的主要特点和性能指标。

(1) SK-锐析型连续流动进样原子荧光光谱仪（图9-9）

① 采用双泵四通路连续流动进样氢化物发生系统；

表 9-3　氢化物发生-无色散原子荧光光谱仪的一般技术指标

元素	As、Pb、Se、Sb、Bi、Te、Sn	Hg、Cd	Ge	Zn
检出限（DL）	＜0.05ng/mL	＜0.005ng/mL	＜0.1ng/mL	＜1ng/mL
精密度（RSD）	＜2%			
线性范围	大于 3 个数量级			

表 9-4　SA-10 型在线色谱分离-原子荧光形态分析仪的技术指标

元素及形态		最小检出量/ng	分析时间/min	精密度（RSD）	线性范围	相关系数
As	As(Ⅲ)	0.04	＜12	＜5%	＞10^3	＞0.999
	DMA	0.08				
	MMA	0.08				
	As(Ⅴ)	0.2				
Se	SeCys	0.3	＜10	＜5%	＞10^3	＞0.999
	SeMeCys	1.0				
	Se(Ⅳ)	0.3				
	SeMet	2.0				

图 9-9　SK-锐析型连续流动进样原子荧光光谱仪

② 采用稳流集扩式气路传输系统；

③ 采用双层石英屏蔽式原子化器；

④ 采用新型单片机控制，线路板贴片器件设计，电路功能排列模块化；

⑤ 具有自动在线稀释高浓度样品功能；

⑥ 自动实现单次、连续测定功能，及样品空白扣除可选择功能；

⑦ 内置式氩气自动控制、切断气流自动保护功能；

⑧ 独特的人机工程设计，操作方便，外观简洁大方；

⑨ 检出限（DL），As、Sb、Bi、Pb、Sn、Te、Se 含量可达 0.01ng/mL，Hg、Cd 含量可达 0.001ng/mL，Ge 含量可达 0.05ng/mL，Zn 含量可达 1ng/mL；

⑩ 相对标准偏差（RSD）＜0.4%。

（2）AFS-930 型全自动顺序注射进样原子荧光光谱仪　该仪器（图 9-10）在 2003 年第十届 BCEIA 会议上曾获金奖。

① 采用专利顺序注射泵进样氢化物发生系统；

图 9-10　AFS-930 型全自动顺序注射进样原子荧光光谱仪

②　集束式脉冲供电方式，延长元素灯使用寿命，同时提高灵敏度和测量稳定性；

③　采用新型屏蔽式石英原子化器；

④　采用化学气相发生气液分离装置，可在线自动去除硼氢化钾气泡；

⑤　具有氢化物发生原子荧光测量尾气中有害元素捕集阱装置；

⑥　可配备三维自动进样系统；

⑦　可单标准自动配置标准曲线，在线自动稀释高浓度样品；

⑧　可配置形态分析部件、专用气态汞检测装置和血铅测定模块等独特的功能模块；

⑨　气路自动控制、自动保护、自动报警系统；

⑩　支持多样品空白和多个管理样校正，样品和空白可选择性引入，节约样品，减少污染；

⑪　检出限（DL）：As、Sb、Bi、Pb、Sn、Te、Se 含量可达 0.01ng/mL，Hg、Cd 含量可达 0.001ng/mL，Ge 含量可达 0.05ng/mL，Zn 含量可达 1ng/mL；

⑫　相对标准偏差（RSD）<1%。

9.4.3　仪器的验收和测试

仪器出厂前一般都已经过严格的全面检验，各项指标符合要求。验收时对照装箱清单和合同，认真核对仪器的型号、规格、主机系列号、出厂合格证、操作说明书、备品配件数量等，必要时对开箱情况进行拍照。

硬件和软件安装后，通常可选择检测两种元素来评价仪器技术指标的符合性。

（1）As、Sb 的相对标准偏差和检出限　配制 As、Sb 混合标准溶液（以 5% 盐酸为介质），浓度见表 9-5。

表 9-5　As、Sb 混合标准溶液系列

标准溶液系列序号	0	1	2	3	4
As 浓度/(ng/mL)	0.00	1.00	2.00	5.00	10.00
Sb 浓度/(ng/mL)	0.00	1.00	2.00	5.00	10.00
硫脲-抗坏血酸含量	1%～2%				

按仪器操作手册，依次测定上述混合标准溶液系列，绘制 As、Sb 校正工作曲线。

测试 4 号混合标准溶液，验收仪器的相对标准偏差。

使用 0 号空白标准溶液，连续测定 9 次以上，根据公式 DL＝3×SD/K 计算仪器的检出限（DL）（其中，SD 为标准偏差，K 为校正工作曲线的斜率）。

（2）Bi、Hg 的相对标准偏差和检出限　配制 Bi、Hg 混合标准溶液（以 5％盐酸为介质），配制浓度见表 9-6。相对标准偏差和检出限的验收测试同 As、Sb。

表 9-6　Bi、Hg 混合标准溶液系列

标准溶液系列序号	0	1	2	3	4
Bi 浓度/(ng/mL)	0.00	1.00	2.00	5.00	10.00
Hg 浓度/(ng/mL)	0.00	0.10	0.20	0.50	1.00

9.4.4　校准及期间核查

对于以空心阴极灯作激发光源的氢化物发生-无色散原子荧光仪，包括单道、双道、多道等类型仪器，通常可参照 JJG 939—2009《原子荧光光度计》进行校准。

（1）通用要求

① 仪器应有的标志：仪器名称、型号、制造厂名、出厂编号与出厂日期、制造许可证标志和编号等；

② 仪器及附件的所有紧固件应紧固良好，运动部件应平稳，活动自如；

③ 仪器的开关、旋钮及按键应能正常工作，由计算机控制或带微机的仪器，当由键盘输入指令时，各相应功能应正常。

（2）校准项目及性能要求　使用中或修理后仪器必须达到的技术要求见表 9-7。

表 9-7　校准项目和技术要求

校准项目	稳定性		检出限	测量重复性	线性相关系数	通道间干扰（双道）
	零漂	噪声				
技术要求	≤5％(30min)	≤3％	≤3ng	≤3％	≥0.997	±5％

（3）校准结果的处理　当所有校准项目都合格时，加施校准合格标识；对于校准不合格者应暂停或限制使用，加施校准不合格标识并注明不合格项目，及时向厂家反馈校准信息。

（4）校准周期　校准周期一般不超过 1 年。在此期间，当条件改变、对测量结果有怀疑、故障维修后或改装后、经搬迁或运输后，都应随时进行校准。

（5）期间核查　根据 ISO/IEC 17025《检测和校准实验室能力的要求》和 CNAS-CL01《检测和校准实验室能力认可准则》要求，为保持仪器校准状态的可

信度，在两次检定或校准周期之间应进行必要的期间核查。

结合数理统计，原子荧光光谱仪可采用的期间核查方式包括：①使用量值能溯源的、有效期内的有证标准物质或参考物质进行核查；②采用同等准确度等级或相同最大允许误差的原子荧光仪进行检测比对；③对同一样品，进行实验室间的测试比对；④采用量值稳定的留存样品进行核查；⑤参照 JJG 939—2009 核查稳定性、检出限、相对标准偏差等；⑥使用原子荧光光谱仪使用说明书及产品标准或供应商提供的方法。

根据核查结果确定仪器是否可以继续使用。如果核查结果异常，应进行分析，查找原因，可更换核查方法和增加核查点，必要时应提前进行检定或校准，同时对造成的影响进行评估，必要时追溯检测过的样品。

9.5　操作和使用

9.5.1　开关机顺序

（1）开机顺序　打开计算机，进入 Windows 操作系统后，打开气源，再依次开启荧光仪主机、氢化物发生装置、自动进样器，进入 AFS 工作站。

（2）关机顺序　退出 AFS 工作站，依次关闭荧光仪主机、氢化物发生装置、自动进样器，关闭计算机，并断电、关气。

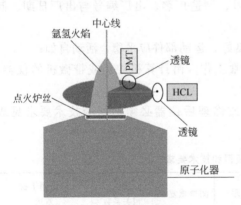

图 9-11　光路调节示意图

9.5.2　光路调节

打开主机电源后，灯室内的空心阴极灯一般自发点亮。将调光器放置在原子化器上方，调节原子化器高度旋钮，使元素空心阴极灯发出的光斑落在原子化器石英炉芯的中心线与透镜的水平中心线的交汇点上（见图 9-11）。光斑位置的调整一般是靠调节灯架上的固定螺丝来进行。光路调节正常后取下调光器，将原子化器调到合适高度。一般地，新装或更换空心阴极灯时都应进行光路调节。

9.5.3　仪器工作参数的选择

对检测结果有一定影响的仪器参数主要有：光电倍增管负高压、灯电流、原子化器温度、原子化器高度、载气流量、屏蔽气流量、读数时间和延迟时间。

（1）光电倍增管（PMT）负高压　光电倍增管负高压是指施加于光电倍增管两端的电压。光电倍增管的作用是把光信号转换成电信号、并放大，放大倍数与施加在光电倍增管两端的电压（负高压）有关，在一定范围内负高压荧光强度（I_f）与负高压（—HV）成正比，如图 9-12 所示。负高压越大，放大倍数越大，荧光强度也越大，但同时暗电流等噪声也相应增大。据研究，当光电倍增管负高压在 200～500V 之间时，其信噪比（S/N）是恒定的，如图 9-13 所示。因此，在满足分析要求前提下，光电倍增管负高压尽量不要设置太高。

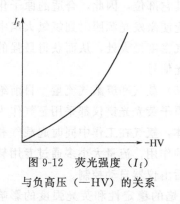

图 9-12 荧光强度（I_f）
与负高压（—HV）的关系

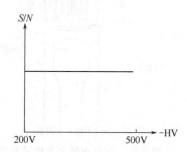

图 9-13 光电倍增管的信噪比（S/N）
与负高压（—HV）的关系

（2）灯电流 采用脉冲供电方式的激发光源，包括空心阴极灯和高性能空心阴极灯，脉冲灯电流的大小决定了激发光源发射强度的大小，在一定范围内荧光强度和检测灵敏度随着灯电流的增加而增大。但灯电流过大时，会发生自吸现象，而且噪声也会增大，同时会缩短灯的寿命。不同元素灯的灯电流与荧光强度的关系不尽相同，举例如图 9-14 所示。

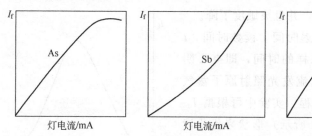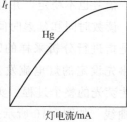

图 9-14 不同元素灯的灯电流与荧光强度（I_f）的关系

（3）原子化器温度 原子化器温度是指石英炉芯内的温度，即预加热温度。当氢化物通过石英炉芯进入氩氢火焰原子化之前，适当的预加热温度，可以提高原子化效率、减少荧光猝灭效应和气相干扰。有实验表明，对于屏蔽式石英炉原子化器，200℃是较佳的预加热温度；一般通过点燃石英炉芯出口外围缠绕的电点火炉丝 10～15min 就可达到较佳的预加热温度。原子化器温度与原子化温度（即氩氢火焰温度）不同，氩氢火焰温度约为 780℃。

（4）原子化器高度 原子化器高度是指原子化器顶端到透镜中心水平线的垂直距离（见图 9-15 中的 h），即火焰的相对观测高度。原子化器高低在一定程度上决

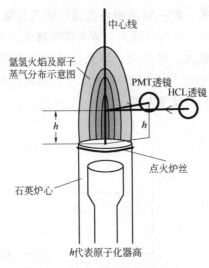

图 9-15　氩氢火焰的高度示意图

*h*代表原子化器高

定了激发光源照射在氩氢火焰的位置，从而影响到荧光强度。高度数值越大，原子化器越低，氩氢火焰的位置越低。一般而言，氩氢火焰中心线的原子蒸气密度最大，而火焰中部的原子蒸气密度大于其它部位，因此，合适的原子化器高度能使激发光源照射到氩氢火焰中原子蒸气密度最大处，从而获得最强的原子荧光信号。

（5）载气和屏蔽气流量　目前绝大多数原子荧光光谱仪都采用氩气作为工作气体，氩气在工作中同时起载气和屏蔽气的作用，流量大小多通过专用软件设定后由仪器自动控制。

反应条件一定时，载气流量的大小对氩氢火焰的稳定性和荧光强度的影响较大。偏小的载气流量，会导致氩氢火焰不稳定，测量重现性差；当载气流量极小时，由于氩氢火焰很小，可能检测不到荧光信号；载气流量偏大时，原子蒸气会被稀释，测量的荧光信号值会降低；过大的载气流量还可能导致氩氢火焰被冲断而无法形成，得不到测量信号。

屏蔽气流量偏小时，氩氢火焰肥大，信号不稳定；屏蔽气流量偏大时，氩氢火焰细长，信号也不稳定，并且灵敏度下降。

（6）读数时间和延迟时间　读数时间［$t(r)$］是指进行分析采样的时间，即空心阴极灯以事先设定的灯电流发光照射原子蒸气激发产生荧光的整个过程。实验中可根据 I_f-T 关系曲线（如图 9-16 所示）形状来优化读数时间，它与蠕动（注射）泵的泵速、还原剂浓度、进样体积、气流量等因素有关。确定合适的读数时间非常重要，以峰面积积分计算时能将整个荧光峰全部纳入为最佳。

延迟时间［$t(d)$］是指当试样与还原剂

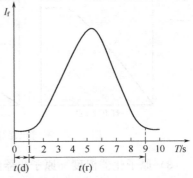

图 9-16　读数时间［$t(r)$］、延迟时间
［$t(d)$］与荧光强度（I_f）的关系图

开始反应后，产生的氢化物（或蒸气）到达原子化器所需要的时间。设置合适的延迟时间，可以有效地延长灯的使用寿命，并减少空白噪声。当读数时间固定时，过长的延迟时间会导致读数采样滞后，损失测量信号；过短的延迟时间会减少灯的使用寿命，增加空白噪声。

9.5.4　样品的前处理

原子荧光分析前，样品须采用合适的方法处理成均匀的水溶液，如灰化法、消解法等；同时应结合分析方法、样品性质、待测元素等诸多方面考虑样品前处理中各种因素的影响。包括：

① 前处理过程须保证样品完全分解；

② 选用的前处理方法须保证待测元素无损失或不产生不溶性化合物，比如，测汞时，样品不能采用灰化或高温敞开式消解以免汞挥发损失；

③ 所用试剂应检查空白，应考虑是否会对定量产生干扰，无机酸建议采用优级纯，同时须做空白试验；

④ 样品前处理后的介质应符合待测元素氢化物发生的条件。

9.5.5　仪器操作步骤

下面以 AFS-930 型全自动顺序注射双道原子荧光光谱仪为例进行简要介绍。

① 打开灯室盖，将待测元素的空心阴极灯小心插入灯座，并确认插紧插好；

② 按要求连接好各种泵管；

③ 打开气源，调节减压阀使次级压力在 0.2～0.3MPa；

④ 按 9.5.1 开机顺序，运行 AFS-9X 系列专用操作软件，进入工作站；

⑤ 检查光路，进行必要的光路调节；

⑥ 首次运行时，系统出现"仪器和用户参数"对话框要求用户输入相关信息，并选择相应的仪器信息及附件信息；

⑦ 点击"检测"按钮，仪器进行自检、自诊；

⑧ 通过调节泵管压块螺丝，检查排液是否正常；

⑨ 点燃点火炉丝，预热仪器 20min 以上；

⑩ 单击工具栏中的"元素表"按钮，或菜单"选项"中的"元素表"，A、B道自动识别匹配的元素灯，若单道测量，则应手工屏蔽非检测道；

⑪ 根据操作软件手册，设置仪器条件、测量条件、注射泵程序、标准系列信息、样品参数等；

⑫ 单击"测量窗口"按钮，点击"检测"，出现"另存为"画面时，输入保存数据的目录和文件名并保存；

⑬ 按操作软件依次测量标准校正溶液系列、样品空白、样品溶液；

⑭ 根据需要打印校正工作曲线和结果报告；

⑮ 测试结束后，在空白溶液杯和还原剂容器内加入蒸馏水，运行"清洗程序"五次以上，并排空积液；

⑯ 熄灭点火炉丝，然后退出工作站，并依次关闭主机、顺序注射系统和自动进样器，关闭计算机和气源，并松开压块，放松泵管。

9.5.6　定量分析方法

原子荧光分析与原子吸收和原子发射光谱分析一样，是一种动态分析方法，通常采用校正工作曲线进行定量。

以待测元素的标准物质配制标准校正溶液系列，在设定的仪器工作条件下，按仪器操作手册，测定各标准溶液的荧光强度，绘制荧光强度（I_f）-浓度（c）校正曲线，函数关系表示为 $I_f = F(c)$，在同样条件下测定样品溶液的荧光强度，根据校正曲线读出浓度并计算样品中待测元素的含量。

目前，商品化 AFS 仪都配有计算机，校正曲线多采用线性回归法，工作站软件的数据处理系统功能强大，能自动绘制校正曲线、读数、数理统计、计算结果等。

9.5.7 分析注意事项

原子荧光光谱仪作为一种元素痕量分析仪器，操作人员使用前，必须认真阅读仪器使用说明书、软件操作手册、分析方法手册及相关的文献资料，并经过必要的培训。以下几点是分析工作者应特别重视的注意事项。

① 仪器运行之前一定要先打开气源（氩气）。

② 运行工作站时应尽量避免操作其它软件，尤其是占用内存较大的程序。

③ 安装和更换空心阴极灯时，一定要在主机电源关闭下操作，切忌带电插拔灯。制造商已规定了灯的最大可用电流，使用时不得超过最大额定电流，否则会导致阴极材料大量溅射、热蒸发或阴极熔化，寿命缩短甚至损坏。

④ 标准校正溶液（特别是汞标准溶液）和还原剂应现配现用；标准储备液应定期更换。

⑤ 测定未知浓度或高含量样品时，应进行足够稀释后再测定，避免高含量待测元素（特别是汞）对反应系统的污染。一般而言，原子荧光光谱仪允许进样的砷最高浓度为 200ng/mL、汞最高浓度为 20ng/mL。

⑥ 尽量选择与标准溶液基体相一致的等浓度酸液作为载流，用于推进试样至反应系统并清洗整个进样系统。一般可选择 2%～20% 盐酸或硝酸。

⑦ 为减少所用酸因含有待测元素和其它元素而产生的干扰，尽可能选择正规厂家的优级纯酸；其它试剂纯度应符合要求。实验用玻璃器皿都应先用 10%～20% HNO_3 浸泡后用蒸馏水清洗干净。

⑧ 测量结束后，一定要用蒸馏水清洗进样系统并排空积液。

9.6 维护保养和常见故障排除

9.6.1 维护保养

除正确地操作和使用外，维护保养关系到仪器的技术指标和分析性能，能延长仪器的使用寿命。结合厂家专业指导，根据仪器使用说明书，制定合适的维护保养规程显得非常重要。原子荧光仪的维护保养要求如下。

① 保持空心阴极灯前端石英玻璃窗的清洁。不用手触摸；如发现玷污，可用脱脂棉蘸取 30％乙醇和 70％乙醚的混合液拧干后擦拭干净。

② 使用蠕动泵管时，应调节合适的泵管压力，保证合适的松紧程度，以减缓其老化速度；避免泵管空载运行；适时更换老化的泵管。此外，定时滴加润滑硅油可有助于提高信号稳定性并延长泵管寿命。

③ 更换电点火炉丝时，应严格按照仪器使用手册进行；只能选用仪器专用的炉丝；不能随意剪短炉丝，保证炉丝电阻值与输入电压的匹配。

④ 定期清洁或更换原子化器中的石英炉芯，减少附着的反应残留物对测量的影响。石英炉管可用 20％～30％王水浸泡 24h 左右，再用蒸馏水清洗干净，晾干或置于烘箱内烘干。

⑤ 实验中避免酸、碱等化学物质对仪器的腐蚀。

⑥ 仪器及空心阴极灯都不宜长期闲置不用。每月至少开机预热半小时，以保障仪器和灯的性能，延长使用寿命。

⑦ 测量结束后，应用蒸馏水或去离子水清洗进样系统，并排空积液；保持仪器表面的洁净。

⑧ 按要求定期进行校准或期间核查。

9.6.2　常见故障诊断及排除方法

原子荧光仪使用中常见的故障可能缘于仪器硬件方面、系统软件方面，也可能来自于分析操作本身。一些硬件故障建议由厂家专业维修人员予以解决。对于一些常见故障可参照下列方法诊断及排除。

（1）通信失败　开机后无法正常进入操作软件，软件提示通信失败。

可能原因：

① 主机电源未打开；

② 荧光仪与计算机之间的通信电缆接触不良，或通信电缆故障；

③ 未按正确顺序开机；

④ 工作站与计算机硬件或操作系统不匹配；

⑤ 荧光仪硬件损坏。

排除方法：

① 打开主机电源；

② 检查通信接口是否正确、通信电缆是否正常连接、插头接触是否良好；

③ 关机使复位，按正确顺序重新开机；

④ 重新安装或升级操作系统，重新安装工作站；

⑤ 检查仪器主板电源及其它部件是否正常。

（2）仪器未能正确识别元素空心阴极灯或识别错误

可能原因：

① 空心阴极灯未装好装紧，或灯故障；

② 带电拔插空心阴极灯时损坏了仪器电路。

排除方法：

① 重新安装空心阴极灯，或更换有故障的元素灯；

② 检查、维修或更换主机电路板。

（3）开始测量或测量过程中仪器停止运行并提示无载气

可能原因：

① 气体保护开关不灵敏，或控制电路故障；

② 气源压力不足。

排除方法：

① 将气体保护开关插头用短路子短路，若故障现象消失，则说明气压开关内的弹簧压力太大，可将气体保护开关上部的顶丝适当拧松，如果故障照旧，则可能是控制电路故障，检查、更换仪器主板；

② 调节气体压力开关，或更换气瓶、检查外部气源。

（4）测量过程中仪器停止运行，软件提示串口错识或溢出

可能原因：

① 工作站与计算机操作系统冲突；

② 仪器硬件故障或空心阴极灯引起的干扰；

③ 试样待测元素含量过高，超过仪器工作范围，仪器停止运行并提示溢出。

排除方法：

① 升级或重新安装操作系统，重装工作站；

② 维修硬件或更换可能产生干扰的空心阴极灯；

③ 稀释试样溶液再进样检测。

（5）开机后或测量过程中自动进样器不能复位

可能原因：

① 连接电缆接触不良或出现故障；

② 自动进样器部件卡住或机械故障。

排除方法：

① 检查、更换连接电缆；

② 去除障碍物或维修自动进样器。

（6）测量时没有荧光信号

可能原因：

① 空心阴极灯故障；

② 进样系统工作不正常；

③ 氢化物反应条件不正确；

④ 未形成氩氢火焰；

⑤ 仪器硬件故障。

排除方法：

① 更换相应元素空心阴极灯；

② 检查进样系统是否堵漏、泵管是否松动、载气和屏蔽气是否正常，观察有无氩氢火焰；

③ 正确地反应生成氢化物或蒸气；

④ 还原剂是否现配以及还原剂浓度、酸度不够，产生的氢气量太少，电点火炉丝位置与石英炉芯的出口相距远；

⑤ 检查、维修仪器主板、检测器等。

（7）测量信号值偏低或异常

可能原因：

① 空心阴极灯灵敏度下降；

② 光路未调节好；

③ 进样系统问题；

④ 氢化物反应条件不正确。

排除方法：

① 更换空心阴极灯；

② 按仪器使用手册正确调节光路；

③ 检查进样系统，包括泵管压力是否正常、泵管是否变形老化；

④ 检查载流、还原剂的浓度等。

（8）测量信号不稳定，精密度差

可能原因：

① 空心阴极灯稳定性不好或产生漂移；

② 气路系统出现泄漏或局部堵塞；

③ 氩氢火焰受外界干扰；

④ 进样系统故障；

⑤ 氢化反应过于激烈，部分反应液随载气进入原子化器中；

⑥ 进样系统受到高含量待测元素的污染；

⑦ 电路噪声大。

排除方法：

① 对元素空心阴极灯预热足够时间（对汞灯可大电流预热），或更换元素灯；

② 检查气路及次级压力；

③ 减少抽排气系统或照明系统对火焰的影响；

④ 检查进样系统，检查泵运转的润滑、泵管压力、进样管的畅通以及是否老化变形等；

⑤ 试液中滴加适量的消泡剂；

⑥ 清洗进样系统、石英炉芯等，更换泵管、气液分离器等；

⑦ 在不安装空心阴极灯情况下检测，观察荧光信号值是否稳定。

（9）测量准确度差

可能原因：

① 样品前处理不当，前处理不完全有损失、污染、干扰等；

② 标准校正溶液系列的问题，配制不正确、保存不当导致浓度降低、受污染、线性范围过宽等；

③ 待测试样溶液浓度超过校正曲线范围，或处于拟合后的校正曲线极端；

④ 由于长时间工作，元素灯产生漂移，空白荧光值和校正曲线发生改变；

⑤ 测量稳定性差。

排除方法：

① 选择合适的前处理方法，选用高纯度的试剂、检查试剂空白、屏蔽杂质元素干扰等；

② 重配标准校正溶液系列，同时应考虑与样品溶液介质的一致性；

③ 合适的称样量或稀释倍数，确保在校正曲线线性范围内，尽量使试样浓度处于拟合的校正曲线中部；

④ 重新建立标准校正曲线；

⑤ 按 9.6.2 中（8）处理。

参 考 文 献

[1] 刘明钟，汤志勇，刘霁欣等. 原子荧光光谱分析. 北京：化学工业出版社，2008.

[2] 邓勃，迟锡增，刘明钟等. 应用原子吸收与原子荧光光谱分析. 第2版. 北京：化学工业出版社，2007.

[3] 刘明钟，闫军，王安邦等. 原子荧光应用手册. 北京：北京吉天仪器有限公司，2007.

[4] 原子荧光分析仪讲义. 北京：北京金索坤技术开发有限公司，2007.

[5] AFS-930 双道原子荧光光度计使用说明书（V4.0）. 北京吉天仪器有限公司.

[6] SA-10 形态分析仪使用说明书（V2.0）. 北京吉天仪器有限公司.

[7] SK 系列原子荧光光谱仪使用说明书. 北京金索坤技术开发有限公司.

[8] Greenfield S. Atomic fluorescence spetrometry: progress and future prospects. TrACTrends in Analytical Chemistry, 1995, 14（9）：435.

[9] GB/T 21191—2007. 原子荧光光谱仪.

[10] JJG 939—2009. 原子荧光光度计.

[11] 赵晶晶，常健辉. 试谈实验室仪器的期间核查. 中国科技博览，2009，6：72.

第10章　X 射线荧光光谱仪

10.1　概述

10.1.1　发展历史

X 射线荧光光谱仪是基于 X 射线荧光光谱法而进行分析的一种常用的分析仪器。X 射线（又称伦琴射线或 X 光）是一种波长范围在 $0.01\sim10nm$ 之间的电磁辐射形式，是德国科学家伦琴在 1895 年进行阴极射线的研究时，发现的“一种新的射线”。随后，1896 年，法国物理学家乔治（Georges S）发现 X 射线荧光。

1948 年，Friedman 和 Briks 应用盖格计数器研制出波长色散 X 射线荧光光谱仪，1969 年美国海军实验室成功研制第一台能量色散 X 射线荧光（EDXRF）光谱仪，自此，X 射线荧光光谱法进入蓬勃发展阶段，特别是随着材料科学、电子技术和计算机的飞速发展，X 射线荧光分析技术及其软件的不断开发，使得 EDXRF 光谱仪发展逐步完善，无论是硬件还是软件的开发与波长色散 X 射线荧光（WDXRF）光谱仪基本同步。

10.1.2　特点

① 是一种真正意义上的无损检测方法，具有不污染环境及低耗等优点。被测样品在测量前后，无论其化学成分、重量、形态等都保持不变，特别适合在现场或在线分析，能实时获取多种数据。

② 分析速度快，由于一般无需进行样品预处理，甚至无需样品的制备，X 射线荧光光谱仪可以对大量的样品进行快速预筛选分析。一般情况下，检测一个样品需 3min 左右。

③ 应用范围广。可以同时测定样品中多种元素，元素可检测含量范围从 10^{-6} 至 100%，广泛用于地质、冶金、化工、材料、石油、医疗、考古等诸多领域，能量色散 X 射线荧光光谱仪已成为一种强有力的定性和半定量的分析测试技术。EDXRF 仪器的发展，使 X 射线荧光分析方法更为有效，其应用领域更加广泛。

④ X 射线荧光光谱仪的不足之处是：分析精度相对较差，一般约为 3%～5%。对相当一些元素的测定灵敏度还不能令人满意。

10.2　工作原理

10.2.1　X 射线荧光光谱的产生

图 10-1 为 X 射线荧光的产生原理示意图。物质是由原子组成的，每个原子都

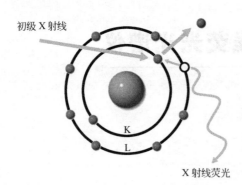

初级X射线

K

L

X射线荧光

图10-1 X射线荧光的产生原理示意图

有一个原子核（图中心圆球），原子核周围有若干电子（图外围圆球）绕其飞行。不同元素形成了原子核外不同的电子能级。在受到外力作用时，例如用X光子源照射，打掉其内层轨道上飞行的电子，该电子腾出后所形成的空穴，由于原子核引力的作用，需要从其较外电子层上吸引一个电子来补充，这时原子处于激发态，其相邻电子层上电子补充到内层空穴后，本身产生的空穴由其外层上电子再补充，直至最外层上的电子从空间捕获一个自由电子，原子又回到稳定态（基态）。这种电子从外层向内层迁移的现象被称为电子跃迁。电子自发地由能量高的状态跃迁到能量低的状态的过程称为弛豫过程。弛豫过程既可以是非辐射跃迁，也可以是辐射跃迁。当较外层的电子跃迁到空穴时，所释放的能量随即在原子内部被吸收而逐出较外层的另一个次级光电子，此称为俄歇效应，亦称次级光电效应或无辐射效应，所逐出的次级光电子称为俄歇电子；如所释放的能量不在原子内被吸收，而是以辐射形式放出，便产生X射线荧光，其能量等于两能级之间的能量差。

产生X射线的最简单方法是用加速后的电子撞击金属靶。撞击过程中，电子突然减速，其损失的动能会以光子形式放出，形成X光光谱的连续部分，称之为韧致辐射（制动辐射）。通过加大加速电压，电子携带的能量增大，则有可能将金属原子的内层电子撞出。于是内层形成空穴，外层电子跃迁回内层填补空穴，同时放出波长在0.1nm左右的光子。由于外层电子跃迁放出的能量是量子化的，所以放出的光子的波长为一特定的波长，形成了X光光谱中的特征线，因此称为特征辐射。

此外，放射性核素源、高强度的X射线亦可由同步加速器或自由电子雷射产生。放射性核素源具有良好物理化稳定性，射线能量单一、稳定，不受其它电磁辐射干扰等优点，但射线能量无法调节，因而，仪器灵敏度较低，主要适合现场或在线分析。同步辐射光源，具有高强度、连续波长、光束准直、极小的光束截面积并具有时间脉波性与偏振性，因而成为科学研究最佳X光光源，但其设备庞大、价格昂贵。

10.2.2 定性原理

因为每种元素原子的电子能级是特征的，它受到激发时产生的X荧光也是特征的。当高能粒子与原子发生碰撞时，如果能量足够大，可将该原子的某一个内层电子驱逐出来而出现一个空穴，使整个原子体系处于不稳定的激发态，激发态原子寿命约为$10^{-12} \sim 10^{-14}$s，在极短时间内，外层电子向空穴跃迁，同时释放能量，因此，X射线荧光的能量或波长是特征性的，与元素有一一对应的关系。

K 层电子被逐出后，其空穴可以被外层中任意一电子所填充，从而可产生一系列的谱线，称为 K 系谱线。其中由 L 层跃迁到 K 层辐射的 X 射线叫 K_α 射线，由 M 层跃迁到 K 层辐射的 X 射线叫 K_β 射线。同样，L 层电子被逐出可以产生 L 系辐射。

1913 年，莫斯莱（H. G. Moseley）发现，X 射线荧光的波长 λ 与元素的原子序数 Z 有关，其数学关系如下：

$$\lambda = K(Z-S)^{-2}$$

这就是莫斯莱定律，式中 K 和 S 是常数，因此，只要测出 X 射线荧光的波长，就可以知道元素的种类，这就是 X 射线荧光定性分析的基础。

10.2.3　定量原理

X 射线荧光的强度与相应元素的含量有一定的关系，据此，可以进行元素定量分析。但由于影响 X 射线荧光的强度的因素较多，除待测元素的浓度外，仪器校正因子、待测元素 X 射线荧光强度的测定误差、元素间吸收增强效应校正、样品的物理形态（如试样的均匀性、厚度、表面结构等）等都对定量结果产生影响。由于受样品的基体效应等影响较大，因此，对标准样品要求很严格，只有标准样品与实际样品基体和表面状态相似，才能保证定量结果的准确性。

10.3　结构及组成

10.3.1　结构和组成

X 射线荧光光谱仪有两种基本类型：波长色散型（WD）和能量色散型（ED）。波长色散型是由色散元件将不同能量的特征 X 射线衍射到不同的角度上，探测器需移动到相应的位置上来探测某一能量的射线。而能量色散型，去掉了色散系统，是由探测器本身的能量分辨本领来分辨探测到的 X 射线的。波长色散型能量分辨本领高，而能量色散型可同时测量多条谱线，目前，能量色散型 X 射线荧光光谱仪主要用于元素筛选分析。

能量色散型 X 射线荧光光谱仪一般由 X 射线管、滤光片、探测器、多道分析器和计算机数据处理系统等组成。

能量色散型 X 射线荧光光谱仪结构如图 10-2 所示。

（1）X 射线管　X 射线荧光光谱仪采用 X 射线管作为激发光源。图 10-3 是 X 射线管的结构示意图。其主要工作原理为：灯丝和靶极密封在抽成真空的金属罩内，灯丝和靶极之间加高压（一般为 40kV），灯丝发射的电子经高压电场加速撞击在靶极上，产生 X 射线。X 射线管产生的一次 X 射线，作为激发 X 射线荧光的辐射源。如采用较大的功率，可以激发二次靶，即用 X 射线管产生的一次 X 射线照射到二次靶，二次靶产生的特征 X 射线也可用于激发样品中待测元素，二次靶

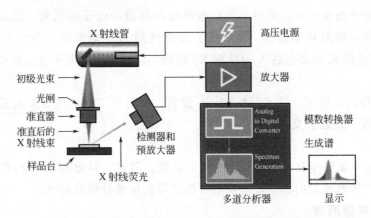

图 10-2　能量色散型 X 射线荧光光谱仪结构示意图

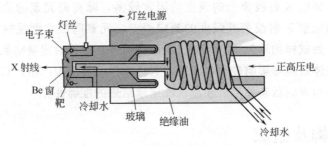

图 10-3　X 射线光管结构示意图

可降低背景、提高信背比，故一般可提高检出限。

  X 射线管的靶材和管工作电压决定了能有效激发受激元素的那部分一次 X 射线的强度。管的工作电压升高，短波长一次 X 射线比例增加，故产生的荧光 X 射线的强度也增强。但并不是说工作电压越高越好，因为入射 X 射线的荧光激发效率与其波长有关，越靠近被测元素吸收限波长，激发效率越高。

  X 射线管产生的 X 射线透过铍窗入射到样品上，激发出样品元素的特征 X 射线，正常工作时，X 射线管所消耗功率的 0.2% 左右转变为 X 射线辐射，其余均变为热能使 X 射线管升温，因此较大功率的 X 射线管必须不断地通冷却水冷却靶电极。

  (2) 滤光片　波长色散型 X 射线荧光光谱仪一般需要利用分光晶体将不同波长的 X 射线荧光分开并检测，得到 X 射线荧光光谱。而能量色散谱仪是利用 X 射线荧光具有不同能量的特点，将其分开并检测，不必使用分光晶体，而是依靠半导体探测器来完成。但能量色散谱仪也需要配置滤光片，其主要作用是改善激发源的谱线能谱成分，或抑制高含量组分的强 X 射线来进行能量选择，提高测量精度。按其用途不同，主要有初级滤光片和次级滤光片两种。

  初级滤光片置于 X 射线管和样品之间，其目的是得到单色性更好的辐射，提高激发源的信背比。初级滤光片的选择是十分重要的，不同的元素需要不同的初级滤光片。

次级滤光片置于样品和探测器之间，其目的是对试样中的多元素 X 射线荧光光谱进行能量选择，提高测量精度。一般是通过其对主要干扰元素的 X 射线荧光进行选择性吸收来实现。

（3）探测器　X 射线荧光光谱仪检测器常常被称为探测器，是 X 射线荧光光谱仪的核心部件，主要功能是将 X 射线荧光转变为一定形状和数量的电脉冲，用来表征 X 射线荧光的光能量和强度。X 射线荧光光谱仪常用的探测器有流气正比计数器、闪烁计数器和半导体探测器，目前实验室用台式能量色散型 X 射线荧光光谱仪一般用半导体探测器。半导体探测器有锂漂移硅探测器、锂漂移锗探测器、高能锗探测器等。半导体探测器的一般工作原理为：样品被激发光源激发产生的 X 射线荧光（X 光子）射到探测器后可形成一定数量的电子-空穴对，电子-空穴对在电场作用下形成电脉冲，脉冲幅度与 X 光子的能量成正比。在一段时间内，来自试样的 X 射线荧光依次被半导体探测器检测，得到一系列幅度与光子能量成正比的脉冲，经放大器放大后送到多道脉冲分析器（通常要 1000 道以上）。按脉冲幅度的大小分别统计脉冲数，脉冲幅度可以用 X 射线荧光的能量标度，从而得到计数率随 X 射线荧光能量变化的分布曲线，即 X 射线荧光能谱图。能谱图经计算机进行校正，然后显示出来，其形状与波谱类似，只是横坐标是 X 射线荧光的能量。

由于半导体探测器中的锂原子在室温下会在硅中扩散，产生过高的电子噪声，影响探测器的性能，因此，半导体探测器必须在低温下保存才能工作，目前主要有液氮和电制冷两种方法。

10.3.2　波长色散型和能量色散型仪器的比较

依据解析 X 射线荧光光谱方法不同（是否采用荧光分光晶体色散元件），X 射线荧光光谱仪有波长色散型（WD）和能量色散型（ED）两种。与能量色散型 X 射线荧光光谱仪不同的是，波长色散型 X 射线荧光光谱仪在 X 射线荧光照射检测器前经过分光晶体分光，不同波长（能量）的 X 射线荧光被分开并逐一被检测。图 10-4 为波长色散 X 射线荧光光谱仪结构示意图。

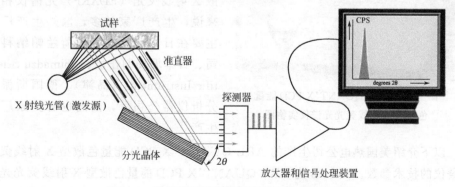

图 10-4　波长色散 X 射线荧光光谱仪结构示意图

相对来说，能量色散型 X 射线荧光光谱仪（能谱仪）没有波长色散型 X 射线荧光光谱仪那么复杂的机械结构，因而工作稳定，仪器体积也小，价格低廉；另一方面，由于能谱仪对 X 射线的总检测效率比波谱高，因此可以使用小功率 X 光管激发 X 射线荧光。缺点是能量分辨率差，探测器必须在低温下保存，对轻元素灵敏度低甚至无法测定。有关波长色散型（WD）和能量色散型（ED）X 射线荧光光谱仪主要特点的比较见表 10-1。

表 10-1 波长色散型（WD）和能量色散型（ED）X 射线荧光光谱仪主要特点的比较

仪器类型	波长色散型(WD)	能量色散型(ED)
分光晶体	有	无
分辨率	好	差,特别是在低能量 X 射线荧光区
对试样损失	相对大些	相对小些
总检测效率	较低	高
结构	较复杂,仪器体积一般较大	较简单,仪器体积一般较小
价格	昂贵	相对较低
探测器位置	离样品较远,接受辐射立体角较小	离样品很近,接受辐射立体角大,因此,可使用小功率 X 射线光管为激发源

10.3.3 典型型号仪器技术参数

X 射线荧光光谱仪主要包括能量色散 X 射线荧光（EDXRF）光谱仪和波长色散 X 射线荧光（WDXRF）光谱仪，目前波长色散 X 射线荧光（WDXRF）光谱仪由于结构复杂、价格昂贵，只有少数几个国外厂家生产，而能量色散 X 射线荧光（EDXRF）光谱仪相对来说，生产厂家较多，国外生产厂家主要在日本和欧洲，如荷兰帕纳科公司、日本堀场制作所、Shimadzu Scientific Instruments（岛津）、德国斯派克分析仪器公司等，国内也有多家厂家生产。

图 10-5 ARL QUANT'X PCD 能量色散型 X 射线荧光光谱仪实物图

以下介绍美国热电公司生产的 ARL QUANT'X PCD 能量色散型 X 射线荧光光谱仪的技术参数。图 10-5 为 ARL QUANT'X PCD 能量色散型 X 射线荧光光谱仪实物图，表 10-2 为该仪器技术指标。

表 10-2　ARL QUANT'X PCD 能量色散型 X 射线荧光光谱仪技术指标

部　件	技术指标	部　件	技术指标
X 射线发生器（X 射线管）	标配 Rh 靶；功率：50W；最大电压：50kV；电流范围：0.02 ～ 1.98mA；空气冷却	谱显示	自动峰定性，KLM 标记，分析条件状态谱重叠比较，硬件控制
滤光片	7 个滤光片，准直器有 1.0 ～ 8.8mm 多种规格选择	高级定量分析	浓度校正基本参数法，镀层厚度用于多基本无标样分析的 UniQuant FP，可对样品性质校正，漂移校正，在工厂预作校正
基本性能	稳定性：RSD＜0.3%，8h；灵敏度：Fe,Pb＜3mg/kg；再现性：RSD＜0.3%/1×10^6 计数	X 射线检测器	电制冷或液氮制冷，Si(Li)Peltier 检测器；晶体面积和厚度：15mm² PCD/30mm² LN，3.5mm；分辨率：＜155eV PCD/＜149eV LN；温度：＜190K
样品室	尺寸：30cm×40cm×6cm；气氛：空气、真空、充氮（选购）；自动进样器：20 位，10 位（自旋）（选购）；样品图像：CCD 相机，VGA	谱处理器	处理器类型：全数字化 32-bit 3 DSP；谱通道数：2048，20eV/通道；计数率：大于 100000cps(live)；能量范围：400 ～ 4096eV；死时间影响：＜3.0%
辐射和电器安全	联锁装置：样品室仓盖，双锁保护 X 光管，检测器，警告灯，仪器外板，保险丝等均有联锁保护；辐射：＜0.25mR/h，距离仪器 5cm 处	计算机和软件	操作系统：Windows XP；Wintrace 能谱仪分析软件；同一方法激发条件：≤8 个
检测元素范围	F～U		

注：$1mR=2.58\times10^{-7}C/kg$。

10.4　安装调试和校准

10.4.1　安装的基本要求

在安装仪器之前，深入了解仪器安装的基本要求，并在安装调试之前做好充分的准备工作，可以保证仪器的正常安装，使仪器能够正常运行，维持良好的工作状态。X 射线荧光光谱仪安装的基本要求主要包括实验室的环境、电源、液氮及液氮罐、冷却循环水、氦气等方面的要求。

（1）实验室的环境要求　实验室的环境很关键，如果实验室环境不理想，会影响仪器的正常工作。对实验室的环境要求如下。

①环境温度要求控制在 15～30℃之间，且温度变化不能太大。环境温度过高或过低，仪器使用时一些部件容易损坏，这样会缩短仪器的使用寿命。环境温度变化太大，会引起仪器工作不稳定。有些仪器为了保障正常工作，专门安装一个温度传感器对环境温度进行监控，当探测到的温度超过了设定的温度时，就会自动关闭主要部件，处于不工作状态，起到保护仪器的作用。如 PANalytical 公司的 Epsilon5 能量色散 X 射线荧光光谱仪安装了温度控制的保护装置，由于该仪器的最大工作电压可

以达到100kV，最大工作电流可以达到24mA，工作时发热量相当大，一般的中央空调难以满足散热需求，针对此类大功率仪器可以为它独立安装一台空调，以控制好室内的温度。

② 相对湿度要求小于80%。环境湿度太大，会导致绝缘子及高压回路漏电，探测器窗口会凝聚过多水蒸气，影响探测器对荧光强度的探测，从而影响探测效率。在我国的南方以多雨潮湿天气居多，环境湿度比较大，对湿度的控制就显得尤其重要。通常可以在实验室安装除湿机，定时对实验室进行除湿，可以很好地控制实验室环境的湿度。

③ 周围应无强烈交流电干扰，无强气流，无强烈震动源。强烈的交流电会产生磁场，干扰仪器的测量；较强的气流、震动源会引起测量环境的不稳定，影响测量结果。为保证仪器测量的稳定性，周围应确保无强烈交流电干扰，无强气流，无强烈振动源。

(2) 电源　电源的质量对仪器的测量精度及使用寿命影响很大，提供稳定的电源可以避免仪器产生较大的波动而影响仪器的测量精度，同时可以延长仪器的使用寿命。为了保护仪器，确保测量的稳定，必须在仪器电源前端加固定电压交-直-交净化稳压电源或在线式UPS，尤其针对电网质量很差的环境。同时仪器要求接地，接地电阻视不同类型的仪器要求不一样，一般要求接地电阻小于1Ω，接地电压小于5V。另外，X射线荧光光谱仪开机或关机都有一个缓冲过程，如果突然间断电马上又通电，在高压的作用下会对仪器某些敏感部件造成损伤，这在大功率的仪器上尤其重要，在仪器电源接入端接入一个断电保护开关能够很好地解决此类问题。有些仪器需要在线监控仪器每个部件的运行状况，特别针对使用电制冷探测器的仪器必须保持通电。

(3) 液氮及液氮罐　由于在室温下，半导体探测器容易损坏，必须在低温下进行工作。如常温下，Li在Ge中漂移性很强，故Ge（Li）探测器在经受温度升高后将会损坏，必须采用制冷的方式保证探测器免受损坏。探测器的制冷方式分为液氮制冷和电制冷。使用电制冷的探测器必须时刻保持通电；使用液氮制冷的探测器考虑到液氮的存放，必须配备存放液氮的液氮罐。常用的液氮罐可分为两种：开口式，即可以将液氮直接从出口倒出，手动加入到仪器中；增压式，即采用增压的方式给液氮罐内部加压，将液氮从液氮罐直接压入仪器中。为防止液氮飞溅，此类液氮罐要求出口压力不能太大，一般出口压力在1.0～1.5MPa即可。

(4) 冷却循环水　大功率的X光管需用冷却循环水进行冷却，冷却循环装置基本由仪器自带，不用另外外接，只要给冷却装置中加入冷却循环水即可。为防止使用太久后容易长菌，冷却循环水应选用去离子水，有特殊要求的可以根据厂家要求进行选择。

(5) 氦气　对于容易挥发的液体样品需要测试轻质元素时，由于轻质元素荧光强度较弱，在空气中容易挥发并受灰尘等杂质的折射影响，一般不在空气中测试；

如果在真空中测试时，液体样品容易在抽真空时挥发到仪器内部，腐蚀仪器的各部件，针对此类样品通常是在氦气环境下进行测试。目前大部分 X 射线荧光光谱仪都具备这个功能。对这类仪器需按照要求选择合适的氦气管路和压力表，满足仪器使用的氦气流量和压力。

10.4.2　仪器的安装步骤

以 PANalytical Epsilon5 能量色散 X 射线荧光光谱仪为例，对仪器的安装步骤进行介绍。

（1）准备　为方便仪器用户，仪器厂家通常会提供一份仪器预安装工作确认表，仪器用户实验室应对照该表格进行安装前各项准备工作，确认实验室条件符合安装条件后如实填写该表并发回给仪器厂家，仪器厂家收到该确认表后将安排工程师到实验室进行现场安装。需要确认的项目包括主机房间的大小、实验室的环境、电源质量、工作台以及一些需要为仪器安装提供的附件，比如液氮、氦气气路、电源插座等。

（2）开箱验收　在仪器厂家现场安装工程师的指导下，拆开包装箱，卸下保护挡板，搬运仪器到指定的安装位置，检查仪器是否完好、在运输过程中有无损坏。

（3）安装电源及仪器附件　检查主电源接地电阻，使用稳压电源的应当检查稳压电源输出端接地电阻；给真空泵加入真空泵油，连接真空泵与仪器之间的管路，并接通真空泵电源；接上氦气管路，加入冷却循环水，连接计算机、显示器及打印机。

（4）安装操作软件　放入操作软件安装光盘，打开安装程序，根据提示将指导完成安装光盘上的所有软件。有些仪器的安装程序没有附带部分固件的程序，需要单独进行安装，例如，PANalytical Epsilon5 的操作软件使用 Microsoft SQL server 执行数据库操作，因此安装操作软件之前还需要安装此数据库软件；探测器采用 Canberra Genie-2000 作为控制软件，需要手动安装此软件。安装操作软件的过程中，会对仪器操作涉及的程序进行安装，并对仪器的部分参数进行设置。通常仪器与操作软件之间使用 IP 地址进行联机，安装过程中 IP 地址的设置很关键，如果设置不对，仪器与软件之间的通信就会连接不上。

（5）联机　打开操作软件，检查各部件联机情况，设置 X 光管、探测器等的参数。如 X 光管的类型和最大工作电压、电流以及最大工作功率。PANalytical Epsilon5 能量色散 X 射线荧光光谱仪需在探测器温度达到室温 1h 后，添加液氮对探测器进行制冷，冷却 6h 后，进行液氮液位校正，当仪器显示为正常状态，可以在探测器软件上开启探测器高压，顺时针拧转钥匙开关 90°开启 X 光管高压，24h 后可以对仪器进行调试。

（6）调试及验收　设定工作电压、电流等参数，对仪器的自动进样器等部件进行调试。根据购置合同要求测试验收指标，核对验收指标是否满足要求。

10.4.3 仪器的性能指标

仪器性能指标的检测十分重要，它保证了测试结果的有效性、准确性、可靠性。新仪器安装调试后，需要对性能指标进行测试，根据测试结果进行验收，当仪器使用一段时间后，为确认仪器状态是否发生变化，也需要对仪器的性能指标进行测试。波长色散X射线荧光光谱仪和能量色散X射线荧光光谱仪由于探测X射线光谱强度的方式不一样，其结构有很大区别，性能指标的检测项目也有所差异。下面分别叙述波长色散X射线荧光光谱仪和能量色散X射线荧光光谱仪的技术性能指标。

(1) 波长色散X射线荧光光谱仪的性能指标 波长色散X射线荧光光谱仪的性能指标包括仪器的精密度、稳定性、X射线计数率、探测器光谱分辨率、仪器的计数线性等。我国于1993年已经颁布了波长色散X射线荧光光谱仪的检定规程，该规程中明确列出了仪器的技术性能指标包括：精密度、稳定性、X射线计数率、探测器光谱分辨率、仪器的计数线性。

① 精密度 精密度是指使用同一方法，对同一试样进行多次测定所得测定结果的一致程度。使用测定结果的相对标准偏差进行量度。

② 稳定性 稳定性表示仪器能够保持工作状态的能力，它可以体现出仪器受周围环境影响的能力。以多次测量的相对极差来表示。

③ X射线计数率 X射线计数率表示在一定条件下，单位时间内探测到的光子的数量。在一定电流范围内，它与电流强度成正比。

④ 探测器光谱分辨率 探测器光谱分辨率表示探测器对入射X射线能量分辨的能力，用特征谱线的半高宽值表示。一般探测器光谱分辨率越高，谱线的半高宽值越小，分析物和干扰物的谱线越不容易重叠，即发生谱线干扰可能越小。

⑤ 仪器的计数线性 仪器的计数线性表示仪器在一定的测量条件下，能够测得的最大计数率。用测得的最大计数率与仪器规定最大线性计数率的偏差表示。

(2) 能量色散X射线荧光光谱仪的性能指标 能量色散X射线荧光光谱仪是近十几年才发展起来的仪器，目前主要应用在RoHS指令中对电子电器产品中有害物质的筛选，RoHS指令检测方法IEC62321：2008（Edition1.0）中明确指出了X射线荧光光谱仪的性能指标包括了仪器的灵敏度、探测器光谱分辨率、检出限、重复性、准确度，通常把仪器的稳定性也列入能量色散X射线荧光光谱仪的关键性能指标，定义上与波长色散X射线荧光光谱仪相同。

① 灵敏度 灵敏度指物质单位浓度或单位质量的变化引起响应信号值变化的程度，是用来比较光谱仪的一个重要指标，它确保仪器的校准具有意义。用响应信号的变化量与被测物质浓度或质量的变化量的比值来表示。

② 探测器光谱分辨率 探测器光谱分辨率与波长色散X射线荧光光谱仪的定义一样，用特征谱线的半高宽值表示。表10-3列出了不同探测器对不同元素 K_α 线的分辨率及对相邻原子序数 K_α 线的能量差值。

表 10-3　相邻原子序数 K_α 线的能量差和三种类型探测器的分辨率

原子序数	K_α 线的能量 /eV	相邻 K_α 线的能量差/eV	探测器能量分辨率/eV		
			Si(Li)半导体	封闭式正比计数管	闪烁计数管
13(Al)	1490	253	117	425	3000
26(Fe)	6400	527	160	660	6200
50(Sn)	25300	1087	275	1750	12200

③ 检出限　检出限是指仪器可以检出被测物质的最小浓度或最小质量，是仪器一个关键的参数，它可以有效判断光谱仪是否在正常条件下工作，是否满足分析物的检出浓度在限量值之下。用空白信号测定值标准偏差的 3 倍表示。

④ 重复性　同一分析人员在同一条件下测定结果的精密度称为重复性。重复性表征仪器对分析结果可重复操作的能力，它是证明测试方法处于统计控制的一个重要参数。使用测定结果的相对标准偏差进行量度。

⑤ 准确度　准确度用来衡量仪器测量值偏离参考值的程度，是分析过程中系统误差和随机误差的综合反映，它决定着分析结果的可靠程度。用测定值与真值或标准值的相对误差来量度。

下面将 Thermo QUANT'X、PANalytical Epsilon5 和 HORIBA XGT-5700WR 能量色散 X 射线荧光光谱仪的技术性能对比列出，见表 10-4。

10.4.4　性能指标的测试方法

波长色散 X 射线荧光光谱仪性能指标的测试方法可以参照 JJG 810—93 波长色散 X 射线荧光光谱仪检定规程，下面着重介绍能量色散 X 射线荧光光谱仪性能指标的测试方法。

(1) 灵敏度　以 HORIBA XGT-5700WR 为例进行说明，使用纯铜薄片，在真空环境下按以下条件分别测试 20s：

① 5 元素滤光片，电压 50kV，电流 0.5mA，Φ3mm 的 X 射线导管；

② Cd 元素滤光片，电压 50kV，电流 1mA，Φ3mm 的 X 射线导管；

③ Cr&Cl 元素滤光片，电压 15kV，电流 0.5mA，Φ3mm 的 X 射线导管；

④ Pb 元素滤光片，电压 50kV，电流 0.1mA，Φ3mm 的 X 射线导管；

⑤ 无滤光片，电压 50kV，电流 0.5mA，Φ0.1mm 的 X 射线导管。

测量 CuK_α ROI＝7.82～8.25keV，单位电流浓度的计数率应满足表 10-5 的要求。

(2) 探测器光谱分辨率　仪器处于正常工作状态，用 Mn 或 Mn 的化合物在特定电流电压下，测量 5.9keV 处的 MnK_α 线，最大幅度一半处的谱线宽度即为分辨率，大部分仪器分辨率可以直接读取。通常不同型号的仪器分辨率的测量条件不同，测量电压、电流、环境等都有所差异，具体条件可参考仪器厂家提供的测试方

表 10-4　三种型号的能量色散 X 射线荧光光谱仪技术性能比较

仪器型号	Thermo QUANT'X	PANalytical Epsilon5	HORIBA XGT-5700WR	备注
探测器	锂漂移硅 Si(Li) 探测器	Ge 探测器	高纯度硅探测器	
灵敏度	—	—	CuK$_\alpha$ 线 5 元素滤光片：>29kcps/mA，Cd 滤光片：>4kcps/mA，Cr/Cl 滤光片：>26kcps/mA，Pb 滤光片：>110kcps/mA，无滤光片：>12kcps/mA	
分辨率	≤155eV，MnK$_\alpha$	≤140eV，MnK$_\alpha$	≤165eV，MnK$_\alpha$	①
检出限	Cu，As，Cr，Mn 含量≤1μg/g；Pb 含量≤1.5μg/g；Cd 含量≤2μg/g；S 含量≤5μg/g；P 含量≤7μg/g；Al，Si 含量≤10μg/g	Ba 含量≤8μg/g，Mo 含量≤6.5μg/g，Fe 含量≤23μg/g，K 含量≤55μg/g	Cd，Cr，Hg，Br 含量≤15μg/g；Pb 含量≤45μg/g	
稳定性	RSD≤0.25%	RSD≤0.1%	—	
重复性			连续测量 10 次标准偏差 (SD)：Cd≤6，Pb≤20，Cr≤25，Hg≤35，Br≤15	
准确度	—	—	偏差≤±3σ	②

① 探测器光谱分辨率以 5.9keV 处的 MnK$_\alpha$ 线最大幅度一半处的谱线宽度来表示。

② 参考物质中分析物的浓度应在分析物浓度最大的容许范围之内。3σ 按如下计算：

$$3\sigma = 3 \times a \times \sqrt{\sigma^2(BG) + \sigma^2(ROI) + \sigma^2(Fitting) + \sigma^2(Correction)} \qquad (10\text{-}1)$$

式中　σ（BG）——背景强度的标准偏差；

σ（ROI）——ROI 强度的标准偏差；

σ（Fitting）——伴随波峰分离的计算误差；

σ（Correction）——各修正计算的误差；

a——曲线的斜率。

表 10-5　XGT-5700WR 灵敏度指标测试要求

X 射线导管	Φ3mm				Φ0.1mm
滤光片	5 元素	Cd 元素	Cr&Cl 元素	Pb 元素	无滤光片
单位电流浓度的计数率	≥29kcps/mA	≥4kcps/mA	≥26kcps/mA	≥110kcps/mA	≥12kcps/mA

法。表 10-6 列出了 Thermo QUANT'X、PANalytical Epsilon5 和 HORIBA XGT-5700WR 能量色散 X 射线荧光光谱仪探测器光谱分辨率的测量条件及要求。

（3）检出限　根据测量要求选用与样品体系相同或类似的测量模式，使用不含待测元素的空白样品连续测量多次（一般不少于 7 次），多次测量结果标准偏差的 3 倍即为检出限。

（4）重复性　在最佳的仪器操作条件下，测量同一个样品多次（一般不少于 7 次），多次测量结果的标准偏差即可表述为仪器的重复性。注意测试样品中每种需

表 10-6　QUANT'X、Epsilon5 和 XGT-5700WR 探测器光谱分辨率的测量条件及要求

仪器型号	Thermo QUANT'X	PANalytical Epsilon5	HORIBA XGT-5700WR
电压	18kV	25kV	50kV
电流	0.04mA	4mA	调整电流使 ROI 能全部显示
滤光片	Pd Medium	—	无滤光片
二次靶	—	钼	—
测量环境	空气	真空	真空
测量时间	20s	1000s	200s
有效计数范围	$5.22 \sim 6.96 keV$	$5.00 \sim 7.00 keV$	$5.74 \sim 6.04 keV$
光谱分辨率	$\leqslant 155 eV, MnK_\alpha$	$\leqslant 140 eV, MnK_\alpha$	$\leqslant 165 eV, MnK_\alpha$

要测试的分析物的重复性必须进行测试，测试样品含有分析物的浓度要高于检出限的 5 倍以上。

（5）准确度　仪器处于正常工作状态，测量参考物质中的分析物，读取仪器的测量值，测量值与参考值的相对误差即可表述为仪器的准确度。

（6）稳定性　使用与待测物质相同或类似的测量模式，连续测量同一分析物多次（一般不少于 20 次），每次测量间隔相同时间，读取每次仪器的测量值，计算其相对标准偏差即可表述为仪器的稳定性。

10.4.5　仪器的验收

通过仪器的验收，对仪器的质量、规格及技术特征可以进行深入的了解，并通过仪器的性能指标可以对仪器作出评判。验收的好与坏，直接关系到以后在使用过程中的质量，因此在验收过程中必须严格按照要求进行验收。下面主要介绍仪器的验收过程，以及验收中应该注意的事项。

首先，在安装调试之前要对仪器进行开箱验收，必须是厂家及使用部门同时在场才能开箱。开箱后按照双方签订的采购合同进行验收，检查仪器状态，核对仪器型号及合同中的相关要求，并按照合同清单或装箱单对仪器及附件进行清点。当清点过程中与合同有出入的时候，应及时与厂家协商解决。

地线的要求很高，一般要求地线小于 1Ω，检测地线的好坏可以通过稳压电源的地线电压来进行测试，一般来说如果稳压电源地线电压小于 5V 就能用，3V 左右属于正常。仪器运行稳定后，按照合同的要求需对验收指标进行测试，验收指标包括稳定性、精密度、计数线性、探测器分辨率、仪器的计数线性等。测试完后仔细核对测试结果，根据双方的协议或厂家的指标要求对仪器作出评判。仪器验收指标合格接下来安排应用工程师对仪器的应用进行培训，培训完后工程师会提供一份验收报告，双方签写了验收报告后，整个安装、调试及验收工作就算完成。

10.4.6　仪器的校准

由于仪器硬件和周围环境的变化，会引起仪器产生漂移。为了保证分析方法能

够长期使用，避免由于仪器的漂移使分析结果产生偏离，需要定期对仪器进行校准，即将仪器任何测试工作状态校准到制定分析方法时的状态。常用校准方法有以下 2 种。

（1）单点校正法　制定分析方法后，同时测定用于校准仪器的监控样品，系统会保存监控样品相应元素的强度，当在测定实际样品时，先测定此监控样，这时测得的监控样的强度将和制作分析方法时测得的强度产生一个校正系数，测得实际样品的强度乘上这个校正系数，即可对实际样品的元素含量进行校正，达到校准仪器漂移的目的。

（2）两点校正法　两点校正法是把分析方法中校准曲线两端的试样作为监控样的一种方法。测试实际样品前，先测定两个校准样品，测得的强度产生两个校正系数，最后测得的实际样品元素含量通过这两个校正系数进行校准。这种方法也使用多个其它监控样品来进行校准。

对于监控样品必须包括所有要分析的元素和对分析元素产生干扰的元素，性质要保持稳定，并且各元素的含量要足够高，不一定要和制作分析方法的标准样品属于同一类型的样品。

10.5　操作和使用

10.5.1　硬件的基本操作

开关机的顺序通常会对仪器的性能或某些部件有一定的影响，尤其针对大功率的仪器，在高压大电流的缓冲下，会缩短 X 光管和探测器的使用寿命。操作人员应严格按照仪器操作说明书和厂家工程师的要求进行操作，下面以 PANalytical 公司型号为 Epsilon5 的能量色散 X 射线荧光光谱仪为例，介绍 X 射线荧光光谱仪硬件的基本操作。

（1）开机

① 开启断电保护开关，同时检查有无异常现象，如有跳闸情况出现，应查明原因；

② 开启稳压电源开关，如是 UPS，则后面的旁路开关必须处于关闭状态；

③ 开启仪器主机电源开关，主机就绪后开启计算机，打开仪器附件，连接就绪后运行仪器工作站，检查仪器连接有无异常，检查仪器真空度。

④ 顺时针 90°拧动主机前的钥匙开启高压开关，检查 X 光管冷却水流量、液氮的液位以及温度，正常后开启探测器高压。

⑤ 仪器稳定后对仪器进行校正，了解仪器的运行状况。

（2）关机

① 样品测试完毕，保存好测试文档之后，关闭探测器高压，逆时针 90°拧动主机前的钥匙关闭高压开关，退出工作站，关闭所有运行程序。

② 关闭计算机主机。

③ 按顺序依次关闭显示器等仪器附件、仪器主机、稳压电源的电源开关，就绪后关闭总电源开关。

（3）X 光管的老化　由于仪器停机时间太长或 X 光管初次使用时，马上加载高压大电流使用，容易损坏 X 光管，所以必须进行 X 光管老化处理。如停机时间大于 24h 但小于 100h，应进行 0.5h 的老化处理，如停机时间大于 100h，应进行 3h 的老化处理。长时间不开高压，开高压时仪器会自动进行 3h 的长时间老化。

（4）填充液氮　正常工作状态下，应根据液氮消耗情况按时填充液氮。Epsilon5 采用增压的方式填充液氮，填充液氮时，为防止液氮飞溅，液氮罐的出口压力应小于 1MPa（0.5～1MPa）。当液氮在已经用完的情况下再填充时，为防止液氮罐内部残留的水滴结冰，影响探测器效率，要确保仪器液氮罐内没有水且探测器达到室温 1h 后方可填充液氮。

10.5.2　软件操作

随着 X 射线荧光光谱仪的技术越来越成熟，其软件功能也不断地在完善，变得越来越全面。操作软件主要包括以下几个方面：从样品制备好后到输出最终的分析结果，每一个步骤都由操作软件自动完成或提示操作人员按照步骤完成；X 射线荧光光谱仪的仪器控制、状态显示、在线式帮助以及故障诊断等，都由软件直接控制或协助操作人员进行控制。下面以 PANalytical 公司能量色散 X 射线荧光光谱仪系列中型号为 Epsilon5 的操作软件 PANalytical Epsilon5 Software 为例进行简单介绍。

（1）软件　Epsilon5 操作软件分为主程序软件、探测器软件 Genie、数据处理软件。主程序软件采取 IP 地址的形式与仪器进行通信，探测器的电压等参数可以由探测器软件进行设定。通过主程序软件中的维护主界面可以实时地显示仪器的工作状态，显示的内容包括 X 射线荧光光谱仪的连接示意图、X 射线管的工作状态、高压发生器的电压和电流、滤光片和二次靶材的名称、仪器附件的工作状态、仪器内部的环境温度以及仪器的运行状态。在仪器样品测量窗口上可以看到已经分析的样品和未分析的样品，以及分析样品的进程等。在数据处理软件可以同时进行测量数据的处理，不受其它软件的影响，所有这些功能一目了然。

（2）分析程序　分析程序完全智能化，操作简单易懂，只要操作者按照要求建立相关的应用程序，输入要测试的元素或化合物名称，软件会对所有的分析条件如管电压、管电流、分析谱线、二次靶材、探测器、结果计算方法、扣除背景方式等自动进行设定。当然这是通用的条件，具体的可以根据情况进行修改。PANalytical Epsilon5 Software 新方法的建立步骤如下。

① 分别建立条件目录文件、样品制备文件、化合物目录文件、样品识别方案、计算功能文件和报告方案共六个系统文件。条件目录文件包含一系列仪器设定，如电流、电压、二次靶等；样品制备文件包含样品如何制备的信息，如粉末压片及熔

片、样品重量和宽度。这些信息在进行 FP 计算及样品重量、宽度等校正时使用；化合物目录文件包含应用程序中用到的化合物分子式，如 CaO；样品识别方案包含样品的描述、类型等，用来识别样品；计算功能文件可以输入名称和公式，用来定义几个元素浓度间的关系；报告方案显示与更改应用程序进行打印的选项。

②建立应用程序文件，分为常规应用程序和自动定量应用程序。常规应用程序专用于某一类型的样品，经优化的回归曲线用于该类样品的测量。自动定量应用程序可用于任何类型的样品，不需要专门的回归曲线。

③打开常规应用程序文件，选择对应的条件目录文件、样品制备文件、化合物目录文件、样品识别方案、计算功能文件、报告方案，输入要分析的元素或化合物，软件会自动提供默认的测量条件，包含测量电压电流、分析谱线、测量时间等参数，可以根据需要对各参数进行修改。对于自动定量应用程序需要建立自动定量设置文件，选择对应的条件目录文件、样品识别方案、报告方案，添加要分析的元素或化合物，根据需要对默认的测量电压电流、分析谱线、测量时间等参数进行修改。打开自动定量应用程序文件，选择对应的样品制备文件、化合物目录文件、自动定量设置文件、样品识别方案、报告方案，输入要分析的元素、单位等条件。

④打开应用程序对应的标准系列窗口，输入标准系列的名称和各元素含量。打开自动进样程序，采集标准系列的谱图，并在标准系列窗口下对谱图进行拟合和计算。

⑤打开应用程序对应的校准窗口，分别对各元素进行计算绘制标准曲线。

⑥建立监控设置文件，根据应用程序中二次靶使用的数量，在每个靶材下选择一个此条件下测试的元素，要确保监控样中含有所选择的元素，使用与应用程序一样的分析参数（包含电流电压、二次靶等），输入监控样的名称，在自动进样程序下采集监控样的谱图。

(3) 数据处理程序　在数据处理程序上可以对采集的谱图进行处理，窗口显示为已经测试过的样品，打开谱图可以进行谱图处理，根据谱峰显示的测试元素进行拟合，此过程将通过探测器响应函数与测量光谱进行拟合，可以确定特征谱线的理论相对强度。

10.5.3　工作参数和条件的选择

现在的 X 射线荧光光谱仪所提供的操作软件基本上都具备智能化功能，当你选定要测试的元素时，能自动给出相应的工作参数和测试条件，但这些测试条件基本上都是比较通用的，测试效果并不一定很理想。因此，在选择工作参数和测试条件时，必须依据具体的试样和分析要求对工作参数和测试条件进行最优化处理，才能得到理想的测试结果。每种元素的激发电位和化学性质都不一样，因此分析不同元素使用的工作参数和条件都有所不同。在进行样品分析时，波长色散和能量色散 X 射线荧光光谱仪对分析条件的选择有很大的差异，波长色散 X 射线荧光光谱仪通常 X 射线管使用的电压是激发电压的 4～10 倍，比能量色散 X 射线荧光光谱仪的使用电压偏高；光路系统不使用滤光片和二次靶材，而使用分光晶体进行分光，用测角仪对不同角度的 X 射线荧光进行测试，角度的选择取决于待测元素所选的谱线和分光晶体，这两个条件一旦定下来，2θ 角度值等都会固定下来。下面以能量色散 X 射线荧光光谱仪为例对 X 射线荧光光谱仪工作参数和条件的选择作简要介绍。

（1）X 光管电压和电流的选择　设置的 X 射线管工作电压和电流的乘积一般不能大于其给出的额定功率，仪器操作软件所推荐的电压和电流，其乘积通常是额定功率，如果经常使用满功率工作，这样会减少靶材的使用寿命。推荐值随不同元素而有所区别，不能根据实际的测试样品类型而自动进行调整。在选择电压时，其必要条件是设定的值必须大于待测元素的临界激发电压，通常能量色散 X 射线荧光光谱仪使用的电压是待测元素临界激发电压的 2～6 倍。当测定多种元素时，为获得最佳激发效果，多数情况下选择 50kV 以上。由于待测元素含量不同电压也有所差异，可以根据具体情况做出调整。电流可以根据样品中待测元素的含量进行选择，一般情况下不采用满功率工作，而应采用满功率的 0.7～0.9 倍，这有助于延长 X 射线管的使用寿命。Thermo 公司的 QUANT'X EDXRF 对电压的选择原则为：轻质元素为临界激发电压的 3～5 倍，过渡元素为临界激发电压的 2～3 倍，重元素为临界激发电压的 1～2 倍，当电压不能确定时，可以使用多个电压进行采谱，对谱图进行比较，谱峰越高越尖的测试电压最好。

（2）分析谱线的选择原则

① 通常选择 K_α、K_β、L_α、L_β 和 M_α 这几条主要特征谱线，这些特征谱线中强度相对比较高的谱线，大部分元素其它特征谱线强度较弱所以一般很少用。通常原子序数小于 42 的元素用 K 系线，大于 42 的元素用 L 系线，部分元素也可以选择 M_α 系线。

② 在选择谱线时，所选谱线应尽量避免基体中其它元素谱线的干扰。如果一个样品含有比较高的 As 和 Pb，同时测定这两个元素可以选择 AsK_β 线和 PbL_β 线进行测试，以避免 AsK_α 线和 PbL_α 线之间的相互干扰。

③ 具体选择哪条谱线还与样品的类型和制样方法有关。如果测试样品很松散且比较薄，比较强的 X 射线荧光容易穿透样品，这时就要考虑使用 X 射线荧光强度相对较弱的 L 系或 M 系谱线，而不选择 K 系谱线。

（3）背景的扣除　由于受外界条件的影响，可能对实际测量结果产生很大的偏差，必须对背景进行扣除。背景的产生原因大体可以分为两类。一是由样品本身引起的，激发辐射的散射过程中干扰样品中元素的特征辐射强度；二是由样品产生的射线与仪器之间相互作用引起的，此外外界的射线和样品中放射性元素也能产生背景。背景对目标元素的检测限和准确度都有比较大的影响，所以要根据实际情况选择合适的扣除背景的方式。目前扣除背景的方式有：理论背景校正法、实测背景扣除法、康普顿散射校正法和经验公式校正法。其中以实测背景扣除法较为常用。

（4）测量时间的确定　在一定时间范围内，待测样品的检测限与测量时间成反比关系，测量时间的延长，可以降低检测限。当测量时间延长到某一时间后，再延长测量时间对检测限并没有多大改善，通常可以选择这个时间作为测量时间。在实际测试中可以根据待测样品对检测限的要求选择合适的时间。

（5）滤光片的选择　能量色散 X 射线荧光光谱仪选择合适的滤光片可以消除或降低来自 X 射线管发射的原级 X 射线谱，尤其消除靶材的特征 X 射线谱对待测元素的干扰，可以改善峰背比，提高分析的灵敏度。滤光片可以滤掉在滤光片材料元素原子序数之前的元素的特征谱线，不同的厂家配置的滤光片材料不一样，可以根据厂家提供的资料进行选择。

（6）二次靶的选择　选择二次靶也可以对待测元素进行有选择的激发，并降低背景。在激发样品中某一元素的特征 X 射线时，所选的二次靶的特征 X 射线能量必须大于待测元素特征谱线的激发电位，这样可以有选择性地激发待测元素，避免共存元素的干扰。不同的厂家配置的二次靶材不同，可根据厂家提供的信息进行选择。

10.5.4　样品的测定步骤

（1）样品制备　X 射线荧光光谱法是一种表面分析方法，必须注意分析面相对于整个样品是否具有代表性，样品是否均匀，任何制样过程和步骤必须有非常好的重复可操作性。不同 X 射线荧光光谱仪对样品要求不同，不同样品有不同的制样方法。

固体样品如果大小形状合适可以直接分析，形状不规则可以经过简单的切割达到 X 荧光光谱仪的要求，只需进行表面处理，液体样品可以直接分析，大气尘埃通常收集在滤膜上直接进行分析，而粉末样品的制样方法就比较复杂，通常需要经过压片处理。

（2）工作曲线的制作和校正　按照仪器的操作规程开启仪器，并预热仪器直至仪器稳定。选择与测试样品基体相匹配的标准样品，按照光谱仪的优化测量条件，用 X 射线荧光光谱仪测定标准样品中待分析元素的荧光强度，根据标准样品所给定的标准值和光谱仪所测得的强度制作工作曲线。电子电气产品涉及的材料品种非常之多，分析元素的特征谱线常受到来自测试样品中的基体影响、元素间谱线重叠干扰等因素影响，这些影响因素可通过工作曲线的校正，具体可以通过背景扣除法、基本参数法、经验系数法等校正方法进行干扰校正。

（3）待测样品的采谱测定　将待测样品放在样品室内进行测试。如果样品是液态、粉末或颗粒，或者只是一很小的样品，它需要在带有不可重复使用薄膜的样品杯里进行测量。操作这个窗口薄膜时，小心不要接触它的表面以免对其造成污染。所有样品必须完全覆盖光谱仪的测量窗口，对于轻合金至少达到 4mm 厚，密度较大的合金至少 1mm 厚，块状塑料 1cm 厚，粒状塑料放样品杯里 2cm 厚，液态、粉末基本上填满样品杯。

（4）定性分析　根据特征 X 射线荧光的波长或能量与原子序数的对应关系，即可进行定性分析。如果要对待测样品的目标元素进行定性分析，只要选择合适的测量条件，对目标元素进行采谱，从谱峰和结果即可判断目标元素的存在与否，特别注意在此过程中要同时关注目标元素的多条谱线方可下最终的结论。如果要对待测样品所有元素进行定性分析，可以根据需要选择多个测量条件和扫描条件对元素周期表中从 ^9F 到 ^{92}U 的所有元素进行全程扫描，然后根据扫描的谱图进行定性分析。进行定性分析的一般步骤为：

① 将 X 光管靶材元素的特征谱线标识出来，如果有条件，可以选择合适的滤光片将靶材元素的谱线给除去，以免影响测试样品中含有与靶材相同的元素；

② 从谱图上面的谱峰，根据所选用的条件以及对应的 X 射线特征谱线波长或能量，判断该谱峰有可能是什么元素的特征谱线；

③ 通过该元素的其它谱线是否存在谱峰以及谱峰的高度来判断该元素有没有可能存在；

④ 重复以上操作，直到所有谱峰都处理完。

对于能量型仪器，一般软件可标示待测元素的特征峰，一旦采谱开始就会有谱峰出现在屏幕上，调出元素标记线，当谱峰和标记线完全重合时表明有这种元素存在。要注意认出主成分的逸出峰、倍峰和合峰：如硅探测器逸出峰的峰位能量为主成分元素峰位能量减去 1.74keV。倍峰的峰位能量为主成分元素峰位能量的两倍，合峰为主成分元素两谱线峰位能量之和。

若样品经测定出现一个或多个待测元素的特征谱峰，可判定样品中含有这些元素；若样品经测定未出现待测元素的特征谱峰，可判定样品中这些元素的含量低于仪器检出限。有时候会遇到重叠峰的干扰，影响谱峰的判定。图 10-6 为某金属样品采用能量型仪器测定的 XRF 图。

（5）定量筛选分析方法　在目标元素的特征 X 射线荧光的波长或能量处测量 X 射线荧光的强度，并与标准系列做比较，便可对样品进行定量达到筛选的目的。近十多年来，很多 X 射线荧光光谱仪的生产厂家都配置了半定量筛选分析软件，从而大大提高了分析效率，这针对要求在短时间内获得近似筛选分析结果的客户来说相当方便。进行筛选分析的基本步骤为：

① 根据样品和标准系列的类型，以及对分析样品的检测限、准确度和限量的要求，选择适当的制样方法；

② 根据样品类型和目标元素，选择最佳的分析条件，包括 X 光管的电压和电流、测量时间、滤光片、分光晶体等，建立筛选分析方法；

③ 采集标准系列的谱图，制定标准曲线，并使用标准样品验证工作曲线的准确性，确认方法检测限，判断能否满足筛选要求；

④ 进行样品测试，按照目标元素的限量要求对样品进行筛选分析。

X 射线荧光光谱法是一种相对分析方法，其分析结果受样品基体的影响比较

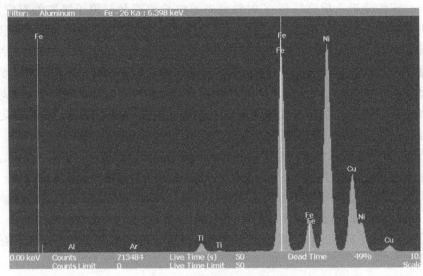

图 10-6　某金属样品采用能量型仪器测定的 XRF 图

大，所以准确地对样品进行分类，建立相关的分析方法相当重要，如金属可以分为铜合金、铁合金、铝合金等，如果不进行详细分类，铜合金的样品直接放到铝合金的分析方法里面去做，结果将会受到背景和校正参数的影响产生不同程度的误差。所以应当逐渐完善筛选分析方法，包括尽可能多的样品类型，满足筛选的要求。

（6）分析测试中的质量控制　在进行分析测试过程中，为确保测试数据的准确性，要求对整个测试过程都要进行质量控制。许多生产厂家的操作软件配置监控样对测试过程进行质量监控，监控样可以选择一个或多个，也有部分生产厂家使用某种纯物质来对测试过程进行质量监控，通过测试纯物质计数率值与初始值进行比较，多数采用纯铜或黄铜。在实际测试中，也可以选择合适的标准样品作为质量控制样品，在测试前或测试多个试样过程中随时进行监控。如果测试结果超出可接受值，应当查明原因。

10.5.5　微区扫描型仪器的操作与使用

为了满足 RoHS（电气、电子设备中限制使用某些有害物质指令）筛选的要求，提高工作效率，现在一些仪器厂家推出了微区扫描型 X 射线荧光光谱仪，此类仪器可以对很小的样品进行测试，也可以对产品的整个面做微区扫描后进行合成，将整个面的元素分布以图像的形式体现出来，通过图像可以很直观地知道待测试元素的分布，从而达到初步筛选的效果。下面以日本 HORIBA 公司的 XGT-5700WR 型 X 射线荧光光谱仪为例对微区扫描型 X 射线荧光光谱仪进行简单介绍，XGT-5700WR 的外形见图 10-7。

微区扫描型 X 射线荧光光谱仪一般使用大样品仓的设计，采用 X 射线导管将 X 射线全反射聚集成细微的 X 射线束，这样测量区域可以变得很小，但 X 射线的

图 10-7　XGT-5700WR 外形

强度不会减弱，能够提供足够的能量激发目标元素。X 射线一边扫描一边照射在样品上从而得到样品透过图像和元素的分布图像。透过图像是通过探测器探测荧光物质发出的 X 射线，利用探测到的数据和扫描样品时的位置信息在数据处理器上构成图像，并在输出端显示出来。不同的元素使用不同的颜色体现出来，颜色的深浅反映出元素含量的多少。这样对比较大的样品不用破坏可以直接进行面的扫描，通

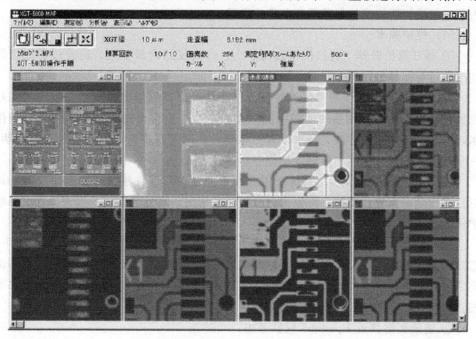

图 10-8　XGT-5700WR 扫描结果

235

过图像了解目标元素的分布后，进行有选择性的测试，这对测试一些贵重物品来说相当实用。XGT-5700WR 型 X 射线荧光光谱仪设定好扫描的电压、电流、脉冲处理时间、扫描幅度、像素、中心位置、采集元素、元素的能量范围等条件即可进行样品扫描，各分析物的扫描结果见图 10-8，第一张图像为样品的实物图，后面的每张图像代表一种元素的分布，图像颜色的深浅体现出元素的含量，颜色越深说明该元素的含量越高。

微区扫描型仪器最大的优点就是可以对比较小的样品进行筛选分析，也可以对比较大的样品进行面的扫描，测试时不需要对产品进行破坏，就可以掌握元素的分布情况，很大程度上提高了筛选分析的效率。目前此类仪器在进行面的扫描时不能对样品中的元素进行定量，只能通过元素的分布情况完成初步筛选。正由于它的局限性，现在使用的领域并不多，大部分只使用在电路板行业。随着技术的日益成熟，扫描型仪器将成为 X 射线荧光光谱仪很重要的一个发展方向。

10.6 维护保养和故障排除

10.6.1 维护保养

为了保证设备正常高效的运转，加强设备操作中的安全性，仪器的维护保养相当重要。如果仪器没有及时维护保养，可能会影响仪器某些部件的运行，从而导致整个仪器最终出现故障。下面以 PANalytical Epsilon5 能量色散 X 射线荧光光谱仪为例，叙述仪器的维护保养频率和维护项目。

（1）维护频率

① 每日维护保养　清扫仪器表面灰尘，打扫仪器内部卫生，检查仪器探测器制冷装置等部件运行有无异常。

② 定期维护保养　清洗仪器各通风口滤网，检查仪器电源质量、接地状况是否良好，检查仪器消耗品的使用情况，比如，检查真空泵油的液位，给真空泵排水，冷却循环水有无干涸、漏水或者明显变色长菌等。视情况可以分为一个星期、一个月、三个月、一年的定期维护保养。

③ 生产厂家维护保养　对维护困难和不能维护的部件根据需要邀请仪器公司对仪器做全面保养。比如，可以根据分析样品情况，对分光室以及探测器等进行维护保养。

（2）填充液氮　当软件提示需要填充液氮时，请按说明操作。在这种情况下，重新填充过程应在提及的时间范围内完成，一般一个星期需要填充一次。在重新填充之后，必须激活"光谱仪"-"维护"-"探测器"窗口中的手工启动氮含量水平校正的"校正"按钮。按以下步骤填充液氮：

① 将液氮罐移近 Epsilon5 仪器旁边；

② 戴上安全眼镜和安全手套；

③ 将液氮罐出口用专用连接管连接到仪器液氮罐进口；

④ 打开液氮罐开关，填充液氮，当仪器液氮罐出口有少量液氮溢出的时候，关闭液氮罐开关，断开连接；

⑤ 激活"光谱仪"-"维护"-"探测器"窗口中的手工启动氮含量水平校正的"校正"按钮。

（3）更换冷却循环水

① 关闭光谱仪电源，拔下电源线；

② 卸下仪器后面的面板；

③ 卸下水箱，将水箱里面的水倒出，清洗水箱后，用新的冷却循环水加满水箱；

④ 安装好水箱，将后面的面板装上；

⑤ 开启仪器，测试 Epsilon5 系统。

（4）更换真空泵油

① 关闭光谱仪电源，拔下电源线；

② 卸下仪器左侧的面板；

③ 打开真空泵油箱开关，放出真空泵油，放完后用新的真空泵油清洗油箱，直到将里面的残留物清洗干净，然后关上真空泵油箱开关，加入真空泵油；

④ 装上左侧的面板；

⑤ 开启仪器，测试仪器真空系统。

（5）更换氦气瓶

① 将介质从"氦气"切换至"空气"；

② 从光谱仪上取下氦气瓶；

③ 将新的氦气瓶装到光谱仪上；

④ 将介质从"空气"切换至"氦气"，测试氦气系统。

（6）清洁装样区域

① 记下光路室内的气压，卸下样品交换台；

② 关闭光谱仪电源，拔下电源线；

③ 卸下样品盖电机装置并且拿下样品盖，卸下装样区域盖板、挡盖；

④ 清洁装样区域，装上装样区域挡盖、盖板；

⑤ 重新装上样品盖电机装置并且装上样品盖；

⑥ 开启仪器，测试 Epsilon5 系统。

（7）检查测量室的检视插头

① 将介质设置为"空气"；

② 关闭光谱仪电源，拔下电源线；

③ 打开前面板挡门并且卸下右侧面板，拔下光路室底部的两个接触插头；

④ 真空清洁测量室，清洁并装上两个接触插头；

⑤ 装上右侧面板并且合上前面板挡门；

⑥ 开启仪器，测试 Epsilon5 系统。

（8）更换真空预抽管道凝气筒中的颗粒

① 关闭光谱仪电源，拔下电源线；

② 打开前面板挡门，释放真空预抽管道凝气筒中的真空；

③ 打开真空预抽管道凝气筒，取下外框装置，更换氧化铝颗粒；

④ 重新装上外框装置，关闭真空预抽管道凝气筒，合上前面板挡门；

⑤ 开启仪器，测试 Epsilon5 系统。

（9）更换 X 射线灯

① 关闭光谱仪电源，拔下电源线；

② 从 X 射线灯的线圈上卸下两个电源按钮连接器，卸下 X 射线灯装置，更换 X 射线灯；

③ 装上 X 射线灯装置；

④ 将两个电源按钮连接器重新连接到 X 射线灯的线圈上；

⑤ 开启仪器，测试 Epsilon5 系统。

（10）更换密封滤光片

① 记下光路室内的气压，卸下样品交换台；

② 关闭光谱仪电源，拔下电源线；

③ 卸下仪器后面的面板，打开密封滤光片装置；

④ 卸下密封滤光片，清洁密封滤光片装置，装上新的密封滤光片；

⑤ 关上密封滤光片装置，将后面面板装上；

⑥ 开启仪器，测试 Epsilon5 系统。

（11）清洗机舱滤尘片

① 关闭光谱仪电源，拔下电源线；

② 卸下仪器后面的面板，卸下机舱滤尘片；

③ 用干净清水将机舱滤尘片冲洗干净，用风筒将其吹干；

④ 装上机舱滤尘片，装上仪器后面的面板。

（12）更换样品盖中的 O 形圈

① 记下光路室内的气压，卸下样品交换台；

② 关闭光谱仪电源，拔下电源线；

③ 盖上装样区域，从样品盖上拉出 O 形圈；

④ 清洁盖上的 O 形圈槽以及装样区域，装上新的 O 形圈；

⑤ 开启仪器，测试 Epsilon5 系统。

10.6.2　故障排除

以 PANalytical 公司的 Epsilon5 能量色散 X 射线荧光光谱仪为例进行说明，常见故障及排除方法见表 10-7。

表 10-7　仪器常见故障及排除方法

故障现象	故障原因	排除方法
没有接通电源	①分析部分、数据处理部分、微机、显示器、打印机、真空泵的各电源缆线没有正确连接 ②电源没有供电或者开关没有开启 ③保险丝烧断	①正确连接电源电缆线，接通电源开关 ②更换保险丝
真空泵不工作	①电源缆线没有正确连接 ②分析部分和泵控制部分连接的电缆线没有正确连接 ③泵体电源开关没开 ④没有真空泵油	①连接电缆线 ②打开电源开关 ③添加真空泵油
闪光过多	正常操作过程中，每 5min 闪光超过 5 次，系统将会生成错误	打开"维护"中的"X 射线管"窗口，然后单击"长时增殖过程"按钮，启动射线管长时增殖过程，大约需要 22min 才能完成
水流量过低	水流量值下降到警告水平以下时，系统将生成警告	检查水箱中的水量并加满水箱
水温过高	当水温上升到警告水平以上时，系统将生成警告	检查室内温度，检查系统的通风孔是否通畅，清洁或更换室内灰尘过滤器
液氮水平低	当液氮含量下降到某个值以下时，系统将生成警告。液氮罐中仍有足够的液氮，至少可以维持 3d	给液氮罐中填充液氮
无法到达指定的滤光片和二次靶	滤光片和二次靶交换台有缺陷或不能正常运行	检查测量室的检视插头，清洁装样区域
样品旋转器功率消耗过高	样品旋转器因为其中卡住样品而被阻塞	清洁装样区域
气体压力过低	当气瓶压力下降到下限值以下时，如果正在运行或者启动用户软件，则显示此消息	①检查氦气瓶供应管是否阻塞 ②更换氦气瓶
机舱温度过高	当机舱温度超出设置范围时，系统将会提示	①检查系统通风孔是否通畅 ②检查或更换机舱滤尘片 ③检查实验室环境温度

参 考 文 献

[1] 中华人民共和国国家计量检定规程，波长色散 X 射线荧光光谱仪. JJG 810—93. 北京：中国计量出版社，1993.

[2] 罗立强，詹秀春，李国会. X 射线荧光光谱仪. 北京：化学工业出版社，2008.

[3] 吉昂，陶光仪，卓尚军，罗立强. X 射线荧光光谱分析. 北京：科学出版社，2009.

[4] 华中师范大学，陕西师范大学，东北师范大学. 分析化学. 北京：高等教育出版社，2000.

[5] 帕纳科中国用户 X 射线分析仪器技术交流会常设组织委员会. 帕纳科中国第十届 X 射线分析仪器用户技术交流会论文集. 2008.

［6］ HORIBA Ltd. X 射线分析显微镜 XGT-5000WR 系列使用说明书.

［7］ PANalytical BV，The Netherlands. XRF 的理论. 2006.

［8］ X-ray Analytical Microscope XGT-5700WR Hardware Instruction Manual.

［9］ HORIBA Ltd. X-ray Analytical Microscope XGT-5700WR Series Software Instruction Manual.

［10］ 应晓浒，张卫星，陈晓东. 波长色散 X 射线荧光光谱仪的性能测试方法介绍. 光谱实验室，2000，17（3）.

［11］ PANalytical B V，The Netherlands. Epsilon5 HMTL Help.

［12］ HORIBA Ltd. X-ray Analytical Microscope XGT-5700WR Hardware Instruction Manual.

［13］ Thermo Fisher Scientific Inc. Win Trace User's Guide.

［14］ Thermo Fisher Scientific Inc. QUANT'X Technical Manual.

第11章　电感耦合等离子体质谱仪

11.1　概述

从 1980 年发表第一篇关于电感耦合等离子体质谱仪（inductively coupled plasma mass spectrometry，ICP-MS）的里程性文章至今已有 30 年。1983 年第一台商品化 ICP-MS 面世，迄今该仪器在环境科学、地球科学、生命科学、材料科学、食品科学、石油工业、海洋科学等领域得到了广泛的应用，其检测技术也有了长足的发展。目前，在这些领域的应用大约占了 ICP-MS 应用的 80% 以上，已成为公认的最强有力的元素分析技术。

传统的元素分析方法，包括分光光度法、原子吸收光谱法、原子荧光光谱法、电感耦合等离子体发射光谱法等，这些方法都各有其优点，但也有其局限性。例如，或是样品前处理复杂，需萃取、浓缩富集或抑制干扰；或是不能进行多组分或多元素同时测定，耗时费力；或是仪器的检测限或灵敏度达不到指标要求等。

相比于其它痕量金属元素分析技术，ICP-MS 有其独特的优势。其以独特的接口技术将 ICP-MS 的高温（7000K）电离特性与四极杆质谱计的灵敏快速扫描优点相结合，从而形成一种新型的元素和同位素分析技术。这一技术，几乎可以分析地球上所有元素。ICP-MS 技术的分析能力不仅可以取代传统的无机分析技术如 AAS、AFS 和 ICP-AES 技术进行半定量、定量分析及同位素比值的准确测量等，还可以与其它技术如色谱、毛细管电泳等联用进行元素的形态、分布特性等分析。

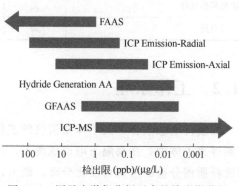

图 11-1　原子光谱仪分析元素的检出限范围

ICP-MS 技术是在克服了传统方法中的大多数缺点之后发展起来的更加完善的元素分析法，被认为是当代分析技术的一次重大发展。这一技术已成为当今痕量元素分析、同位素分析、元素形态分析的最强有力武器。图 11-1 给出了原子光谱仪分析元素的检出限范围。表 11-1 给出了原子光谱仪器的应用技术比较。

表 11-1　原子光谱仪应用技术比较

方 法 类 型		ICP-MS	ICP-AES	GFAAS	FAAS	AFS
检出限		绝大部分元素非常好	绝大部分元素很好	部分元素非常好	部分元素较好	部分元素非常好
分析能力(动态范围)		10^8	10^6	10^2	10^5	10^2
精密度(RSD)	短期	1%～3%	0.3%～1%	1%～5%	0.1%～1%	1%～5%
	长期(4h)	<5%	<3%	—	—	—
干扰情况	光(质)谱干扰	少	多	少	很少	少
	化学(基体)	中等	少	多	多	多
	电离干扰	很少	很少	很少	有一些	少
	质量效应	存在	不存在	不存在	不存在	不存在
	同位素干扰	有	无	无	无	无
固体溶解量(Max)		0.1%～0.5%	2%～10%	>20%	0.5%～3%	>20%
可测元素		>75	>75	>50	>68	>10
样品用量		少	较多	很少	多	多
半定量分析		能	能	不能	不能	不能
同位素分析		能	不能	不能	不能	不能
分析方法开发		需要专业知识	需要专业知识	需要专业知识	容易	需要专业知识
无人控制操作		能	能	能	不能	能
使用易燃气体		无	无	无	有	无
运行费用		高	中上	中等	低	低

11.2　工作原理

四极杆电感耦合等离子体质谱仪的工作原理是根据被测元素通过一定形式进入高频等离子体中,在高温下电离成离子,产生的离子经过离子光学透镜聚焦后进入四极杆质谱分析器按照荷质比分离,既可以按照荷质比进行半定量分析,也可以按照特定荷质比的离子数目进行定量分析。该类型质谱仪主要由离子源、质量分析器和检测器三部分组成,还配有数据处理系统、真空系统、供电控制系统等。图11-2为 ICP-MS 结构示意图。

样品从引入到得到最终结果的流程如下:

样品通常以液态形式以 1mL/min 的速率泵入雾化器,用大约 1L/min 的氩气将样品转变成细颗粒的气溶胶。气溶胶中细颗粒的雾滴仅占样品的 1%～2%,通

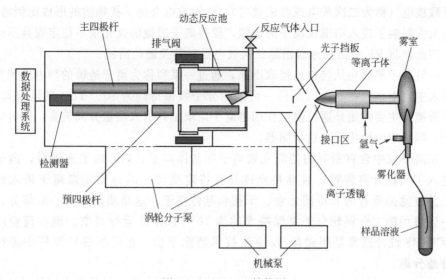

图 11-2　ICP-MS 结构图

过雾室后，大颗粒的雾滴成为废液被排出。从雾室出口出来的细颗粒气溶胶通过样品喷射管被传输到等离子体炬中。

ICP-MS 中等离子体炬的作用与 ICP-AES 中的作用有所不同。在铜线圈中输入高频（RF）电流产生强的磁场，同时在同心石英管（炬管）沿炬管切线方向输入流速大约为 15L/min 的气体（一般为氩气），磁场与气体的相互作用形成等离子体。当使用高电压电火花产生电子源时，这些电子就像种子一样会形成气体电离的效应，在炬管的开口端形成一个温度非常高（大约 10000K）的等离子体放电。但是，ICP-MS 与 ICP-AES 的相似之处也仅此而已。在 ICP-AES 中，炬管通常是垂直放置的，等离子体激发基态原子的电子至较高能级，当较高能级的电子"落回"基态时，就会发射出某一待测元素的特定波长的光子。在 ICP-MS 中，等离子体炬管都是水平放置的，用于产生带正电荷的离子，而不是光子。实际上，ICP-MS 分析中要尽可能阻止光子到达检测器，因为光子会增加信号的噪声。正是大量离子的生成和检测使 ICP-MS 具备了独特的 ng/L 量级的检测能力，检出限大约优于 ICP-AES 技术 3～4 个数量级。

样品气溶胶在等离子体中经过去溶、蒸发、分解、离子化等步骤后变成一价正离子（M→M⁺），通过接口区直接引入质谱仪，用机械泵保持真空度为 1～2Torr（注：1Torr＝1/760atm＝1mmHg；1Torr＝133.322Pa）。接口锥由两个金属锥（通常为镍）组成，称为采样锥和截取锥。每一个锥上都有一个小的锥孔（孔径为0.6～1.2mm），允许离子通过离子透镜引入质谱系统。离子从等离子体中被提取出来，必须有效传输并进入四极杆质滤器。然而 RF 线圈和等离子体之间会发生电容耦合而产生几百伏的电位差。如果不消除这个电位差，在等离子体和采样锥之间会导致放电（称为二次放电或收缩效应）。这种放电会使干扰物质的形成比例增加，同时大大影响了进入质谱仪离子的动能，使得离子透镜的优化很不稳定而且不可预知。因此，将 RF 线圈接地以消除二次放电是极其关键的措施。

一旦离子被成功从接口区提取出来，通过一系列称为离子透镜的静电透镜直接被引入主真空室。在这个区域用一台涡轮分子泵保持约为 10^{-3} Torr 的运行真空。离子透镜的主要作用是通过静电作用将离子束聚焦并引入质量分离装置，同时阻止光子、颗粒和中性物质到达检测器。

在离子束中含有所有的待测元素离子和基体离子，离开离子透镜后，离子束就进入了质量分离装置，目标是允许具有特定质荷比的待测元素离子进入检测器，并过滤掉所有的非待测元素、干扰和基体离子。这是质谱仪的心脏部分，在这一区域用第二台涡轮分子泵保持大约为 10^{-6} Torr 的运行真空。现在商业应用的 ICP-MS 设计通常是用碰撞/反应池技术消除干扰，在后续的四极杆中进行质量过滤分离。

最后一个过程是采用离子检测器将离子转换成电信号。目前最常用的设计称为离散打拿极检测器，在检测器纵向方向布置一系列的金属打拿极。在这种设计中，离子从质量分离器出来之后打击第一个打拿极，然后转变成电子。电子被下一个打拿极吸引，发生电子倍增，在最后一个打拿极就产生了一个非常强的电子流。用传统的方法通过数据处理系统对这些电信号进行测量，再应用标准溶液建立的 ICP-MS 校准曲线就可以将这些电信号转换成待测元素的浓度。

11.3 结构及组成

11.3.1 结构和组成

（1）ICP 离子源　样品以气溶胶的形式进入炬管，在氩气氛围和高频的作用下产生等离子炬焰。在 ICP 光源中，大多数元素高度电离成离子状态，因此 ICP 是一个很好的离子源。

为方便质谱仪采用水平炬管位置，炬管是由三层石英管组成的装置，外管进冷却气，中管进辅助气，内管进载气，并加长了炬管外管的长度以防止空气进入接口部分。由于等离子体电位较高，为防止因其等离子体和采样锥之间放电，采取了几种方法予以减少：如，ICP-MS 多采用同心雾化器，低载气流量（0.5～0.9L/min）；增加去溶装置（如半导体冷却）除去气溶胶中的水分；采用三匝负载线圈，且负载线圈接近接口一端接地，防止二次放电。大小相等但极性相反的电压施加在线圈两端，任何一瞬间，从线圈一端到中心的正梯度电压被来自另一端的反向梯度电压所平衡，从而产生一个由射频耦合至等离子体的很小的偏压，使等离子体的参数变化仅引起等离子体电位上的很小变化。

（2）射频（RF）发生器　射频发生器是为耦合线圈和等离子体提供射频能量

的射频功率源。它的主要功能是产生足够强大的高频电能，并通过耦合线圈产生高频电磁场，从而输送稳定的高频电能给等离子炬，用以激发和维持氩或其它气体形成的高温等离子体。射频发生器实质上就是一个在所需频率下产生交变电流的振荡器。

（3）样品进入系统　样品的进入系统是由蠕动泵、雾化器、雾化室和排废液系统组成。其功能是将不同形态（气、液、固）的样品直接或通过转化成为气态或气溶胶状态引入等离子炬。

（4）离子提取系统　要将等离子体中产生的离子提取进真空系统，接口部件是关键。接口是由一个冷却的采样锥和截取锥组成，均为具有高导热和高导电性的金属（如镍、铜、铂）做成的圆锥体，锥尖顶有一小孔。采样锥孔径约为 1mm 与等离子体表面接触，锥顶与炬管的距离为 1cm 左右，通常接地并用循环水冷却。截取锥孔径略小于采样锥孔径，但锥的角度更锐些，两锥尖之间抽真空，安装距离为 6～7mm，两锥的中心孔与炬管的中心通道在同一轴心线上。电离气体经采样锥成离子束穿过截取锥后，在进入高真空的离子透镜系统之前，安装了一个滑阀板，ICP 未点火工作时，滑阀成关闭状态，上下采样锥和截取锥不影响真空压力，只有在 ICP 点火启动后，提取段到达仪器设置的电压时，滑阀板才会自动打开。

（5）多级真空系统　ICP-MS 需要很高的真空度，由于从 ICP 来的是一种高温高速离子流，所以保持离子在高真空系统下良好运行是保证 ICP-MS 质谱灵敏度的关键因素。ICP-MS 通常由三级真空系统工作来实现高真空度：第一级在两锥之间用一个机械泵抽走大部分气体，抽空压力为 133Pa；第二级主要承担几个离子透镜的真空要求，经分离锥进来的离子聚焦成一个方向进入分离检测系统，这里真空度约为 10^{-4} mbar；第三级真空是离子分离和检出系统，要求真空度更高为 10^{-6} mbar。第二、三级真空通常用扩散泵或涡轮分子泵来实现。

（6）离子透镜系统　离子通过接口系统，在进入质量分析器之前必须进行聚焦。这部分称为离子聚焦或离子透镜系统。离子透镜系统放置在截取锥和质谱分离装置之间，由一个或多个静电控制的透镜元件组成，通过一个涡轮分子泵保持操作真空大约为 10^{-3} Torr。这种透镜并不是传统的 ICP 发射或原子吸收所用的透镜，而是由一系列施加了一定电压的金属板、金属桶或金属圆桶组成的组件。离子透镜系统的作用是从环境恶劣的等离子体中以大气压提取离子，通过接口区，引入高真空的质量分析器。离子透镜系统不仅需要提取离子引入质量分析器，而且还必须防止非离子物质如颗粒、中性物质和光子进入质量分析器和检测器。可以采用某种物理屏蔽方法，或者将质量分析器放置在脱离粒子束轴心的位置，或者通过静电作用将离子以 90°的偏角垂直等方式。设计优良的离子透镜系统在整个质量范围内产生平坦的信号响应，测定真实样品基体时能够获得低水平的背景、优异的检出限和稳定的信号。

（7）碰撞/反应池　Ar、溶剂和/或样品离子会产生多原子谱线干扰，这会使得传统的四极杆质量分析器测量一些元素的检测能力大大降低。虽然可以采取多种方法降低这些干扰，如校正方程、冷等离子体技术和基体分离，但这些干扰并不能完全消除。然而，近年来开发的一种新的方法称为碰撞/反应池技术，在进入质量分析器之前能够真正阻止这些干扰物质的形成。碰撞/反应池基本上由桶状的池体构成，目前商业 ICP-MS 包括有四极杆、六极杆、八极杆的多极杆系统。

下面以 Perkin Elmer 公司的动态反应池（DRC）技术为例加以说明。动态反应池（DRC）是内有一个四极杆系统的反应池。与中阶梯分光 ICP-AES 相似，DRC-ICP-MS 具有双四极杆质量分析器，即 ICP-MS-MS，DRC 部分进行化学反应并与主四极杆同步扫描实现离子初步选择和过滤，大大延长了 ICP-MS 主四极杆质量分析器的寿命，提高了 ICP-MS 的性能和灵活度。DRC 本身具有离子选择过滤的功能。例如分析 $^{56}Fe^+$ 时（见图 11-3），反应气 NH_3 与 ArO^+ 发生反应产生 O 原子、Ar 原子及带正电的 NH_3^+，由于 NH_3^+ 的质量数（17）与 $^{56}Fe^+$ 相差较大，在产生的瞬间就在 DRC 的四极杆中强烈偏转而被消除，这样就完全消除了其进一步反应产生其它离子的可能性。由于 DRC 彻底消除了干扰，分析物离子的灵敏度基本不受影响。

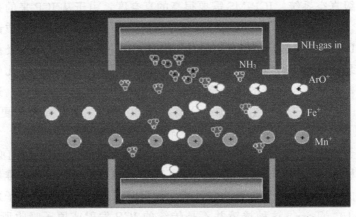

图 11-3　动态反应池（DRC）技术原理（以 $^{56}Fe^+$ 为例）

（8）质量分析器　质量分析器是质谱仪的主体，它是利用电磁学原理将来自离子源的离子，按照质荷比（m/z）大小分开，并把相同质荷比（m/z）的离子聚焦在一起组成质谱。

质谱分析器根据原理不同，可分为不同类型。如四极杆质量分析器、扇形磁场分析器、飞行时间质量分析器等。这里主要介绍四极杆质量分析器。

四极杆质量分析器是由两组平行对称的四根圆筒形电极杆组成，这些电极杆是由热膨胀系数极低的金属（比如特殊陶瓷杆表面上镀金）精密制造，表面光洁度要求很高。这四根电极杆必须精确平行、对称固定在刚玉陶瓷绝缘架的四个角上，为保证分辨率，加工公差应小于 $10\mu m$。

四根电极杆交错地连接成堆，并把直流电压和射频交流电压叠加的电压分别施加在两对电极杆上，其相位差为 $180°$。这四根电极杆围成空间的中心与离子透镜同轴，当包含不同质荷比（m/z）离子的离子束进入四极空间后，在行进过程中与施加在四极杆上的电压所产生的电磁场（四极场）相互作用，结果只允许某一质荷比（m/z）的离子不受阻碍地穿过四极杆，到达另一出口端设置的检测器。而其它质荷比的所有离子都会在四极杆作用下以渐开的螺旋式轨道行进，最终导致它们碰到四极杆而被吸收。由于这种由四极杆组成的质量分析器通过四极杆调制仅允许被选定的一种 m/z 的离子通过，而其它所有离子都被排除，这个过程如同"过滤"，故称它为四极杆质量过滤器。四极场作用于离子使它们按质荷比 m/z 产生不同状态的运动、从而实现了不同质量的"过滤"分离。

（9）检测器与数据处理系统　检测器就是将质量分析器分开的不同质荷比的离子流到达检测系统，通过接收、测量及数据处理转换成电信号经放大、处理给出分析结果。当今大多数用于超痕量元素分析的 ICP-MS 系统使用的检测器基本上是活性膜或离散打拿极电子倍增器。以离散打拿极电子倍增器为例。检测器偏离轴心放置，减少了离子源中的杂散射线和中性物质形成的背景噪声。当离子从四极杆中出来时，扫过一段曲线路径后打击第一个打拿极。在打击第一个打拿极的同时释放出二次电子。打拿极中的电子-光学系统装置加速这些二次电子到达下一个打拿极，产生更多的电子。这个过程在每一个打拿极处重复进行，产生的电子脉冲最终被放大接收器或阴极接收。

11.3.2　典型仪器主要性能

ICP-MS 具有灵敏度高、检出限低（$10^{-15} \sim 10^{-12}$ 量级）、动态线性范围宽（$8\sim9$ 个数量级）、谱线简单、干扰较少、分析精密度高、分析速度快等特性，可进行多元素同时测定、同位素分析和元素形态分析。

① 灵敏度高、检出限低。绝大部分金属元素的检测限低于 $0.01ng/mL$，尤其在分析稀土元素方面，ICP-MS 具有其独特的优势。

② 在质荷比（m/z）$2\sim270$ 范围内，以 $10\sim100\mu s$ 高速进行扫描，很方便地实现多元素的半定量和定量分析。

③ 半定量分析可测定约 80 个元素，绝大多数元素的测定误差小于 20%。

④ 可测定约 80 种元素及其同位素。分析同位素比值的能力，为从事地质学、生物学及中医药学研究上追踪物质来源的研究及同位素示踪提供检测手段。

⑤ 可与色谱和毛细管电泳等技术联用，实现元素的形态分析，被认为是目前最有效和最有前途的形态分析技术。

Perkin Elmer 的 ELAN DRC-e 型 ICP-MS 的主要性能特点见图 11-4。

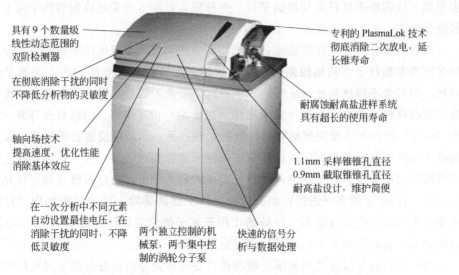

具有 9 个数量级
线性动态范围的
双阶检测器

在彻底消除干扰的同时
不降低分析物的灵敏度

轴向场技术
提高速度，优化性能
消除基体效应

在一次分析中不同元素
自动设置最佳电压，在
消除干扰的同时，不降
低灵敏度

两个独立控制的机
械泵，两个集中控
制的涡轮分子泵

快速的信号分
析与数据处理

专利的 PlasmaLok 技术
彻底消除二次放电，延
长锥寿命

耐腐蚀耐高盐进样系统
具有超长的使用寿命

1.1mm 采样锥锥孔直径
0.9mm 截取锥锥孔直径
耐高盐设计，维护简便

图 11-4　Perkin Elmer 的 ELAN DRC-e 型 ICP-MS 主要性能特点

11.4　安装调试和校准

11.4.1　安装前的准备

ICP-MS 的安装，用户须提供以下合适的环境和安装需求：供气系统、冷却系统、计算机平台、排风口等。

在实验室安装仪器时需考虑以下几点：环境条件、电力要求、空间要求、排风设备、冷却剂要求、气体要求、计算机和打印机。

(1) 环境条件

① 室内气温应在 $15 \sim 30℃$，气温变化率 $< 2.8℃/h$。推荐的最佳室温 $20℃ \pm 2℃$。

② 相对湿度应在 $20\% \sim 80\%$，不冷凝。推荐的最佳相对湿度 $35\% \sim 50\%$。

③ 由于 ICP-MS 是一种高灵敏度的痕量分析仪器，为减小污染，要求最大尘埃水平不超过 1000000 粒子/$ft^3$❶（正常办公环境是 $500000 \sim 1000000$ 粒子/ft^3）。

④ 应用 ICP-MS 进行超痕量级测量，例如在半导体工业中，为了保证 Fe、Ca、K、Na 等离子的量低于 $1\mu g/L$（1ppb），仪器至少应安装于 1000 级的超净室内。

此外，环境条件应具备以下要求：无烟、无腐蚀性气体；无潜在振动的可能性；不受阳光直射；远离辐射。

---

❶ $1ft^3 = 0.0283168m^3$。

特别提示：有爆炸危险处不得安放！

（2）电力要求　ICP-MS 设备由两根单相 200～240V、40A 的电线供电。一根供给 RF 发生器，另一根供给其它附件。

（3）空间要求　ICP-MS 可以是落地式的或是台式的，它需要放在一个温湿度受控制的场所，确保其稳定性和满足质量校准要求。

仪器应靠近电源、气源处安放，同时需要循环冷却水装置；ICP-MS 的机械泵可以不用放置于同一个房间。因此，可以考虑划分两个空间区域安置。

仪器后方应留有 30cm 的空间，该仪器大部分维修操作在正面。

（4）系统布局　ICP-MS 由主机、计算机控制装备、打印机组成。仪器商将提供详细的各个部件的规格尺寸。ICP-MS 可以直线形或 L 形放置。在以 L 形放置时，计算机和打印机与主机和附件之间呈 90°放置。如有必要，在仪器附近应为各种附件留下足够空间，以安置自动进样器、流动注射系统、电热蒸发仪、激光进样器、超声雾化器等附件。附件可放在便于移动的小车上，以便更好地配合使用。计算机可放在工作台或一个单独计算机桌上。

（5）排风设备　排气管的重要作用：保护实验室人员免于被某些样品释放的毒气伤害；尽量减少室内空气变化对 ICP 炬焰稳定性的影响；保护仪器免受样品释放的腐蚀性气体损坏；保证 RF 电源和发生器散热。

特别提示：ICP-MS 燃烧中可能产生有害气体，没有户外通风设施可能危及健康，故须密切注意废气是否排出。

以 PE 的 ELAN DRC-Ⅱ型 ICPMS 为例，推荐采用的通风系统如下：

通风性能取决于用户安装的抽风机管道长度、材料和弯头的数目。如果管道过长或拐弯处过多，就需要功率更强的抽风机，为达到 5400～8400L/min 的要求，在可以不弯曲的地方应尽量使用不锈钢直管而不使用不锈钢弯管，以减少摩擦力。用不锈钢直管摩擦力要减少 20％～30％，在拐弯处使用的弯头最好在 45°角分线上，并要尽量少用弯头。

① 通风管道的材料应耐 70℃以上高温。

② 安装时应合理安排空间，以使抽风机尽可能放在排放口附近，所有的接口处必须密封。

③ 废气出口应远离开窗处，尽可能将它延伸到建筑物顶部以利于废气的排出。

④ 在排风系统的末端，建议安放一个带阀门的气闸，避免排风系统处于关闭状态时外部气流的倒吹和潮气的流入。

⑤ 确保进入抽风机的管道是直的，且其长度至少是管道直径的十倍。如果进入抽风机的入口处是弯头将会降低排风效率。

⑥ 进入与排出的气体体积要相同，过分密闭的实验室将引起排气系统效率降低。

⑦ 确认系统正常排气：将一张薄纸放入启动的排气口入口端，如果风扇工作

正常，纸就贴到了通气口上。

⑧ 必要时可在抽风机上安装一个指示灯，表明它的工作状态。

（6）冷却剂要求　ICP-MS需要一个带过滤器的循环水冷却装置，用于发热部件的冷却。

冷却装置随机配有预混合冷却剂，一般仅提供一次性使用。冷却剂已经过滤去除沉淀，pH值在6.5～8.5，金属离子含量<1mg/L，其中的防腐蚀剂用于防止铅制部件或接口的腐蚀。冷却剂不宜使用蒸馏水或去离子水。

工作状态时，冷却剂流速为2～3L/min，温度在10～20℃，压力在240～375kPa（35～55psi）。

冷却装置电压通常采用220/240V，50Hz电源供电，插头为直角插头。

（7）气体要求

① 氩气用于ICP-MS的炬焰。工作状态下氩气流量一般为15～20L/min。一支氩气钢瓶（40L）大约使用4～5h，如需要经常连续开机工作，建议配备大型罐装液氩。氩气质量要求纯度为≥99.996%（含氮量<20mg/L；含氧量<5mg/L；含水量<4mg/L；含氢量<1mg/L）。

② 甲烷通常用于动态反应池，质量指标纯度≥99.999%。

③ 氦气通常用于碰撞池，质量指标纯度≥99.999%。

（8）安全注意事项

① ICP炬焰属于紫外射线，伴有潜在性的危害。在没有安全防护措施时，切勿用眼睛直接观察炬焰。佩戴紫外防护眼镜可提供安全保护作用。

② ICP-MS的RF功率发生器和炬管腔室工作时会产生射频辐射，如果泄漏会造成潜在的危害。因此，其安全装置和闭环安全联锁装置绝对不能自行拆卸。

③ ICP-MS高频发生器电源具有足以致命的高压。除专职工程师外，任何人不可对其进行拆装和维修。

④ 水路管道必须远离电子元件。冷凝或漏电会使邻近的电子元件处于不安全状态。

11.4.2　调试和校准

ICP-MS仪器的性能指标调试，包括分辨率为低、中、高三个具有代表性的质量数的灵敏度测试，背景噪声测试，双电荷离子和氧化物测试等。ICP-MS仪器因厂商品牌的不同，其调试的性能指标和调试频率略有不同。

（1）计量校准依据　参阅JJF 1159—2006《四极杆电感耦合等离子体质谱仪校准规范》。

（2）主要技术指标　主要技术指标要求，按照校准规范和仪器使用说明书，在检定周期内对ICP-MS进行相关指标的检查，以确保仪器性能正常。表11-2为ICP-MS的主要技术指标的参考要求。

表 11-2　四极杆电感耦合等离子体质谱仪校准项目和技术指标

序号	校准项目	技术指标
1	背景噪声	9amu,≤5cps;115amu,≤5cps;209amu,≤5cps
2	检出限/(ng/L)	Be≤30,In≤10,Bi≤10
3	灵敏度/[Mcps/(mg/L)]	Be≥5,In≥30,Bi≥20
4	丰度灵敏度	$I_{M-1}/I_M≤1×10^{-6}$,$I_{M+1}/I_M≤5×10^{-7}$
5	氧化物离子产率	$^{156}CeO^+/^{140}Ce^+≤3.0\%$
6	双电荷离子产率	$^{69}Ba^{2+}/^{138}Ba^+≤3.0\%$
7	质量稳定性/(amu/8h)	9(Be)+/−0.05,115(In)+/−0.05,209(Bi)+/−0.05
8	分辨率/amu	≤0.8
9	冲洗时间/s	≤60(^{115}In 离子计数下降至原信号强度的 10^{-4} 倍)
10	同位素丰度比测量精度	$^{107}Ag/^{109}Ag≤0.2\%$,$^{206}Pb/^{207}Pb≤0.2\%$
11	短期稳定性	≤3.0%
12	长期稳定性	≤5.0%

注：1. 可用 Li, Y, Tl 代替 Be, In, Bi, 技术指标不变。

2. 氧化物产率也可用 $^{154}BaO^+/^{138}Ba^+$, 技术指标不变。

（3）调试流程和频率　以 PE 的 ELAN DRC-Ⅱ型 ICP-MS 为例，其标准模式、DRC 模式调试流程和频率见图 11-5、图 11-6 和表 11-3。

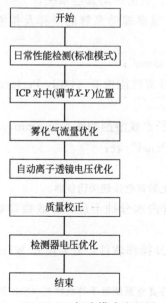

图 11-5　PE ELAN 标准模式流程图

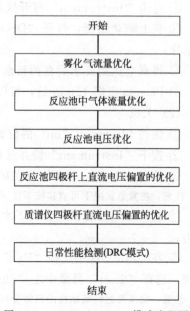

图 11-6　PE ELAN DRC 模式流程图

表 11-3   PE ELAN 调试要点和频率

项 目	校 准
X-Y 调整	每次更换锥时；每次调整或保养炬管组件后
雾化器气体流量(Neb)	每日
自动透镜电压(Autolens)	每日
日常性能检测	每日
检测器最佳化脉冲(Pulse stage)、模拟(Analog stage)电压	在进行微量分析如需延伸仪器工作动态范围时(检测浓度范围大于2000000cps)；每次选择 Method 窗口内 Processsing 中 Dual Mode 时

11.5   操作和使用

11.5.1   开、关机步骤

ICP-MS 仪器因厂商品牌的不同，其开机关机步骤略有不同。以 PE 的 ELAN DRC Ⅱ型 ICP-MS 为例。

（1）开机

① 开抽风、氩气、冷却水循环机及主机稳压电源，用 DRC 时打开反应池所用气体；

② 间隔 2s 打开仪器左侧主机电子系统的 4 个开关，开启机械泵及射频发生器；

③ 打开 ELAN DRC Ⅱ软件；

④ 点击 "Instrument" 打开仪器面板窗口，点击启动真空系统；

⑤ 装上蠕动泵管，打开 "Device" 窗口，观察蠕动泵管的进样及排液是否正常运作；

⑥ 待真空达到要求后在面板窗口点击 "Plasma"；

⑦ Plasma 点燃 15min 后，可以进行仪器日常性能检查（Daily Performance）。

（2）关机

① 保持 Plasma 于 "on" 的位置，用去离子水或溶剂冲洗系统 5min；

② 按下 "Instrument" 键并选择 "Front Panel" 表；

③ 按下 "Plasma Stop" 键关闭等离子体；

注意：在紧急状况下可直接按下位于质谱仪面板上的黄色按钮关闭仪器。

④ 将进样毛细管移开去离子水，待进样管内水分抽干后，释放蠕动泵管上的压力；

⑤ 在 "File" 键中选择 "Exit" 离开 ELAN 操作软件，若要离开 Windows XP 系统，选择 "Start" 目录中之 "ShutDown"；

注意：如果要进行间歇性的日常分析，关机时可将真空系统置于待机状态（Standby），以便减少开机的时间和频率；若长时间不工作，需要全部关闭，增加步骤⑥~⑦。

⑥ 停止真空系统，间隔 2s 关闭仪器左侧主机电子系统的 4 个开关；

⑦ 关闭冷却水循环机、气体、主机稳压电源和抽风。

11.5.2　分析方法

ICP-MS 应用时，依据数据质量目标的不同，具有多种不同的分析方法完成痕量元素分析。正是由于该类仪器具备的适应性，对于从万分之一到百万分之一的样品浓度，可以运用多种校准方法进行半定量和定量分析，并使之成为测量元素及其同位素、同位素丰度比的强有力技术之一。

ICP-MS 的分析能力包括：半定量分析、定量分析、同位素稀释法和同位素比值法等。

（1）半定量分析　在分析工作中，ICP-MS 提供了一种非常快速的半定量分析模式。该模式用于快速了解待分析样品的物质组成基体情况，以便确定目标元素的存在以及可能出现的干扰。用这项技术，不需要标准物质的校准，可以测量一个未知样品中大约 80 种元素的浓度。对于绝大多数元素，其测定误差小于 20%。

用不同的仪器进行半定量分析时，方法有细微的变化，但基本原理都是测量全部的质谱图而不是详细说明单个的元素或质量。在 ICP-MS 分析中可通过一系列质谱扫描很容易地获得整个质量范围内的质谱信息，这种方法依据的原理是每一个元素的天然同位素丰度是固定的。通过测量一个元素的所有同位素的强度、校正常见的谱线干扰——包括有分子离子、多原子离子及同量异位素离子干扰，运用方法学与统计学相结合，通过比较校正后的强度与存储的天然同位素强度响应表之间的差异，对样品中元素进行半定量分析。图 11-7 为元素的半定量分析——天然同位素图谱。

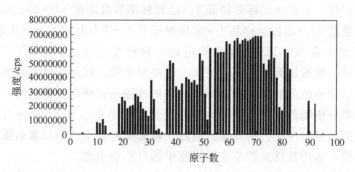

图 11-7　元素的半定量分析——天然同位素图谱

半定量分析方法，正如其名，在快速鉴定未知样品方面是一种非常好的方法。

（2）定量分析　定量分析是应用各种标准品和工作曲线等对目标元素的含量等进行精确的浓度测定。包括外标法、标准加入法、加入校正法和内标法等。

① 外标法　外标法首先测量空白溶液，然后测量一系列的标准溶液以做出一条校准曲线，这条曲线覆盖了预期的浓度范围，再进行未知样品的测量并在校准曲

线上读取相应的分析强度值。

其经典步骤：空白→标准溶液 1→标准溶液 2→标准溶液 3→样品 1→样品 2→样品 n→重新校准→样品 $n+1$。

② 标准加入法 这种校准模式是在样品中加入已知浓度的被分析物来测量样品，从而为降低特定样品的基体效应提供了一种有效的方法。在标准加入法中，首先测量的是空白溶液的强度；随后，在样品中加入每一种已确定浓度的元素的标准物质来加标样品溶液；然后，使用仪器测量加标后的样品的响应，对于每一种已加入标准溶液的元素得到一条校准曲线。用已扣除本底的每一种被加标元素的强度对其浓度值作图可得到校准曲线。做出校准曲线后，对未加入标准溶液的样品溶液进行分析并与校准曲线相比较。根据校准曲线的斜率及其在 X 轴上的截距，仪器附带的软件会给出未知样品中未被加标的被分析物的浓度。

其经典步骤：空白→加标后样品 1（已知标准溶液浓度 1）→加标后样品 1（已知标准溶液浓度 2）→未加标样品 1→空白→加标后样品 2（已知标准溶液浓度 1）→加标后样品 2（已知标准溶液浓度 2）→未加标样品 2→空白→其它样品。

③ 加入校准法 对于"标准加入法"而言，其不足之处在于：对于每一次测量中感兴趣的被分析物都要被加标，当分析物很多样品时，工作量很大。因此，在 ICP-MS 上，一种作为"标准加入法"的替代方法——"加入校准法"被广泛应用。但是，这种方法只适用于分析的样品具有相似基体的情况。它的基本原理与"标准加入法"相似，但是只在第一个样品（或是有代表性的样品）中加入已知浓度的被分析物的标准溶液，然后，在假设所有样品与第一个样品具有相似基体的基础上，分析测量其余的一批样品并与校准曲线相对照。

其经典步骤：空白→加标后样品 1（已知标准溶液浓度 1）→加标后样品 1（已知标准溶液浓度 2）→未加标样品 1→未加标样品 2→未加标样品 3→其它样品。

④ 内标法 在 ICP-MS 上经常使用的一种校准方法是"内标法"。本质上来说，这种方法一般被认为不是一种技术，而是用于校正样品基体组成类型和浓度变化引起的分析物灵敏度的变化。内标法的分析过程是在样品分析之前，在空白溶液中加入一种非分析物的同位素，经典的方法是在样品中加入 3～4 种内标元素，其质量范围需覆盖感兴趣的分析元素。通过比较未知样品中内标元素的强度与标准强度之间的比值，运用软件来调节未知样品中的分析物浓度。

根据所使用的分析技术，内标法的应用是有变化的。对于定量分析，选择内标元素是根据它与被分析元素的电离特性相似性。每一种内标元素根据一组分析物而分类。仪器的软件假设：在一组元素中，所有元素的强度受基体的影响是相似的。在未知样品中，内标元素强度的比值变化可用于校准分析物的浓度。

(3) 同位素稀释法 "同位素稀释法"是一种绝对的定量分析方法：通过加入一定量的已知同位素，改变一个元素的两个同位素的天然丰度。此法被认为是元素分析中最准确和最精密的分析方法之一。应用"同位素稀释法"的先决条件是元素必须至少具有两个稳定的同位素。该方法的工作原理是在样品溶液中加入已知量的经富集的稳定同位素进行样品稀释。已知被测量的两个同位素的天然丰度、作为稀释剂的浓集同位素的丰度、稀释剂的量以及样品的量，可以利用下式确定最初的痕量元素的浓度：

$$c=[A_稀-RB_稀]\times W_稀/[RB_样-A_样]\times W_样$$

式中　c——痕量元素的浓度；

$A_稀$——在作为稀释剂的浓缩同位素中具有较高丰度的同位素的百分比；

$B_稀$——在作为稀释剂的浓缩同位素中具有较低丰度的同位素的百分比；

$W_稀$——具有浓缩同位素的稀释剂的质量；

R——在稀释后的样品中具有较高与较低丰度的两个同位素的丰度比；

$B_样$——样品中具有较高天然丰度的同位素的百分比；

$A_样$——样品中具有较低天然丰度的同位素的百分比；

$W_样$——样品的质量。

（4）同位素比值法　应用 ICP-MS 分析确定单个同位素的能力，同时也适于测量另一个同位素，这种技术被称为"同位素比值法"。一个样品中的两个或更多的同位素比值可提供非常有用的信息，包括：为判断地质构成的年代提出佐证；更好地了解动物的新陈代谢；还有助于识别环境污染的来源。与同位素稀释法相似，同位素比值分析技术的原理也是精确测量样品中某一元素的两个同位素的比值。例如，将 ^{204}Pb 和 ^{206}Pb 的强度进行比较。另一方面，也可以将一种元素的同位素与其它所有参考同位素进行比较，例如，^{204}Pb 和 ^{206}Pb，^{207}Pb 和 ^{208}Pb 之比。此比值以下式表示：

同位素比值＝感兴趣的同位素强度/参考同位素的强度

11.5.3　分析方法的测量方案

多元素同时测量、检出限低、线性范围宽，以及分析速度快等特性，使 ICP-MS 成为越来越多地应用于不同领域的一种引人注目的技术。然而，任何两种应用领域不会有相同的分析需求，例如，食品安全和临床相关的实验室，虽然都需要相当低的检出限，但并不是一味地提高其检测性能。要求分析速度快通常是一个主要的考虑，另一方面，作为半导体制造厂或者生产高纯化学试剂的电子工业，有最低检出限技术的要求，因为污染问题会影响高性能电子设备的生产。

面对各种不同要求的应用，现代 ICP-MS 仪器需要满足用户的需求越来越多，必须具有很强的灵活性，这对于选择峰积分范围和测量方案方面显得更重要。在 ICP-MS 应用中，采集信号的分析方法和分析方式，直接影响多元素同时测量的性能、同位素特性、检测下限、线性范围以及分析速度。这 5 个主要指标在近 20 年前就引起痕量元素分析界对相关技术的关注。

（1）数据采集方式

ICP-MS 的四极杆质量分析器，具有两种主要的数据采集方式，即扫描方式和跳峰方式。

① 扫描方式　扫描方式是在相当多的点（大约 15～20 点/峰）上采集数据，因而可以确定每一个同位素的峰形，并对曲线下的峰面积进行积分。若有足够多的储存道或储存单元，则可收集和储存 2～260m/z 质量范围内的所有同位素信息的完整质谱图。最大扫描速率最终由四极杆扫描速率和数据储存传输速率决定。为了充分利用四极杆容许的扫描速率，通常在数据处理计算机前用一个快速的多道脉冲计数装置作为存储器。其操作方式一般是使四极杆在感兴趣的质量范围内进行扫描，建立一个连续的质谱图。扫描方式的主要优点是不仅获得当时感兴趣的同位素数据，而且还可获得很宽质量范围内的备用数据。另外，由于获得整个质谱图，因而可很容易地辨认出干扰峰。

② 跳峰方式　质谱仪在几个固定质量位置上对每一感兴趣的同位素进行数据采集。在此操作方式中，峰的中心位置的定位十分重要，因为它用来确定每一个峰的测量起点。若每峰采用 3 点，则测量时除了取中心点外，还在其两边各取一点。在每一个单点测量中测量的是峰高。这种数据采集方式有其优缺点。对于大多数仪器来说在每个同位素上采集数据所花的时间是可以改变的，从而对于强度较低的同位素可通过延长采集时间来改善其计数统计误差。不过，这种特殊性未被广泛利用。跳峰方式的另一个优点是没有花费时间于不感兴趣的同位素的数据采集上。然而，这也是这种方式的缺点。因为事后如需要其它同位素信息时，这种方式没有这方面的记录，将无法提供这些信息。更重要的是由于无法记录和检查整个谱图，因而也就不能观察和校正存在的干扰和基体影响。

从理论上讲，跳峰方式在下列情况下可以显示其优越性：a. 只需测定少数几个同位素（＜20）；b. 感兴趣的元素零星地分布在整个质量范围内；c. 进行同位素比值测定。在每个同位素上停留的时间可根据同位素的丰度加以确定，从而改善低丰度同位素的计数统计误差。

在实际应用中，将扫描和跳峰操作方式的各自优点结合有时是十分有用的。例如，某些仪器允许只扫描质量范围内的几个狭窄区段中的仅 5～10 个同位素，而它们之间的广大区间（有时称为扫描跳跃区）则快速扫过，其数据不预采集。

当要求达到尽可能好的检出限时，最佳的选择是跳峰方式。了解跳峰方式的所有益处很重要，当选择峰最高点处一个点时将获得最好的检出限。实现单点跳峰，如果每次能达到同样的质量点，要求四极杆质量分析器提供良好的质量稳定性。如果质量稳定性能够保证（通常四极杆的供电需要恒温），在给定积分时间内，在峰最高点采集信号将获得最好的检出限。相关文献已详细证明，对每个质量数选择超过 1 个测量点，并把选定的积分时间的一部分用在这些点上，对测量是毫无益处的。如果时间是分析中需要主要考虑的因素，在峰翼和峰谷上采集多个点纯粹是浪费宝贵的时间，这些点对分析信号的贡献很小，同时背景噪声却很大。

（2）测量的影响参数　在 ICP-MS 中有许多影响分析信号的因素，使用者也经常会提出对分析的要求。毫无疑问，仪器测量参数对 ICP-MS 数据的质量有极大的影响，这些变量有时潜在地影响数据的质量，尤其对于多元素分析。主要有测量样品所选择的元素总数；对检出限的要求；精密度/准确度的需求；线性范围的要求；积分时间的选择；峰的定量程序；测量信号是连续的还是瞬间的；进样时间的长短；能够利用的样品体积；平行分析样品的次数；每个样品重复测量的次数等。

（3）优化测量方案　当 ICP-MS 进行多元素测量时，有许多条件需要考虑。首先需要了解信号是从雾化器中获得的连续信号，还是使用其它类型的进样附件产生的瞬时信号，如果是瞬间过程，信号将持续多长时间？另一个问题是有多少种元素需要测量？对于连续信号，这不是个主要问题，但对于仅持续几秒钟的瞬时信号也许是个重要问题，同时需要了解分析所需的检测能力水平。对于一个激光脉冲仅持续 5~10s 的分析而言，测量方案是极为重要的考虑因素，不过即便是分析同心雾化器产生的连续信号，测量方案的优化依然也很重要。基于分析速度的需求和可提供的样品量，也许只能选择折中的检出限。期望达到怎样的分析精密度？采用同位素稀释法和同位素比值测定时，采集多少个离子才能够保证良好的精密度？是否增加测量的积分时间可以改善精密度？另外，分析时间的长短有没有限制等，都是需要考虑的问题。

一个进行高通量快速分析的实验室也许无法使用最合适的进样时间来获得最佳的检出限，换句话说，在检出限、精密度和分析速度之间，如何综合考虑折中呢？显而易见，在优化测量方案之前，需要明确具体应用的主要分析需求。

ICP-MS 一直不断地被用来解决各种不同的应用难题，其分析要求比任何其它痕量分析技术都更高一些。根据分析的需求优化测量方案，ICP-MS 已经展示了其独特的快速痕量元素分析的性能，无论是在连续的、还是在瞬时信号的测量中都获得了极佳的检出限和良好的精密度，并满足绝大多数用户的、严谨的数据质量目标要求。

（4）常见注意事项

① 对于环保、食品、质检、金属材料、RoHS 等应用，建议采用在线或离线内标法。

② 对正常工作的 ICP-MS 而言，采用提高进样量、加大溶样量等方式改善检测限是不适宜的。合理的做法是试验过程尽可能减少污染的来源和采用洁净的试剂和容器。

③ 对 ICP-MS 液体进样，未知样品（含固量）宜≤2mg/mL。表 11-4 给出 ICP-MS 分析中称样量和定容体积推荐值。

表 11-4　ICP-MS 分析中称样量和定容体积推荐值

样 品 类 型	样品量(mL 或 g)	最终溶液(mL 或 g)
土壤,沉积物	≤0.2	100
岩石	≤0.1	100
钢铁,金属材料,RoHS	≤0.1	100
粮食,蔬菜,肉类,海产品,无矿物成分中药原料	≤1.0	100
普通酱油、食用油、酒类	≤1.0	100
干调味料、盐腌制食品(食盐、鸡精等)	≤0.1	100
含矿物中药,含填料西药	≤0.1	100
血清,血液,尿液,海水,人工汗液	≤1.0	10
冻干血清,尿液,血液	≤0.1	100
干生物组织(湿组织扣除水分后等比计算)	≤0.5	100

11.6　维护保养和故障排除

11.6.1　维护保养

ICP-MS 的组成部件一般比其它原子谱仪器复杂。为确保仪器处于最佳状态,ICP-MS 的日常维护需要花的时间相应也要长一些。有些地方只需要用眼睛简单检查一下,有些地方则需要经常清洗或更换部件。日常维护对于 ICP-MS 而言极为重要的,这将影响 ICP-MS 的性能和使用寿命。

ICP-MS 的基本原理是从 10000K 高温的等离子体中通过接口提取离子进入真空度约为 10^{-6} Torr 的质谱仪。样品以液体气溶胶(在激光烧灼中是固体颗粒)形式被引入,在等离子体被电离,在此区域基体和待测元素的离子被引入质谱仪进行分离,最后由离子检测系统进行检测。这一原理使得 ICP-MS 具有无与伦比的同位素分析的选择性和灵敏性。但也因此存在其自身的弱点,样品是"流入"质谱仪,而不是像火焰 AAS 和 ICP-AES 那样"通过"激发源。这意味着产生热的问题、腐蚀、化学侵蚀、堵塞、基体沉淀和漂移的可能性都比其它原子谱仪器要高得多。然而只要充分认识到这一事实,对仪器组件定期检查可以减轻甚至消除这些潜在的问题。需要定期或半定期检查和维护的主要区域是:进样系统、等离子体炬管、接口区域、离子光学系统、机械泵、空气过滤器和循环水过滤器。

(1) 进样系统　进样系统由蠕动泵、雾化器、雾室和排废液系统等部分组成,如图 11-8 所示。进样系统最先接触样品基体,因而是 ICP-MS 中需要很多维护和注意的地方。

① 蠕动泵泵管　在 ICP-MS 中,用蠕动泵以大约 1mL/min 的提升量,将样品泵入雾化器。蠕动泵泵管一般由聚合物材料制成,蠕动泵的滚动轴提供泵的运动和

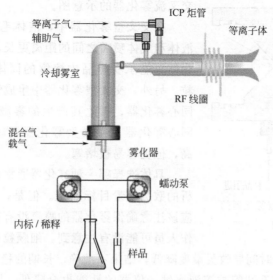

图 11-8　ICP-MS 进样系统

稳定的压力，可以确保连续的液流泵入雾化器。但是，长时间使用后，滚动轴持续拉伸泵管，使得泵管的内径改变，从而改变输入雾化器的样品流量，造成待测元素的强度发生不稳定的变化，长期的稳定性降低。

　　因此，每隔几天应该检查泵管的状态，尤其是实验室分析的样品量大，或者分析腐蚀性极强的溶液。蠕动泵泵管极有可能是最容易忽视的区域，因此应该视为例行日常维护的工作之一。以下几点提示可减少泵管出现问题：

　　a. 新的泵管在使用之前用手拉伸一下；

　　b. 对泵管保持正确的拉力；

　　c. 确保泵管正确放置在蠕动泵的通道内；

　　d. 定期检查样品的提升情况，如有问题则更换泵管；

　　e. 如果泵管一旦发生磨损，建议立刻更换；

　　f. 分析的样品量大时，隔天或隔周更换泵管，视样品量而定；

　　g. 仪器不进样时，及时释放泵管上的压力；

　　h. 泵管和进样毛细管可能造成的沾污；

　　i. 泵管是一种消耗品，建议多备一些存货。

　　② 雾化器　维护雾化器的频率主要取决于被分析样品的类型及雾化器的具体设计。例如，在交叉型雾化器中，氩气直接以 90°通入毛细管管头，而在同心雾化器中氩气输入方向与毛细管平行。图 11-9 和图 11-10 分别为同心雾化器和

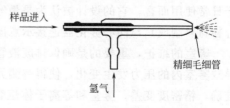

图 11-9　同心雾化器的示意图

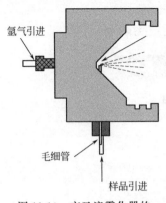

氩气引进

毛细管

样品引进

图 11-10　交叉流雾化器的
示意图

交叉流雾化器的示意图。

在交叉型雾化器中，液体毛细管的直径更大，液体和气体喷嘴之间的距离更长，使得它比同心雾化器更能承受样品中溶解的固体盐分和悬浮的颗粒。另外，交叉型雾化器中生成气溶胶的效率低于同心雾化器，因此其产生的雾滴更少。正因如此，同心雾化器比交叉型雾化器灵敏度高，准确度稍高，但更容易被堵塞。

具体选择哪一种雾化器通常由样品的类型和分析的数据质量目标而定。但是，不管采用哪一种，应该注意确保雾化器的喷嘴没有被堵塞。有时候操作人员可能没有注意到，细颗粒可能已经在雾化器的喷嘴上沉淀，长时间导致灵敏度降低，结果不准确，长期的稳定性较差。除此之外，O 形圈和进样毛细管被溶液腐蚀，仪器的性能也会降低。因此，雾化器应该是例行维护的部件之一。检查过程中通常要考虑以下几点。

a. 吸入水，以肉眼检查雾化器产生的气溶胶（雾化器一旦被堵塞，由于含有许多大的雾滴，通常形成的喷雾会不稳定）。

b. 氩气气流反方向加压或将雾化器放入合适的酸液或溶剂中浸泡，可以消除堵塞；也可以采用超声波清洗促进堵塞物溶解（要与制造厂商确认，是否允许超声波清洗该类型的雾化器）。

注意：不要用任何金属丝之类去捅雾化器喷嘴，这有可能导致永久性的损坏。

c. 确保雾化器被安全密封在雾室的端帽上。

d. 检查所有的 O 形圈的损坏和磨损情况。

e. 确保进样毛细管正确连接到雾化器的进样管路中。

f. 每隔 1～2 周检查雾化器，检查周期由工作量决定。

③雾室　迄今为止，商用 ICP-MS 仪器中雾室最常采用的一种设计是双通道设计，气溶胶直接进入雾室的内管来选择小的雾滴。大的雾滴从内管出来后通过重力作用由排废液管排出雾室。排废液管的末端有一个 U 形管形成液封，使得气溶胶保持正压，迫使小的雾滴由雾室的外壁和内管之间回流，从雾室出口进入等离子体炬管的中心喷射管中。Scott 型双通道雾室的形状、大小、材料多种多样，但对于日常使用而言，它的设计被认为是最经久耐用的。图 11-11 为双通道雾室（由聚合物材料制成）与同心雾化器连接示意图。

雾室的维护，重要的是确保排废液管正常排液。排废液管发生故障或泄漏可能导致雾室内的压力发生变化，使得待测元素的信号产生波动，导致数据不稳定或不准确，精密度变差。雾室和等离子体炬管中样品喷射管之间的 O 形圈发生老化也会出现类似问题，但后者老化出现的概率较小。对雾室传统的维护包括：

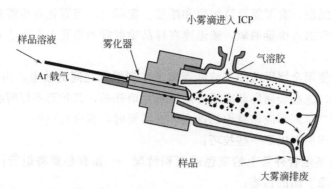

图 11-11　双通道雾室与同心雾化器连接示意图

a. 确保排废液管固定紧密，不发生泄漏；

b. 确保从雾室出来的废液由蠕动泵排废液管排出；

c. 如果使用液封，要确保排废液管中的液面稳定；

d. 检查雾室和炬管中心喷射管之间的 O 形圈和球形磨口接头，确保连接得恰到好处；

e. 雾室可能是一个某些基体/待测元素形成沾污的污染源，因此在测下一个样品之前要彻底冲洗干净；

f. 仪器不用时将雾室中的液体排空；

g. 每隔 1～2 周应检查雾室和排废液管，具体由工作量而定。

（2）等离子体炬管　等离子体炬管和样品喷射管不仅与样品基体和溶剂接触而受到腐蚀，而且还要在点火后维持温度约 10000K 的等离子体。这些因素使得炬管所处的环境非常恶劣，因而炬管需要经常检查和维护。主要的问题之一是由于高温和液体样品的腐蚀性质使得石英炬管的外管受到沾污和变色。如果问题严重，有可能导致放电。另一个问题是样品喷射管等被样品基体组分堵塞。当气溶胶离开样品喷射管时，发生"去溶"，这意味着样品在进入等离子体之前已由小的雾滴转变成微小的固体颗粒。如图 11-12 所示。尤其是对于某些样品基体，这些颗粒在样品喷

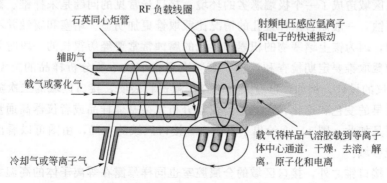

图 11-12　气溶胶的快速去溶导致样品喷射管末端的样品沉积

射管上长时间沉积，有可能导致堵塞和漂移。实际上，当雾化有机溶剂时，如果在雾化气流中没有加入少量的氧，碳迅速在样品喷射管和锥孔上产生积累，这个问题可能更为严重。

有些炬管使用金属屏蔽圈来减低等离子体和炬管之间的放电。由于高温和 RF 电磁场的影响，这些金属屏蔽圈或屏蔽炬都是消耗品，其状态不好时会影响仪器的性能，因此用户时刻都应该意识到这点，在需要时对其进行更换。

对炬管的维护有以下一些技巧：

a. 检查石英炬管外管上的变色或沉积情况——如有必要将炬管浸泡在合适的酸或溶剂中去除上面的污物；

b. 检查炬管的热变形情况——不同心的炬管会导致信号损失；

c. 检查样品喷射管的堵塞情况——如果样品喷射管是可拆卸式的，如有必要可将喷射管浸泡在合适的酸或溶剂中，如果炬管是不可拆卸式的，可将整个炬管浸泡在酸中；

d. 重新安装炬管时，确保炬管放置在负载线圈的中心，并与采样锥之间保持正确的距离；

e. 如果由于某种原因取下过线圈，则在重新安装时要按照操作手册中推荐的方法检查，以确保线圈每一圈之间的距离是正确的；

f. 检查 O 形圈和球形磨口接头的磨损和腐蚀情况——必要时更换；

g. 如果采用金属屏蔽炬与线圈接地，需确保屏蔽炬处于正常的运行状态，并根据需要及时检查，必要时更换；

h. 每隔 1~2 周应检查炬管，具体视工作量而定。

(3) 接口区域 正如"接口"的字面含义，接口区是 ICP 和 MS 的连接区域，通过采样锥和截取锥这两个锥，在大气压下电离的等离子体被引入 10^{-6} Torr 压力的质谱仪中。将 ICP 这样高温的离子源与质谱仪的金属接口连接起来，这对仪器的接口区域提出独特的要求，这也是在以前的原子谱技术中从来没有遇到过的。再加上基体、溶剂、分析物离子以及颗粒物、中性粒子均以极高的速度冲击接口锥，这在接口区域造成了一个极端恶劣的环境。接口最常见的问题是采样锥、截取锥的堵塞和腐蚀，一般而言采样锥孔的情况比截取锥更加明显。堵塞和腐蚀并不总是显而易见的，因为锥上堵塞物的积累和锥孔的腐蚀常常要经历很长的一段时间。因此采样锥和截取锥要定期检查和清洗，其频次通常取决于所分析样品的类型和 ICP-MS 质谱仪的设计。例如，已有大量研究文献资料表明，接口区域的二次放电会使采样锥过早的变色和退化，尤其是当仪器分析复杂基体样品或者仪器高通量地分析样品时更是如此。图 11-13 给出了 ICP-MS 接口区域的布局，由图可以看出发生堵塞的可能区域。

除了接口锥之外，接口区域的金属腔室也同样暴露在等离子体的高温之下。因此接口区域腔室需要用循环冷却水系统进行冷却，冷却水通常含有某种成分的抗凝

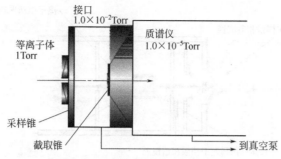

图 11-13　ICP-MS 接口区域的布局

剂和防腐剂，或者用不循环的连续流动水也可以冷却。采用循环冷却水系统可能更广泛些，因为它可以把接口区域的温度控制得更准。除了需要经常检查循环冷却水的质量以确保接口冷却系统没有腐蚀之外，接口腔并不需要真正的日常维护。如果由于某种原因导致接口变得太热，这通常会触发仪器的安全联锁保护，及时熄灭等离子体。下面这些提示有助于延长接口和锥的寿命。

① 检查采样锥和截取锥是否洁净，是否有样品沉淀——通常每周要检查一次，这取决于样品的类型和工作的负荷。

② 应用仪器制造商推荐的方法拆卸和清洗锥。通常包括：把锥浸没在盛有稀酸的烧杯里、或者浸没在含有清洗剂的热水里、或者浸没在超声水浴或酸浴里，也可以使用细毛绒布料或者粗抛光粉进行擦拭。

③ 不要用任何金属丝来戳锥孔——这会造成永久性的损坏。

④ 分析某些样品基体时镍锥会很快退化——建议使用铂锥分析强腐蚀性溶液和有机溶剂。

⑤ 用 10~20 倍的放大镜周期性检查锥孔的直径和形状——不规则的锥孔形状会影响仪器性能。

⑥ 待锥彻底干燥后方能安装回仪器——否则上面的水和溶剂会被真空系统抽入质谱仪。

⑦ 检查循环水系统的冷却水，可以发现接口区域腐蚀的信息——例如铜盐或者铝盐（或者接口使用的其它金属）。

（4）离子光学系统　为了使离子最大可能地进入质谱仪，离子光学系统通常紧靠在截取锥的后面。离子光学系统有很多种不同的商业设计和布局，但有一点是相同的，那就是最大可能地传输分析物离子，同时最大可能地避免离子进入质量分析器。图 11-14 给出了离子透镜系统的布局。

离子透镜系统并不像大家想的那样不需要经常检查，由于它距离接口区域很近，会积累一些小的颗粒物和中性粒子，时间久了，这些粒子会被撞击重新电离，从而进入质量分析器，影响仪器的性能。一个脏的或者被沾污的离子光学系统通常会使仪器的稳定性变差，并需要逐步提高离子透镜电压。因此，无论使用何种设计

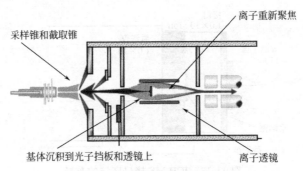

图 11-14 离子透镜系统的布局

的离子光学系统，每 2～3 个月（取决于工作负荷和样品类型）检查和清洗该系统，这一步骤应该是完整的预防性维护计划的一个重要组成部分。下面一些提示有助于保持离子光学系统的最大离子传输效率和良好的稳定性。

① 经常监视灵敏度是否有损失，尤其是进行复杂基体检测后；

② 如果清洗了进样系统、炬管和接口锥后，灵敏度依然较低，则可能意味着离子透镜系统已经变脏；

③ 重新调节或者重新优化离子透镜电压；

④ 如果重新优化后的透镜电压和以前的电压有显著的不同（通常比以前设定的电压要高），则极有可能是透镜变脏；

⑤ 当透镜电压变高得令人无法接受时，意味着离子透镜系统可能需要清洗或者更换——按照仪器操作手册推荐的程序进行；

⑥ 由于离子光学系统设计的不同，有的离子透镜系统需要用水或稀酸浸泡清洗或超声清洗，有的离子透镜系统需要用砂纸和抛光粉进行清洁，并用水和有机溶剂冲洗，有的离子透镜系统则是消耗品，无法维护，过一段时期后需要更换；

⑦ 清洗完离子光学系统后，要确保其彻底干燥之后再装回去，否则水和溶剂会被真空系统抽入质谱仪；

⑧ 重新安装离子光学系统时通常推荐使用无尘手套，以避免沾污；

⑨ 更换离子光学系统时别忘了检查或者更换 O 形圈或封圈；

⑩ 根据仪器的具体工作负荷，一般而言，经过 3～4 个月使用后，离子光学系统性能通常会变差，建议根据需要进行清洗或更换。

（5）机械泵 在商品化的 ICP-MS 中，通常使用两个机械泵，一个用来抽采样锥和截取锥之间的接口区域，一个用作主真空室涡轮分子泵的支撑泵。它们通常是使用泵油的旋转泵或者扩散泵，需要根据仪器使用的情况定期更换泵油。由于接口区域泵的工作时间长，抽走的样品基体多，以致接口区域泵的泵油更换比支撑泵的泵油更换更加频繁。通过观察窗观察泵油的颜色可以判断何时需要更换泵油。如果泵油已呈暗棕色，表明泵油的润滑特性已下降，需要更换。接口区域的机械泵泵油建议每 2～3 个月更换一次，支撑泵泵油建议每 4～7 个月更换一次。这些建议仅仅是个估计，实际时间取决于分析的样品量以及仪器实际运行的时间。下面是更换泵油的一些重要提示。

① 更换泵油时切记关闭仪器电源——如果环境温度较低，可在更换泵油前让仪器运行 10～15min，这样泵油会稍热，流动性好；

② 把废油排到一个合适的容器中（小心，如果仪器整天都在运行，泵油会发烫）；

③ 通过观察窗观察，加入新泵油所需的量；

④ 检查泵的所有连接管路，确保无松动或漏气；

⑤ 根据需要更换泵油过滤器；

⑥ 重新开机——检查加油孔螺帽处是否漏油——根据需要将其拧紧。

(6) 空气过滤器和循环水过滤器　大多数电子元件尤其是 RF 发生器中的电子元件都是空气冷却的。因此空气过滤器必须经常进行检查、清洗或更换。虽然这类常规操作与样品引入系统不一样，但例行检查空气过滤器的周期一般为每隔 3～6 个月，这取决于仪器的工作量和具体使用情况。循环水过滤器的维护保养见 (3)。

(7) 需要定期检查的组件　需要重点强调的是，ICP-MS 中其它的组件都有使用寿命，一定时间内需要更换，或至少每隔一段时间视察。这些组件不列为常规维护程序，通常由一名维修工程人员（或至少一名有经验的用户）进行清洗或更换。这些组件包括检测器、涡轮分子泵和质量分析器等。

① 检测器　电子倍增器可以使用 12 个月左右，一般与其使用工作量和测量的离子信号的水平有关。检测器一旦失效，即使增加检测器电压，其放大增益依然会迅速下降。避免测量极强的离子信号，如氩气、溶剂，或用于溶解样品的酸（即 H，O 和 N）和任何与基体本身相关的质量数，可以延长检测器的寿命。值得强调的是，更换检测器时，应该由仪器商的维修工程师或者富有经验的使用人员，戴上无尘手套操作，以减少来自油脂或操作人员手上有机/水蒸气的沾污。建议随仪器一起购买一个备用的检测器，以备急时之需。

② 涡轮分子泵　现代 ICP-MS 系统中使用的涡轮分子泵的数量由质谱仪的设计而定，有些较新的仪器使用集中控制的两个涡轮分子泵，评价这种设计的可靠性尚为时过早。但是，目前大多数仪器使用两个涡轮分子泵，为主质量分析器/检测器及离子透镜提供真空。这些泵的使用寿命受多种因素的影响，如涡轮泵的抽吸速度（L/s）、被抽气的真空室大小（容积）、接口锥的喷嘴孔径和仪器的使用时间。有些仪器运行 5～10 年后仍然在使用同一台涡轮泵。如果一台仪器的样品分析量相当高，则其涡轮泵的正常寿命为 3～4 年，这是一个近似的估计，由泵的设计和构造而定（尤其所用的轴承）。由于涡轮泵是 ICP-MS 系统中最昂贵的组件之一，应

该将其纳入到仪器使用寿命的综合成本之内。

值得一提的是，虽然涡轮泵一般不属常规维护组件，但大多数仪器使用冷阴极电离规（俗称"潘宁"规，Penning gauge）或类似的真空规监测主真空室中的真空。这种真空规使用一段时间后会变脏，不能准确量压。这种情况几乎不可能预知，但与被分析样品的类型和数量有关。一个脏的潘宁真空规会从很多方面表现出来，最常见的两种迹象是压力急速下降或信号发生激烈波动。当发生此类现象，必须取下真空规进行清洗。潘宁真空规在高电压下工作，取出真空规、清洗真空规、保持电极正确的几何形状，并成功安装使用，这个过程相当复杂。因此，应该由专业的维修工程人员操作完成。

③ 质量分析器　在正常条件下，操作人员不需要对质量分析器进行维护。使用现代先进的涡轮分子泵系统将抽走任何泵或样品的废气，使得四极杆、扇形磁场或飞行时间质量分析器不大可能变脏而受到沾污。当然有些早期开发的仪器使用扩散泵，情况就不同了，很多研究者都遇到过扩散泵的油蒸气污染四极杆和过滤器的情况。目前，使用涡轮分子泵的四极杆质量分析器可以一直使用到整个 ICP-MS 仪器报废都无需维护，顶多需要由维修工程师每年检查一次仪器整体性能。但是，对一些比较老的仪器，在非不得已的情况下可能需要取下四极杆组件进行清洗，以获得可接受的峰形分辨率和丰度灵敏度等性能。

ICP-MS 是一台复杂的设备，样品由进样系统引入，在等离子体中形成离子，通过接口区和离子透镜系统导控到质量分析器中。这一系列循环的工作流程，如果没有正确的维护，应用时可能会故障频出。因此，每隔多长时间进行常规的维护，是保障仪器性能的一个重要措施，尤其是需要分析复杂的样品时。尽管日常维护被看作是一件费时费力的家务杂事，但日常维护对于保持仪器处于正常状态的时间，有着显著的影响。请参阅仪器操作手册中日常维护部分的内容，以每日、每周、每月和每年为周期，列出仪器预防性维护的时间表。也就是说，为保持仪器处于良好的工作状态，需要清楚一些零部件的维护和更换频率，防患于未然。表 11-5 给出仪器商推荐的 ICP-MS 日常维护要点。

此外，还可以购买仪器商的预防性维护维修合同。这样，维修工程师将定期检查仪器的所有的重要系统和零部件，以确保它们处于正常的工作状态，提前做好防范措施，未雨绸缪、减少故障率。

11.6.2　常见故障与排除

(1) "F1" 帮助软件　现代 ICP-MS 的计算机操作软件，普遍带有 F1 在线帮助功能，这通常是一套最直接、最完整、最全面的仪器应用教材。按 "F1" 弹出帮助文档，方便操作人员在线查阅需要的资料，及时解决问题。

(2) 常见故障与排除　ICP-MS 仪器因厂商品牌的不同，其故障与排除方式略有不同，以下是常见故障与排除要点。

① 灵敏度偏低

表 11-5　ICP-MS 日常维护要点

频　率	内　容	维　护
每日	氩气	检查气体压力及管路附件状况
每日	蠕动泵管	检查有无漏气
每日	采样锥和截取锥	检查孔径大小
必要时	采样锥和截取锥	清洗/更换
必要时	雾化器	清洗/更换
必要时	炬管	清洗/更换
每周	准备质量轴调试溶液	—
每周	炬管、雾室等	清洗
每周	雾化器	清洗
每周	冷却循环水	检查水位
每月	机械泵	检查油位及其色泽
每月	进样管	更换
4～6 个月	离子透镜	清洗
6 个月	机械泵	更换油
6 个月	气体管	更换
每年	O 形圈	更换
每年	隔风板	清洗
每两年	氩气滤芯	更换(安装 2 年后)

　　a. 调用的方法文件是否正确；

　　b. 调试溶液是否正确；

　　c. 进样管、雾化器连接是否正常，有无漏气、堵塞现象；

　　d. 采样锥、截取锥、炬管是否出现污渍，需要清洗；

　　e. 依次对以下项目作优化调试：雾化器流量、透镜电压或自动离子透镜、X-Y 调节、双检测器优化、质量轴校准；

　　f. 完成 d 项后，需要做仪器性能指标的全套优化项目，以获得其最佳校准值。

　　② 标准溶液精密度差

　　a. 蠕动泵管连接是否正常，有无漏气、堵塞现象；

　　b. 雾化器的雾化效率情况，检查雾化气流的畅通性和均匀性；

　　c. 炬管是否较长时间未清洗，存在污渍。

　　③ 氧化物较高

　　a. 清洁雾室和雾化器，确保雾化气流畅通无阻；

　　b. 清洗采样锥和截取锥，并观察其孔径有无变形，必要时更换。

　　④ 双电荷离子偏高

　　a. 检查调试溶液是否被污染；

　　b. 采样锥和截取锥的 O 形圈变形，引起漏气。

　　⑤ 本底值偏高

　　a. 真空度是否较前期偏差；

b. 近期是否拆卸过真空系统，排除安装时可能存在的泄漏点；

c. 考虑调节电子参数。

⑥ 线性不好

a. 检查空白溶液、标准溶液是否正常，排除污染；

b. 重新优化双检测器。

⑦ 点不着火

a. RF 电缆线连接是否正常；

b. 氩气压力是否达到适用范围；

c. 真空度是否达到点火压力要求；

d. 炬管连接处密闭性能是否正常，检查 O 形圈，避免变形和松动；

e. 氩气纯度及气路连接是否达到要求；

f. 雾室废液排出是否正常，避免堵塞；

g. 检查点火线圈的清洁度，清洁污渍。

⑧ 真空系统真空度达不到

a. 点火后真空系统真空度达不到，检查采样锥和截取锥 O 形圈是否漏气；

b. 点火前真空系统真空度变差，提示真空泵需要保养。

⑨ 点火后，显示冷却水流速低，水温偏高

a. 冷却循环水设备的电源未开；

b. 冷却水温度未设置在正常值范围；

c. 冷却循环水设备制冷效果欠佳（可能漏水）；

d. 水路管道堵塞或者漏水；

e. 冷却循环水设备的滤网堵塞；

f. 冷却循环水设备故障。

⑩ 仪器无法联机

a. 连接电缆线是否脱落；

b. 关闭等离子体、真空和仪器主机，重启计算机。

参 考 文 献

[1] ［美］Robert Thomas 著. ICP-MS 实践指南. 李金英等译. 北京：原子能出版社，2007.

[2] JJF 1159—2006. 四极杆电感耦合等离子体质谱仪校准规范.

[3] 刘虎生，邵宏翔编著. 电感耦合等离子体质谱技术与应用. 北京：化学工业出版社，2005.